Angewandte Physik

Horst-Günter Rubahn

Nanophysik und Nanotechnologie

Angewandte Physik

Herausgegeben von

Prof. Dr. A. Schlachetzki, Braunschweig
Prof. Dr. M. J. Schulz, Erlangen

Horst-Günter Rubahn

Nanophysik und Nanotechnologie

2., überarbeitete Auflage

B. G. Teubner Stuttgart · Leipzig · Wiesbaden

Bibliografische Information der Deutschen Bibliothek
Die Deutsche Bibliothek verzeichnet diese Publikation in der Deutschen Nationalbibliographie; detaillierte bibliografische Daten sind im Internet über <http://dnb.ddb.de> abrufbar.

Prof. Dr. rer. Nat. Horst-Günter Rubahn
1959 in Flensburg geboren. Physikstudium an der Georg-August-Universität Göttingen. 1988 Promotion. Von 1989 bis 1991 Postdoc an der Stanford University, Kalifornien, USA und an der Universität Kaiserslautern. Danach wissenschaftlicher Mitarbeiter am Max-Planck-Institut für Strömungsforschung, Göttingen. 1998 Habilitation an der Georg-August-Universität Göttingen. 1999 Gastdozent an der Universität Toulouse, Frankreich. Seit 1999 Associate Professor im Physikalischen Institut der University of Southern Denmark.

1. Auflage 2002
2., überarbeitete Auflage Mai 2004

Umschlaggestaltung: Ulrike Weigel, www.CorporateDesignGroup.de

ISBN-13: 978-3-519-10331-8   e-ISBN-13: 978-3-322-80133-3
DOI: 10.1007/978-3-322-80133-3

Inhalt

Vorwort

Es herrscht große Übereinstimmung zwischen Wissenschaftlern, Technikern und der Allgemeinheit, daß die Nanotechnologie eine *der* Schlüsseltechnologien dieses Jahrhunderts sein wird oder teilweise sogar schon ist. Ihre Grundlagen findet sie in der 'Nanophysik', die mit einem etwas unglücklich gewählten Kunstwort die Physik nanoskalierter Systeme beschreiben soll, also den Übergang von der Atomphysik zur Kontinuums- und Festkörperphysik.

Auf der mesoskopischen Ebene zwischen mikroskopischer und makroskopischer Physik verschwinden viele der Eigenheiten von Biologie, Chemie und Physik, und daher erweisen sich Nanophysik und Nanotechnologie als äußerst effiziente Vermittler zwischen diesen naturwissenschaftlichen Disziplinen. Dem trägt das vorliegende Buch in einer notwendigerweise stark selektiven und von den Vorlieben des Autors geprägten Weise Rechnung, beginnend mit einem *physikalischen* Zugang zu den zugrundeliegenden Gesetzmäßigkeiten, um Möglichkeiten und Grenzen der neuen Entwicklungen besser einordnen zu können. Der technologisch-methodische Aspekt wird durch die Beschreibung der Prozesse berücksichtigt, mit denen Nanostrukturen erzeugt, charakterisiert und manipuliert werden können. *Selbstorganisation* ist hier eines der entscheidenden neuen Konzepte, das von der Chemie und Biologie her Einzug in die physikalische Denkweise gefunden hat. Die Vielfalt möglicher Anwendungen in Optik, Elektronik, Informatik und Biologie wird an Hand von ein-, zwei-und dreidimensional nanostrukturierten Materialien, biologischen Schablonen und komplexerer Nano-Maschinerie illustriert.

Seit dem Erscheinen der ersten Auflage dieses Buches ist die Geschwindigkeit, mit der die Nanotechnologie Einzug in die alltägliche Welt des Forschers und teilweise auch in den Alltag der nicht-forschenden Mehrheit gehalten hat, noch gestiegen. Allerdings hat es wenig grundlegend neue Entdeckungen gegeben und z.B. die von der Europäischen Kommission im November 2000 herausgegebene 'Technology Roadmap for Nanoelectronics' (zu finden unter www.cordis.lu) ist nach wie vor aktuell. Da das vorliegende Buch im Umfang gleich geblieben ist, werden auch die wichtigen Gebiete der Halbleiter-Nanotechnologie, der magnetischen Nanostrukturen, der supramolekularen Chemie und der Biophysik nur gestreift, und es wird auf die Spezialliteratur verwiesen.

Auch diese Auflage wäre nicht möglich gewesen ohne die Unterstützung meiner Frau Dr.Katharina Rubahn und ohne die Zusammenarbeit mit Dr.Frank Balzer.

1   Mesoskopische und mikroskopische Physik

In den nächsten Jahrzehnten wird die 'Nanotechnologie' die Einführung neuartiger Materialien und Techniken in alle Aspekte des täglichen Lebens von Kommunikation und Energieerzeugung über Gesundheit und Freizeit bis zu Verkehr und Umwelt stimulieren. Diese Entwicklung geht Hand in Hand mit der augenblicklich ablaufenden Revolution auf dem molekularbiologischen Sektor, insbesondere der molekularen Biophysik im 'Post-Genom'-Zeitalter. Sowohl die europäische Gemeinschaft[1], als auch die amerikanischen und japanischen Forschungsgemeinschaften unterstützen die Forschung in Richtung angewandter Nanotechnologie mit großem finanziellen Aufwand. Hauptziel für die nahe Zukunft ist es, neue nanoelektronische und nanomechanische Elemente zu schaffen, sie zu vernetzen und kostengünstig herzustellen. Potentiell kann die Nanotechnologie alte Hoffnungen für Naturwissenschaftler aller Schattierungen erfüllen, von Physikern, die quantenmechanische Konzepte in Aktion erleben, über Chemiker, die große Moleküle gezielt Atom für Atom zusammensetzen, bis hin zu Biologen, die den atomaren Transport in und aus Membranen kontrollieren und verstehen welche Funktionen die Makromoleküle ausführen, aus denen sich das Genom zusammensetzt. *There's plenty of room at the bottom*, hat Richard Feynman schon 1959 in seinem berühmten Vortrag formuliert [FEY60].

Nach wie vor wächst die Leistungsfähigkeit der in der Computer-Industrie benutzten Halbleiter-Elemente exponentiell, entsprechend einer frühen Vorhersage von Gordon E.Moore [MOO65] aus den sechziger Jahren (Abb. 1.1) [2]. Obwohl diese Gesetzmäßigkeit ursprünglich nur bis Mitte der siebziger Jahre Gültigkeit haben sollte, hat sich unterdessen gezeigt, daß die das Wachstum letztlich begrenzenden physikalischen Eckwerte erst um das Jahr 2017 herum erreicht sein dürften [MOO97]. Nach Prognosen der SIA ('Semiconductor Industry Association') werden im Jahre 2011 Strukturgrößen von 40 nm routinemäßig erzeugt werden können [SIA00]. Dies wird die Integration von mehr als 20 Millionen Logik-Elementen auf einem einzelnen Chip ermöglichen. Die Bandbreite der durch Lichtleiter übertragenen Informationen verdoppelt sich sogar alle sechs Monate und machte die explosionsartige Verbreitung des Internets und damit die 'Informations-Technologie (IT)-Revolution' erst möglich. Neuartige Konzepte für die Herstellung von Nanostrukturen wie etwa die Benutzung von neuronalen Netzen haben teilweise auch heutzutage schon Bedeutung für die traditionelle, auf Silizium basierende Elektronik-Industrie.

Die Entwicklung wurde ursprünglich im wesentlichen von einer Mikrominiaturisierung der beteiligten elektronischen Komponenten getragen. Diesem Prozeß setzten in erster Linie

---

[1]Die Unterstützung durch die Europäische Gemeinschaft erfolgt über die 'Nanotechnology Infomation Devices'-Initiative im Rahmen des 5ten Rahmenprograms, die Anfang 2000 gegründet wurde.

[2]Die Zeitkonstante der Verdopplung der Zahl der Elemente auf einem Chip ist allerdings von 12 Monaten in den siebziger Jahren auf geschätzte 30 Monate für das erste Jahrzehnt im 21ten Jahrhundert gestiegen

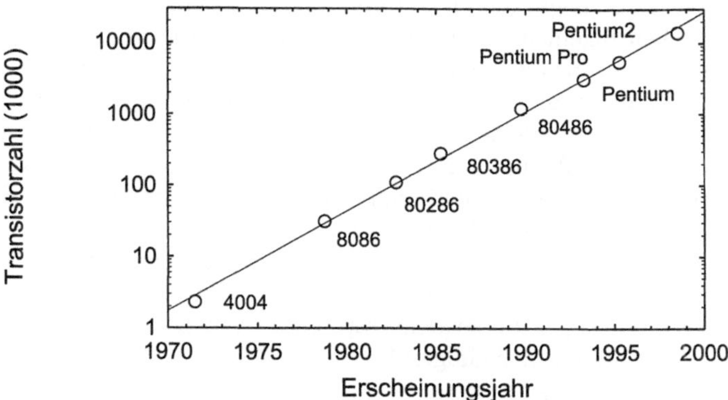

Fig. 1.1 Moore's Gesetz für Chips von Intel.

ingenieurtechnische Probleme Grenzen. Je näher man allerdings mit der Komponenten-Größe an atomare Maßstäbe heranreicht, um so wichtiger werden Grenzen durch physikalische Gesetzmässigkeiten, die erst auf dieser Größenskala Bedeutung gewinnen. Diese 'Physik auf engstem Raum' besitzt den Vorteil, daß neuartige Konzepte der Informations-Speicherung und -Verarbeitung bis hin zur Ausnutzung quantenmechanischer Phänomene angewendet werden können. Wichtig in diesem Zusammenhang sind 'Quantencomputer' und die 'Quanten-Kryptographie' [BOU00].

Obwohl das Beiwort 'nano' oftmals rein dekorativen Zwecken dient, ist es doch auch zum Synonym für den Zugang zu einer neuen Dimension geworden, bevölkert mit Objekten, die neuartige strukturelle, elektronische, optische und magnetische Eigenschaften besitzen oder zu besitzen scheinen. Man hofft, neue Materialien und Prozeßabläufe für unsere tägliche makroskopische Umwelt schaffen zu können: teilweise durch ein grundlegendes Verständnis dieser mikroskopischen Eigenschaften und ihrer Manipulation, teilweise aber auch durch empirische Forschung. Die Verfügbarkeit neuer technologischer Konzepte (Rastermikroskopien, Submikrometer-Lithographie, Laser, Supercomputer) macht diese Versuche mehr und mehr erfolgreich. Es sollte jedoch nicht vergessen werden, daß viele der jetzt neu erfundenen 'Nanoeffekte' weitreichende historische Wurzeln haben. Gläser z.B., die durch das Einlagern von kolloidalen Quantenpunkten höhere Brillanz erreichen können, kennt man schon seit der Antike - nur wurde die kolloidale Lösung damals durch Alchimie geschaffen, und die 'Quantenpunkte' waren schlichter Gold- oder Silberstaub.

Die gebräuchlichste Methode, um Strukturen im Submikrometer-Maßstab herzustellen, ist der 'top down'-Ansatz ('vom Großen zum Kleinen'). Mit hauptsächlich lithographischen Techniken werden hier nanoskalierte Elemente aus größeren Gebilden 'herausgeschnitten'. Im Größen-Bereich unterhalb einhundert Nanometern sind allerdings die Grenzen sowohl der Auflösung als auch der Vervielfältigungs-Geschwindigkeit erreicht. In diesem Bereich wird der 'bottom-up'-Ansatz ('vom Kleinen zum Großen') bedeutungsvoll. Prinzipiell lassen sich zwei Wege beschreiten. Entweder werden in einer 'molekularen Manufaktur' nicht-biologische molekulare Mechanismen benutzt, um gezielt chemische Reaktionen hin zu komplexen Strukturen ablaufen zu lassen, die bis auf die atomare Ebene spezifiziert sind. Das Resultat dieser mechanischen Ingenieurwissenschaft auf der atomaren Ebene ist eine nicht-biologische[3] 'molekulare Nanotechnologie' [DRE92], die als wesentliche Elemente mechanisch gesteuerte chemische Synthese (z.B. direkte Positionierung von reaktiven Molekülen auf einer Oberfläche) und molekulare Transformation chemischer in kinetische Energie (z.B. mittels synthetischer molekularer Aktuatoren und Motoren). Andererseits läßt sich auch in einem Mimikry biologischer Entwicklung auf atomarer oder molekularer Ebene die Richtung eines selbständig ablaufenden System-Aufbaus vorgeben. Dieses Prinzip der 'Selbstorganisation' [TRE94] ist nicht auf biologische Systeme beschränkt[4], sondern ist prinzipiell auf beliebige atomare oder molekulare Architekturen anwendbar. Ein weiterer entscheidender Vorteil des 'bottom-up'-Ansatzes gegenüber dem 'top-down'-Ansatz ist seine massive Parallelität. Jedes Produkt-Mol besteht aus einigen 10^{23} einzelnen Nano-Systemen.

Eine grundlegende Frage vor jeder Beschäftigung mit der'Nanowelt' lautet, inwieweit sich das Verhalten makroskopischer Objekte auf dasjenige mikro- oder nanoskopischer Objekte übertragen läßt. In anderen Worten: inwieweit können physikalische oder chemische Gesetzmäßigkeiten der makroskopischen Welt auf Objekte übertragen werden, die aus einer abzählbaren Anzahl von Atomen bestehen und deren Abstände voneinander abzählbare Vielfache des Durchmessers von Atomen betragen. Man findet z.B., daß in der Nanowelt das Gleichgewicht der Kräfte gegenüber der makroskopischen Welt verschoben ist: aufgrund der geringen Masse der Objekte spielt die Gravitationskraft eine untergeordnete Rolle, während elektrostatische Anziehung und van der Waals-Kräfte große Bedeutung haben. Der Druck nimmt aufgrund der geringen Fläche schon bei geringen Kräften sehr große Werte an - dies betrifft auch den durch Licht ausgeübten Strahlungsdruck; Photonen können ungebundene Nanoobjekte mit ihrer geringen Masse sehr leicht aus der Bahn werfen.

Möchte man nanoskalierte Objekte gezielt an einen bestimmten Ort mit einer definierten Geschwindigkeit bewegen, so muß neben der quantenmechanischen Unschärferelation auch die zufällige Bewegung der Nanoobjekte, induziert durch die Umgebungswärme, berücksichtigt werden ('Brownsche Bewegung'). Die thermische Geschwindigkeit ist proportional der Wurzel aus dem Quotienten aus thermischer Energie und Masse. Für einen Kubiknanometer Diamant (Dichte $3.5 \cdot 10^3$ kg/m^3) ergibt sich bei Raumtemperatur eine mittlere thermische Geschwindigkeit von etwa 60 m/s, also 60×10^9 nm/s.

Beim Zusammenspiel zweier Objekte auf der Nanometer-Ebene ist zu berücksichtigen, daß die klassischen Schmiermittel nicht mehr funktionieren können, da die Flüssigkeiten ihre Viskosität im Grenzbereich zur Oberfläche verlieren und sich ggf. nicht mehr als Flüssigkeiten verhalten: die Reibung sollte also zu einem starken Materialabtrag führen und damit zu einer sehr geringen Lebensdauer nanoskalierter Maschinerie. Allerdings zeigt sich, daß diese Problematik bei einer genaueren Betrachtung der auf die Oberflächen einwirkenden attraktiven und repulsiven Molekülkräfte an Stelle einer Beschreibung vermittels klassischer Roll-, Gleit- und Haftreibung an Bedeutung verliert. Auch Nanomaschinerie kann somit

---

[3]Die aber dennoch sehr weitreichende Implikationen z.B. für eine ganz neue Art von medizinischer Diagnose und Therapie hat, siehe [FRE99].

[4]Biologie spielt sich in der wässrigen Phase ab und handelt von 'weichen' Materialien, deren Energien von der Größenordnung $k_B T$ sind. Schon geringe Temperaturänderungen resultieren hier in großen Strukturänderungen. Selbstorganisation findet sich aber auch in physikalisch oder chemisch viel stärker gebundenen Systemen, z.B. in der gesamten supramolekularen Chemie.

lange Lebensdauer haben.

Schließlich sei angemerkt, daß die 'Nano-Revolution' nicht auf der strukturellen Ebene halt machen kann, sondern sich auch mit Wechselwirkungsdynamik auf atomarer Ebene beschäftigen muß. Die Bewegung und die Beweglichkeit atomarer, molekularer und nanoskalierter Objekte müssen untersucht und verstanden werden, bevor eine Manipulation auf nanoskalierter Ebene mit reproduzierbarem Erfolg vorgenommen werden kann. Ein wichtiges Hilfsmittel hierzu sind Ultrakurzpuls-Laser (Femtosekunden-Laser). Sie ermöglichen es, elementare Dynamik mit atomarer Auflösung darzustellen und teilweise auch zu manipulieren.

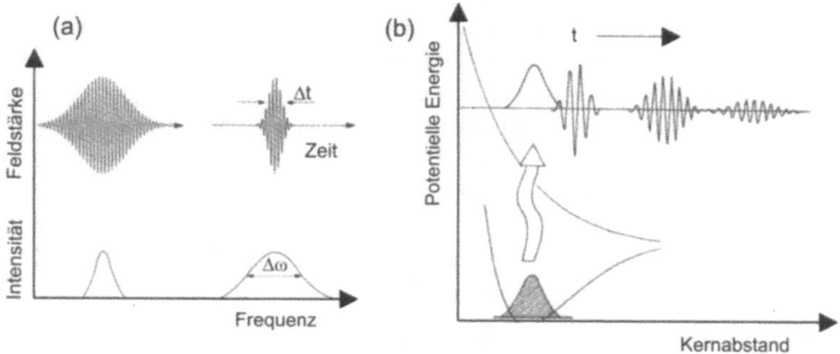

Fig. 1.2 (a) Zum Verhältnis zeitlicher und energetischer Unschärfe. (b) Erzeugung eines lokalisierten Wellenpakets durch Anregung mit einem Femtosekunden-Puls. Nachgedruckt mit Genehmigung aus [SCH93]. Copyright 1993 Cambridge University Press.

Aus der Unschärferelation folgt, daß ein Lichtpuls mit einer Dauer von einigen zehn Femtosekunden eine sehr große Energieunschärfe von einigen Elektronenvolt (eV) hat (Abb. 1.2a). Da dser Abstand zwischen den Schwingungs-Eigenzuständen eines Moleküls weit unterhalb eines eV liegt, führt die Anregung des Moleküls mit einem Femtosekunden-Puls zu einer kohärenten Überlagerung von angeregten Eigenzuständen. Diese Unschärfe in der energetischen Anregung bedeutet aber gleichzeitig, daß die ursprünglich auf der Raum-Koordinate ausgeschmierten Eigenzustände des Moleküls im durch den Femtosekunden-Puls angeregten Zustand zu einem Wellenpaket mit geringer räumlicher Ausdehnung lokalisiert werden (Abb. 1.2b). Die Bewegung dieses Wellenpakets längs einer Potentialkurve kann daher mit Sub-Ångstrom-Auflösung verfolgt werden.

In jüngster Zeit ist diese Technik auch auf Probleme mit biologischer Relevanz ('Femtobiologie') angewandt worden, z.B. um Konformations-Änderungen und Entfaltungs-Prozesse in Proteinen auf einer Realzeit-Skala abzubilden oder um zeitaufgelösten Elektronen-Transport durch DNA-Stränge zu untersuchen. Aus letzteren Messungen folgt z.B., daß die DNA nur eine geringe Leitfähigkeit vergleichbar der eines Halbleiters besitzt und daher nur beschränkt als 'molekularer Draht' in Quantencomputern eingesetzt werden kann.

2 Vom Atom zum Festkörper

Nanotechnologie zielt auf die Miniaturisierung bis hin zum atomaren Maßstab. Sowohl in der Top-down- als auch in der Bottom-up-Strategie wird man sich irgendwann mit mesoskopischen Fragestellungen beschäftigen müssen, also dem Übergang vom Festkörper zum Atom oder umgekehrt: Die sich aus den individuellen Atomen zusammensetzenden, Nanometer großen Aggregate sollten eine Gitterstruktur bilden, um eine wohldefinierte Oberfläche zu besitzen, sowie eine elektronische Bandstruktur, damit man die Elektronen rechnerisch als kollektives Ganzes betrachten kann. Dieser Übergang kann sich schon bei sehr kleinen Aggregaten vollziehen[1] oder aber auch sehr viele Atome verlangen. Ein wesentlicher Gegenstand der 'Cluster'-Forschung ist es, Details dieses Prozesses quantitativ zu verstehen. Generell stellt man fest, daß sowohl die Materialeigenschaften als auch die Umgebung, in der sich dieses Material befindet, eine wichtige Rolle spielen.

Der Lohn für ein tieferes Verständnis des Atom-Festkörper-Übergangs ist eine Ausnutzung der außerordentlichen Änderungen der Eigenschaften, die die Partikel während dieses Vorgangs erfahren. Dies betrifft nicht nur die in Kapitel 2.2 besprochenen optischen Eigenschaften, sondern z.B. auch die Schmelztemperatur, die mit fallender Größe abfällt, oder die für Phasenübergänge notwendigen Drücke, die ansteigen. Wichtig neben Quantisierungseffekten ist das Anwachsen der Zahl der Oberflächen-Atome verglichen mit der Zahl der Volumen-Atome. Da Oberflächen-Atome die freie Energie des Teilchens stark mitbestimmen, führt die Änderung ihrer relativen Anzahldichte zu einer Änderung der thermodynamischen Teilchen-Eigenschaften.

2.1 Morphologie

Ein Verständnis der Struktur und mechanischen Eigenschaften nanostrukturierter Materialien ist wichtig für die Manipulation und Modifikation auf atomarer Ebene. Im Wachstum vom Atom über den Cluster zum Festkörper findet man 'magische Zahlen', die kristallinen Strukturen besonders hoher Stabilität entsprechen. Besonders bei Edelgasclustern mit einem richtungsunabhängigen atomaren Wechselwirkungspotential beobachtet man, daß diese stabilen Konfigurationen dichten Packungen wie z.B. um ein Zentralteilchen herum aufgebauten Ikosaedern unterschiedlicher Teilchenzahl ('magische' Teilchenzahlen 13, 55, 147 ...)

---

[1]Gold-Cluster mit der 'magischen' Zahl von 55 Atomen (eine mit 12 und eine mit 42 Atomen vollgepackte Schale um ein Zentralatom) und einem Durchmesser von 1.44 nm zeigen schon metallische Eigenschaften [BOY01]. Auch in sehr kleinen Halbleiter-Nanokristalliten findet man schon wohldefinierte einkristalline Facetten.

entsprechen. Mit wachsender Größe weisen jedoch diese fünfzähligen Symmetrien immer mehr Fehler im geometrischen Aufbau auf, so daß schon bei etwa 1000 Atomen - im Falle von Argon - die Kristallstruktur des Festkörpers eingenommen wird.

Für komplexere Atome (z.B. Metalle) mit richtungsabhängigen Wechselwirkungspotentialen oder nicht abgeschlossenen Schalen werden die morphologischen Aufbauregeln komplizierter. Bei großen Clustern finden sich nach wie vor durch die geometrische Struktur bedingte magische Zahlen, aber bei kleineren Clustern dominieren elektronische Effekte [MAR90]. Hier sind es also Cluster mit abgeschlossenen elektronischen Schalen (N=8, 18, 20 ...), die besonders stabil sind.

Tatsächlich ist die Existenz 'einfacher' morphologischer Regeln auch eher unerwartet, da die Kristallstruktur ja durch geringfügige Änderungen im langreichweitigen Wechselwirkungs- potential beeinflußt wird. Bei Aggregaten mit Dimensionen von der Größenordnung einiger Atomabstände erwartet man einen starken Einfluß dieser 'Oberflächen'-Effekte, und die Stabilität eines solchen Aggregats läßt sich nicht mehr einfach vorhersagen.

Statt die Anzahl Atome vorzugeben und die resultierenden Strukturen zu berechnen oder zu vermessen, möchte man natürlich bei gegebener Dimensionierung auch die Struktur des nanoskalierten Aggregats vorgeben und sehen, ob eine solche Struktur überhaupt stabil sein kann. Wichtig für die Erstellung komplexerer Systeme ist es, Verbindungselemente zwischen spezifizierten Aggregaten herstellen zu können. Eine Frage hierbei ist, welches die geringste Dicke eines solchen atomaren Drahtes ist, und wie stabil er ist.

Kürzlich sind die mechanischen Eigenschaften eines Drahts aus einzelnen Gold-Atomen durch Kombination zweier Rastertunnelmikroskope und eines Kraftmikroskop-Sensors be- stimmt worden [RUB01]. Der Golddraht wird hierbei zwischen dem Kraftmikroskop-Träger und der Goldspitze eines STM 'gespannt', und die zum Auseinanderziehen notwendige Kraft wird mittels eines zweiten STM bestimmt, das die Auslenkung des Trägers mißt. Das über- raschende Ergebnis ist, daß die Bindungsstärke der Atome im Nanodraht doppelt so hoch ist wie die Bindungsstärke im Volumen. Offenbar hängt die effektive Steifigkeit der Nano- struktur von der genauen Anordnung der Atome an der Basis ab.

2.2 Elektronische Struktur und optische Eigenschaften

Quantenmechanische Größeneffekte sind zu erwarten wenn die Größe eines Objekts ver- gleichbar wird mit der charakteristischen Längenskala, die die Kohärenz seiner Wellenfunk- tion bestimmt. Spätestens ab dieser Größe werden die elektronischen, optischen und magne- tischen Eigenschaften größen- und formabhängig. Insbesondere das optische Verhalten ist sehr empfindlich auf Quanten-Einschränkungen ('quantum confinement'), wobei die Größe des Effekts natürlich auch von der Umgebungstemperatur abhängt: der Abstand zwischen benachbarten Energieniveaus oder Bändern muß größer sein als die thermische Energie $k_B T$.

Durch Absorption eines Photons wird ein Elektron-Loch-Paar im Material erzeugt, das einen quantisierten Zustand ('Exziton') besitzt. In Halbleitern ist wegen der geringen effektiven Massen von Elektron, m_e, und Löchern, m_h, (d.h. der Elektronenmassen in der Anwesenheit des Gitters) und der großen Dielektrizitätskonstanten ϵ das Exziton groß auf der atomaren

Skala, mit Bohrradien a_0 zwischen 5 nm und 50 nm. Der Bohrradius eines Exzitons ist gegeben durch

$$a_0 = \frac{\hbar^2 \epsilon}{e^2} \left[\frac{1}{m_e} + \frac{1}{m_h} \right] \quad . \tag{2.1}$$

Erreicht das halbleitende Aggregat in einer (Quantengas), zwei (Quantendraht) oder sogar drei Dimensionen (Quantenpunkt) eine mit a_0 bzw. der deBroglie-Wellenlänge vergleichbare Größe, so treten massive Änderungen in den optischen Eigenschaften auf. In Metallen findet man einen solchen Effekt aufgrund der fehlenden Bandlücke und der damit verbundenen geringen Abstände der relevanten Energieniveaus erst bei relativ kleinen Aggregaten mit Durchmessern von der Größenordnung einiger Nanometer. In Abbildung 2.1 ist die Änderung in der elektronischen Zustandsdichte für ein Halbleiter-Band als Funktion reduzierter Dimensionen aufgetragen. Der Quantenpunkt ('nulldimensional') besitzt diskrete Energieniveaus, der Quantendraht ('eindimensional') quasi-diskrete, der Quantentopf ('zweidimensional') ein quantisiertes Treppenmuster und das Volumen ein kontinuierliches Spektrum.

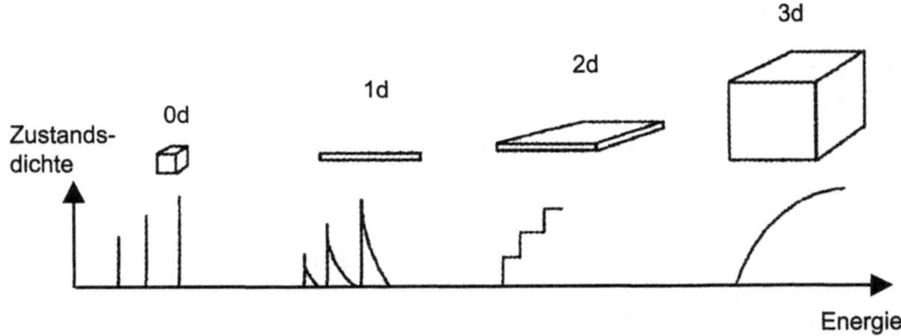

Fig. 2.1 Dimensionsabhängige elektronische Zustandsdichten in Halbleiter-Nanostrukturen.

Halbleiter: Quantenpunkte und -drähte

Halbleiter-Quantenpunkte können mittels epitaktischen Wachstums oder mit chemischen Methoden aus kolloidalen Lösungen gewonnen werden (siehe Kap. 5.2). Die typische Oberflächendichte von selbstorganisierten Quantenpunkten ist $10^{10} cm^{-2}$ bis $10^{12} cm^{-2}$, so daß eine Matrix von Quantenpunkten als zweidimensionale Ansammlung 'künstlicher Atome' betrachtet werden kann, die eine enge Verteilung von Anregungs-Energien besitzt [PET01b].

Insbesondere in kolloidalen Lösungen von Aggregaten mit Quantenpunkt-Eigenschaften kann die Möglichkeit, die optischen Eigenschaften durch Änderung der Größe drastisch zu ändern, sehr einfach demonstriert werden. So zeigen kolloidale Lösungen mit Halbleiter-Quantenpunkten eines mittleren Radius von 4.1 nm rote Emission, die über gelb (1.7 nm) zu grün (1.2 nm) verändert werden kann (siehe z.B. [FRA97] für eine Sammlung von mikrophotographischer Bilder).

Da der Grundzustand eines Quantenpunkts nicht entartet ist, ist nur ein Exziton per Punkt notwendig, um eine Besetzungs-Inversion der Energieniveaus zu erzeugen. Epitaktisch gewachsene oder aus kolloidalen Lösungen abgeschiedene Matrizen aus Quantenpunkten (null-dimensionale Exzitonen) stellen somit als Erweiterung der Quantentopf-Laser ('quantum well laser' mit zweidimensionalen Exzitonen) ein ideales Medium für Laser-Aktivität mit minimalen Schwellstromdichten dar. In der Tat ist größenkontrollierte stimulierte Emission von Quantenpunkten demonstriert worden [KLI00]. Laserlicht vom blauen bis in den roten Spektralbereich ist durch Benutzung von 2 nm bis 10 nm durchmessenden Quantenpunkten erzeugt worden [KLI01].

Mit Einzelmolekül-Spektroskopie durch konfokale Mikroskopie ist es möglich, die optische Dynamik isolierter Quantenpunkte zu untersuchen. Die beugungsbegrenzte Auflösung konfokaler Mikroskopie ist $\lambda/2 \approx 250$ nm. Bei einer Dichte von einem Quantenpunkt pro Quadratmikrometer untersucht man also in der Tat nur isolierte Punkte. Im Gegensatz zu isolierten Farbstoff-Molekülen, die typischerweise nach etwa 10^6 Anregungs-, Emissions-Zyklen ausbleichen, lassen sich Quantenpunkte sehr viel länger beobachten. Auf diese Weise ist es gelungen, ein Flackern ('blinking') der Quantenpunkte festzustellen, das sich auf Zeitskalen zwischen 10^{-4} bis 10^3s abspielt.

Die Ursache für dieses Flackern ist wahrscheinlich Elektron/Loch-Paar Ejektions- und Rekombinationskinetik. Im 'an'-Zustand werden Elektronen aus dem Kern des Quantenpunkts angeregt, im 'aus'-Zustand befinden sie sich weit entfernt von den Löchern, und im neuen 'an'-Zustand rekombinieren sie wieder. Elektronentransport erfolgt durch Tunneln, und aus der gemessenen Lebensdauer läßt sich ein Minimum-Abstand zwischen Loch und Elektron von 2-4 nm abschätzen. Die Kinetik gehorcht einem Potenzgesetz (P(t) $\propto 1/\tau^m$), da eine lokalisierte Anregung mit einfach exponentieller Lebensdauer-Abhängigkeit mit einer exponentiellen Verteilung von Ratenkonstanten (gegeben durch die Verteilung von Potentialtopf-Tiefen etc. im angeregten Zustand des Quantenpunkts) gewichtet wird. Dies bedeutet, daß diese Dynamik nicht mehr mit einer mittleren Lebensdauer, sondern nur durch eine Verteilung von Lebensdauern beschrieben werden kann. In anderen Worten: die 'Lebensdauer' des blinkings wird von den experimentellen Details vorgegeben, da es immer Ereignisse gibt, die sich auf einer zu kurzen oder zu langen Zeitskala abspielen, um beobachtet zu werden. Der Prozeß ist intrinsisch dynamisch und Fluktuationen in der Nano-Umgebung des Quantenpunkts spielen eine entscheidende Rolle [NEU00, KUN00].

Vergrößert man die Quantenpunkte z.B. zu Quantendrähten, dann wird es ab einem gewissen Aspekt-Verhältnis (>2) eine Vorzugs-Achse geben (c-Achse), die eine ausgezeichnete Richtung des Übergangsdipolmoments definiert. Daraus folgt, daß Anregungs- und Emissionscharakteristik sehr stark linear polarisiert sein werden [PEN00]. Die Struktur hat also einen sehr starken Einfluß auf das optische Verhalten dieser nanoskalierten Systeme.

Metalle

Die Spektren isolierter Alkaliatome, -dimere und -trimere werden durch Einzelelektronen-Anregungen bestimmt. Sie bestehen - unter geeigneten Bedingungen gemessen[2] - aus wohl-

---

[2]Geeignete Bedingungen sind z.B. Messungen an Teilchen, die eine feste Geschwindigkeit besitzen. Liegen die Teilchen in einer Geschwindigkeits-Verteilung vor, so wird die beobachtete Linienbreite in der Regel

definierten Linien und sind quantitatv theoretisch reproduzierbar. Abbildung 2.2 zeigt als Beispiele ein dopplerfreies Zwei-Photonen Fluoreszenzspektrum von Natrium-Atomen und Einphotonen-Fluoreszenz von Natrium-Dimeren.

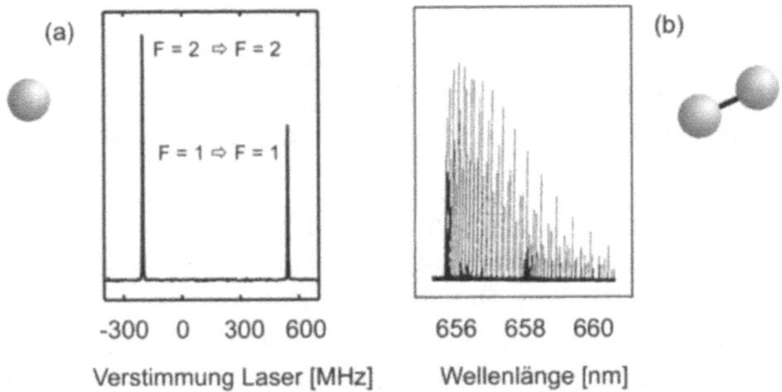

Fig. 2.2 Einzelektronen-Anregung: Fluoreszenzspektren von Natrium-Atomen (a) und Natrium-Dimeren (b). Die zugehörigen Term-Schemata sind in Abb. 2.4 zu sehen.

Der Charakter der optischen Spektren ändert sich rasch, sobald die Zahl der Atome im Polymer ('Cluster') zunimmt. Schon für Cluster aus acht Atomen konzentriert sich die Oszillatorenstärke auf ein einziges Absorptionsmaximum (Abb. 2.3c) [WAN90, WAN93]. An Stelle der Einzelelektronen-Anregung tritt jetzt eine kollektive Anregung der Valenz-Elektronen, eine sogenannte 'Oberflächenplasmonen-Anregung'. Die Teilchengröße, an der dieser Übergang auftritt, hängt sehr empfindlich von der Atomsorte und vom Ladungs-zustand ab. Z.B. zeigen Na_{10}^+-Ionen isolierte Photoabsorptionslinien, während Na_{15}^+-Ionen Photoabsorptions-Spektren aufweisen, die mit elementaren Anregungen eines nahezu freien Elektronengases beschrieben werden können [ELL97].

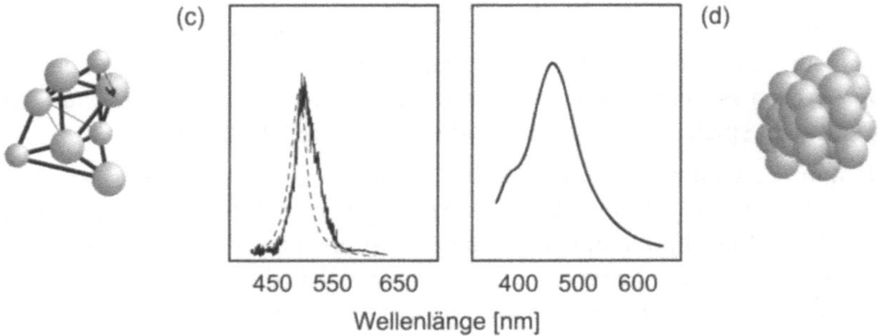

Fig. 2.3 Kollektive elektronische Anregung: Absorptionsspektrum von Na_8-Clustern (c) und Extinktionsspektrum großer, auf Oberflächen deponierter Cluster (d). Teilbild (c) nachgedruckt mit Genehmigung aus [WAN90]. Copyright 1990 American Institute of Physics.

---

durch den Doppler-Effekt dominiert. In einer thermischen Verteilung ist diese Verbreiterung 100 bis 1000 mal größer als die natürliche Linienbreite, die sich aus der Lebensdauer des angeregten Elektrons ergibt.

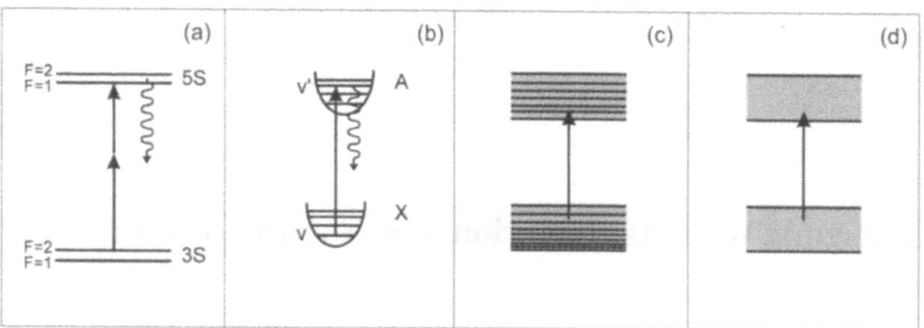

Fig. 2.4 Term-Schemata für die optischen Anregungen, die zu den Spektren in Abbildungen 2.2 und 2.3 führen. Auf der Ordinate ist die potentielle Energie aufgetragen.

Diese Delokalisierung der Leitungsband-Elektronen findet sich natürlich auch in weit größeren Clustern, selbst wenn ie als Nanoteilchen auf Oberflächen adsorbiert sind (Abb. 2.3c). Mit optischen Mitteln ist es also nicht mehr möglich, einzelne Atome in diesen Aggregaten zu addressieren. Andererseits vereinfacht sich die quantitative Reproduktion des optischen Verhaltens, da die elektronischen Anregungen in guter Näherung mit dem 'Jellium'-Modell beschrieben werden können: die Elektronen füllen als strukturloses 'Gelee' den Raum zwischen den starren Ionenrümpfen aus. Eine hinreichend quantitative Beschreibung der Nano-Optik an diesen Clustern wiederum ermöglicht es, mit optischen Hilfsmitteln z.B. morphologische Informationen zu erhalten (siehe Kap. 4.3).

Schwierig wird das Verständnis der optischen Antwort (ebenso wie der weiter oben beschriebenen strukturellen Stabilität) im Übergangsbereich zwischen isolierten Atomen und sehr großen Clustern. Man findet etwa, daß sich schon für überraschend kleine Na_n^+ Cluster ($n \leq 93$) das Verhalten der Teilchen-Resonanz als Funktion der Größe dem Dispersionsverhalten der Plasmonen-Resonanz einer unendlich ausgedehnten Oberfläche aus dem selben Material angleicht [REI95]. Die genaue Größenabhängigkeit und die Lebensdauer der das optische Verhalten dominierenden Plasmonen-Resonanz sind nach wie vor Gegenstand intensiver experimenteller [SEL89, HOE93, SCH01b] und theoretischer [APE83, LIE93, LIE97, YAN98] Untersuchungen (siehe auch Kapitel 6.1.4).

Ändert man jetzt die geometrische Struktur der metallischen Quantenpunkte, indem man sie z.B. zu einem Quantendraht auseinanderzieht, so verändert sich das elektronische und optische Verhalten in ebenso starken Maße wie im Falle von Halbleiter-Quantendrähten. Genaueres zur wichtigen elektrischen Leitfähigkeit von atomaren Quantendrähten wird in Kapitel 6.2.2 ausgeführt.

3 Erzeugung und Manipulation von Nanostrukturen

Nanostrukturen können entweder mittels technischer Hilfsmittel durch Mikrominiaturisierung hergestellt werden ('top-down-Methode'), oder die Bedingungen für selbstorganisiertes Wachstum der Strukturen ('bottom-up-Methode') werden geschaffen.

3.1 Top-down-Methoden

Die routinemäßige Herstellung von Nano-Strukturen beliebiger Form ist seit mehr als 30 Jahren möglich [BRO64]. Prinzipiell lassen sich die Strukturen in oder auf einer Vielzahl von Materialien entweder mittels Abbildungsverfahren [WAL99] oder mittels direkter Schreibmethoden herstellen. Beide Wege haben ihre Vor- und Nachteile. Die *Abbildungsverfahren* benutzen eine Maske, die mittels Photonen, Elektronen, Ionen oder Atomen auf ein licht- oder teilchenempfindliches Substrat abgebildet wird. Sie erlauben eine sehr rasche Herstellung großer Zahlen gleicher Strukturen. Die minimale Strukturgröße ist jedoch durch Beugungserscheinungen während der Abbildung mit Photonen oder Teilchen bestimmt. Problematisch ist außerdem die Lebensdauer der Maske, die durch die Bestrahlung mit intensiven Licht- oder Teilchenströmen beschädigt wird, was zu Abbildungsfehlern führt. Die *direkten Schreibmethoden* benutzen meist Elektronen oder Ionen. Aufgrund der kurzen de Broglie-Wellenlänge können relativ einfach Strukturen hergestellt werden, deren minimale Größe nur von Streuprozessen im zu bearbeitenden Material ('proximity-Effekt') bestimmt wird. Nachteilig sind die große Fokustiefe und hauptsächlich der hohe Zeitaufwand, den das Abrastern längs vorgegebener Muster erfordert. Meist werden daher mittels direkter Schreibmethoden nur die Masken hergestellt, die in einem weiteren Schritt zur vervielfältigenden Abbildung benutzt werden.

3.1.1 Nanostrukturen via Photonen und Lithographie

In diesem Abschnitt werden lithographische Techniken behandelt, die auf dem licht-, elektronen- oder ioneninduziertem Einschreiben von Strukturen in Festkörper-Oberflächen beruhen. Es sei angemerkt, daß mittels überlagerter Lichtwellen auch nanoskalierte Strukturen aus der Gasphase erzeugt werden können. Die Manipulation von freien Teilchen mit Lichtkräften wird in Abschnitt 5.3 beschrieben.

Abbildungs-Photolithographie

Die in photolithographischen Verfahren minimal erreichbare Objekt-Größe d_{min} skaliert mit der Wellenlänge λ und ist durch das Rayleigh Kriterium (Glng. 4.5) gegeben. Um räumliche Auflösung unterhalb 100 nm zu erzielen, muß man also z.B. kürzere Abbildungs-Wellenlängen einsetzen (etwa λ=157 nm aus einem F_2 Excimer-Laser) [BLO97]. Der Umgang mit dieser kurzwelligen Strahlung ist jedoch nicht ganz trivial. Aufgrund starker Luftabsorption müssen die Strahlwege mit trockenem Stickstoff geflutet werden. Hinzu kommt Farbzentren-Bildung[1] in den ursprünglich kaum absorbierenden dielektrischen Materialien ('laser damage'). An den Farbzentren findet in Folge verstärkte Absorption statt, so daß Material abgetragen werden kann. Da es grundsätzlich keine Materialien ohne Defekte gibt, limitiert der Prozeß die Lebensdauer aller optischen Komponenten. Selbst für sehr gute Elemente kann man mit weniger als zehn Jahren Lebensdauer rechnen.

Neben der Wellenlänge bestimmen die numerische Apertur NA und der Kohärenzfaktor k_1 in Glng. 4.5 die mögliche Auflösung. In Abbildung 3.1 ist die gerechnete lithographische Auflösung für Werte von NA=0.5 bis NA=0.6 dargestellt. Die Werte des Kohärenzfaktors k_1 lassen sich durch lineare Regression der Form $k_1 = 0.44 + 8\times10^{-4} \cdot \lambda$ [nm] annähern.

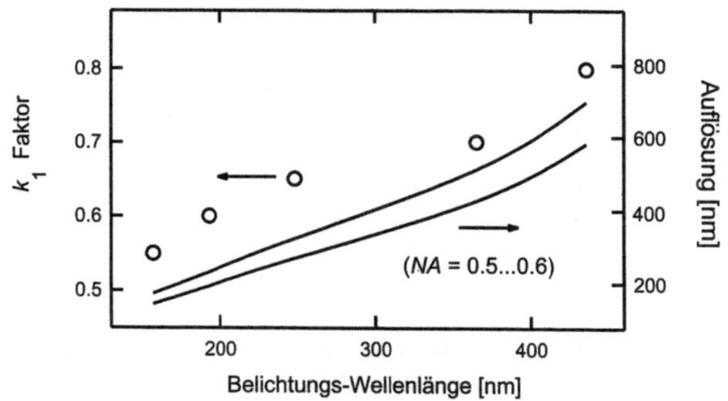

Fig. 3.1 Kohärenz-Faktor k_1 (offene Kreise [ELL95]) und Bereich möglicher lithographischer Auflösung für numerische Aperturen NA zwischen 0.5 und 0.6.

Eine Vergrößerung der numerischen Apertur führt zu einer höheren Auflösung. Allerdings nimmt mit wachsendem NA die Fokustiefe f_{min} und damit die Tiefe des strukturierten Gebiets ab:

$$f_{min} = k_2 \frac{\lambda}{NA^2},$$

(3.1)

---

[1] Als Farbzentrum wird z.B. ein fehlendes Ion in einem Ionenkristall wie KCl bezeichnet, an dessen Stelle ein optisch anregbares Elektron eingefangen wurde.

mit k_2 einem geometrischen Faktor[2] mit einem ähnlichen Wert wie k_1. Daher ist der am sinnvollsten zu optimierende Parameter k_1. Die Größe dieses Faktors kann z.B. durch Anwendung von Phasenschieber-Masken verringert werden [LEV82, RON94b]. Nehmen wir an, ein Gitter soll durch kohärentes Licht abgebildet werden. Aufgrund von Beugung aus den hellen in die normalerweise dunklen Regionen wird die Qualität des Abbilds verringert. Dies kann dadurch vermieden werden, daß eine Phasenschieber-Lage mit Brechungsindex n auf jede zweite durchsichtige Region aufgebracht wird. Die Lage hat eine Dicke

$$d = \frac{\lambda}{2(n-1)}, \tag{3.2}$$

und schiebt die Phase des Lichts um 180°, d.h. führt zu destruktiver Interferenz in den dunklen Gebieten.

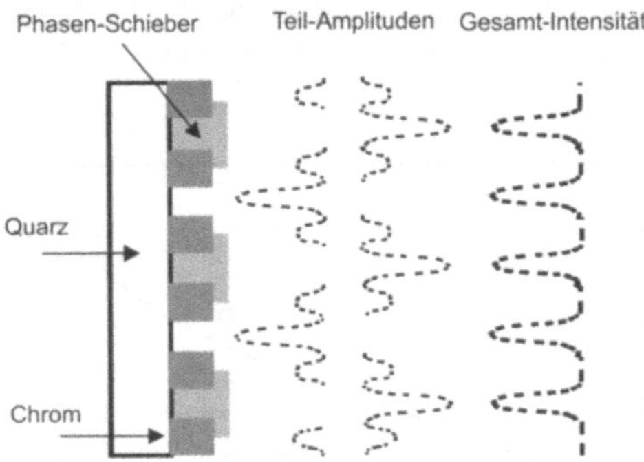

Fig. 3.2 Prinzip einer Phasenschieber-Maske. Die Amplituden des elektromagnetischen Feldes benachbarter durchlässiger Gebiete werden um 180° phasenverschoben, so daß die Beugungsintensität in die dunklen Gebiete verringert und damit der effektive Kontrast erhöht werden.

Andererseits ist in realen Systemen die Auflösung auch durch Wellenfront-Abweichungen zwischen interferierenden Teil-Wellen begrenzt, die daraus resultieren, daß gebeugte Strahlen nullter und höherer Ordnung unterschiedliche optische Weglängen besitzen. Dieses Problem kann dadurch gelöst und damit Auflösung und Fokustiefe verbessert werden, daß der zentrale Teil des ursprünglichen Strahl abgeblockt wird; gleichzeitig läßt man Strahlen nullter und erster Ordnung in der Bildebene unter dem selben Einfallswinkel miteinander interferieren ('annular illumination' [ELL93]). Zusammen mit 'weichen', abgeschwächten Phasenschieber-Masken führt 'off-axis-Belichtung' zu noch höherer Auflösung, charakterisiert durch k_1-Werte von bis zu 0.25 [RON94]. Eine ausführliche und didaktische Einführung in diese Art von Problemen in der Mikrolithographie und der Mikrofabrikation findet sich in [RAI97].

---

[2]Im Rayleigh-Grenzfall findet man $k_2 = k_1/2$ [PEC97].

Elektronenstrahl-Lithographie

In der Elektronenstrahl-Lithograhie werden mittels Rasterung eines hochenergetischen Elektronenstrahls (typisch 20 keV) Strukturen in ein Elektronenresist (meist ein Polymer wie PMMA, polymethyl methacrylat) geschrieben, die später als Maske für Photolithographie dienen. Das 'Schreiben' bedeutet, daß die Struktur des Resists an der belichteten Stelle geändert wird (z.B. werden Bindungen gebrochen und damit die molekulare Dichte verringert), so daß in einem nachfolgenden Prozeß die belichtete Stelle in einer chemischen Reagenz aufgelöst werden kann.

Die damit erzielbare Auflösung ist durch den 'proximity-Effekt', d.h. die Vorwärts- und Rückwärts-Streuung von Elektronen innerhalb des Resists begrenzt. Durch die Streuung weitet sich der belichtende Elektronenkegel stark auf (bis zu einigen Mikrometern), so daß von den Elektronen auch Bereiche des Resists einige Mikrometer außerhalb der Achse des einfallenden Elektronenstrahls bestrahlt werden. Daher erhalten kleine oder isolierte Strukturen eine geringere Elektronendosis als die größeren Strukturen und benötigen für ihre Entwicklung eine entsprechend höhere Dosis. In Abb. 3.3 wird dies am Beispiel der unzureichenden Entwicklung einer schmalen Linie in der unmittelbaren Nähe von breiten Linien demonstriert.

Fig. 3.3 Zum 'proximity-Effekt': SEM-Aufnahme eines Musters auf Silizium, gerastert mit 20 kV Elektronen. Obwohl die gesamte Elektronendosis für alle Bereiche der Oberfläche konstant gehalten wurde, erhalten die schmalen Strukturen eine deutlich geringere Elektronendosis als die breiten und sind entsprechend weniger entwickelt. Nachgedruckt mit Genehmigung aus [KRA81]. Copyright 1981 American Institute of Physics.

Um diesen Effekt zu umgehen, ist eine Modulation der Elektronendosis notwendig. Für Strukturen mit gleichförmiger Dichte und Linienbreite (z.B. isolierte Transistor-Strukturen) ist dies einfach zu bewerkstelligen. Im Falle inhomogener Strukturen wird die Dosis während des Rasterns variiert. Dies erfordert eine zumindest näherungsweise Berechnung der erforderlichen Dosis vor dem Raster-Prozeß. Bei der GHOST-Methode [OWE83, GES94] entfällt diese Berechnung. Hier wird ein inverses Strukturbild mittels eines defokussierten Strahls geschrieben, das die Rückstreu-Verteilung nachahmt. Die eigentliche (positive) Elektronen-dosis wird dann so gewählt, daß zusammen mit der Dosis des defokussierten Strahls die optimale Dosis zur Entwicklung aller Strukturen erreicht wird. Die Methode setzt voraus, daß eine umfangreiche Berechnung der inversen Beugungs-Verteilung durchgeführt wird, und daß eine komplexe Maske mit mehreren Amplituden- und Phasen-Ebenen angefertigt wird.

Neben der Minimierung der Rückwärtsstreuung ist zur Vermeidung einer Elektronenstrahl-Aufweitung auch die Vorwärtsstreuung zu eliminieren. Dies kann durch ein Vielschicht-Resist geschehen, in dem eine dünne Decklage empfindlich auf die Elektronenbestrahlung ist und das darin entwickelte Strukturbild durch einen Trocken-Ätz-Prozeß in eine dickere, tiefer liegende Schicht übertragen wird.

In Tabelle 3.1.1 sind die erreichbaren Strukturgrößen (minimale Strukturgröße d_{min} und minimale Fokustiefe f_{min}) für einige lithographische Techniken angegeben [OLE01], darun-ter Ionenstrahl-, Röntgenstrahl- und UV-Laser-basierte Techniken (193 nm und 157 nm). 'SCALPEL' [BER91] bedeutet *Scattering with Angular Limitation Projection Electron-beam Lithography*[3] und 'EUV' *Extreme ultraviolet*.

Tab. 3.1 Übersicht über einige lithographische Techniken. 'em' bedeutet, daß elektromagnetische Optiken verwendet werden, 'refl.', daß mit Reflektions- und 'trans.', daß mit Transmissions-Optiken gearbeitet wird.

Technik	λ	d_{min} [nm]	f_{min} [μm]	Einführung	Optik
Ionenstrahl	50fm	2	500	80er	em
SCALPEL	4pm	0.16	400	80er	em
Röntgenstrahl	1nm	30	–	70er	refl.
EUV	11-14nm	45	1.1	80er	refl.
193 nm	193nm	100	0.4	80er	trans.
157 nm	157nm	80	0.28	80er	trans.

Die Phasenschieber-Technologie erlaubt es, auch mit konventionellen Wellenlängen von 193 nm oder sogar 248 nm effektive Struktur-Breiten z.B. einer Transistor-Basis zwischen 20 nm und 50 nm zu erreichen [OLE01]. Die Wellenlänge des verwendeten Lichts und daraus resultierende Beugungsphänomene stehen also nicht unbedingt einer weiteren Erhöhung der Transistoren-Dichte im Wege.

Unkonventionelle lithographische Techniken

In den letzten Jahren sind eine Vielzahl von Methoden für die Erzeugung von periodischen Strukturen aus metallischen und halbleitenden [WAN91, ALI96, SHA96, FEN98] Mate-

---

[3]In der SCALPEL-Technik wird eine spezielle Maske zur Elektronenstrahl-Abbildung verwendet, die es erlaubt, Kontrasterzeugung und Energie-Absorption in zwei getrennte Schichten zu verteilen: eine struk-turierte und schwach streuende Membran-Schicht liegt über einer stark streuenden, nicht-strukturierten Schicht.

rialien auf einer Nanometer-Skala entwickelt worden, die über konventionelle Lithographie hinausgehen. Als Beispiele seien genannt:

- *Nanokugel-Lithographie* [DEC88, HUL95, BUR00].

Hier wird die Selbstorganisation von Kolloidkügelchen für die Lithographie im Submikrometer-Maßstab ausgenutzt. Dazu sprüht man eine Lösung von Polystyrol-Kügelchen mit variablem Durchmesser von einigen Mikrometern bis zu einigen hundert Nanometern auf ein Substrat (z.B. einkristallines Silizium oder auch ein Mikroskop-Plättchen) und läßt sie auftrocknen. Aufgrund der Kapillarkräfte ziehen sich die Kügelchen an und bilden eine geordnete Monolage. Im folgenden Schritt wird Metall (Silber, Gold oder Chrom) aufgedampft, und danach werden die Polystyrol-Kügelchen in CH_2Cl_2 gelöst. Zurück bleiben geordnete Verteilungen von dreieckigen (bei Verwendung einer Monolage Polystyrol), runden (bei Benutzung einer Doppellage Polystyrol) oder auch ringförmigen [BON97] Nanoteilchen.

- *Laserfokussierung*[TIM92, AND99] *und Interferenz-Lithographie* [WAS98].

Atome aus einer thermischen Quelle passieren während der Oberflächen-Deposition eine mit einem elektronischen Übergang im Atom fast resonante, stehende Laserwelle mit der Wellenlänge λ. Dabei wird aufgrund induzierter Dipolmomente eine Kraft auf die Atome in Richtung der Feldstärkemaxima der stehenden Welle ausgeübt (vgl.Kap. 5.3). Je nach Muster der stehenden Welle können so parallele, metallische Linien (Natrium, Chrom, Aluminium) mit unter 30 nm Breite im Abstand von $\lambda/2$ oder auch Muster isolierter periodischer Cluster erzeugt werden.

Alternativ läßt sich durch Überlagerung zweier UV-Laserstrahlen auf einem mit einem Photolack überzogenen Substrat ein Interferenzmuster erzeugen, das zu einer strukturierten Belichtung des Photolacks führt. Nach konventioneller Entwicklung lassen sich in den belichteten Stellen periodische Anordnungen von Clustern nahezu beliebiger Materialien aufwachsen. Auf diese Weise können großflächig periodische magnetische Nanostrukturen mit Periodizitäten von bis zu 130 nm hergestellt werden [WAS98]. Die Größe der einzelnen Kobald/Platin-Doppellagen-Quantenpunkte beträgt etwa 70 nm.

- *Atomlithographie* [HAU97]

Wie in der laserfokussierten Atom-Abscheidung werden auch hier die Kräfte ausgenutzt, die naheresonates Laserlicht auf Alkaliatome oder metastabile Edelgasatome ausüben kann, um periodische Strukturen mit Breiten deutlich unter 100 nm auf Oberflächen zu schreiben. Statt direkt Atome auf der Oberfläche abzuscheiden, werden ultradünne organische Filme durch Wechselwirkung mit den metastabilen Edelgasatomen oder den Alkaliatomen (insbesondere Cäsium) so weit chemisch modifiziert, daß die belichteten Stellen in einem weiteren Naßätzschritt entfernt werden können [BER95, LIS97].

Metastabile Edelgasatome depassivieren auch Wasserstoff-passiviertes Silizium [HIL99], so daß sich auch hierauf Strukturen schreiben lassen. Charakteristische Strukturgrößen werden von den Laserstrahlen bestimmt, die auf die metastabilen Atome Kräfte ausüben. Ein wichtiger Vorteil gegenüber der direkten Abscheidung von Alkaliatomen ist, daß die strukturierten Oberflächen chemisch inert sind und mit weiteren Schichten belegt werden können.

Laser-Ablation

Eine inzwischen gut etablierte Methode zur Herstellung von Oberflächenstrukturen im Mikrometer- oder Submikrometer-Bereich ist UV-Laser-Ablation [DUL96]. Damit läßt sich selbst Diamant mit seiner sehr hohen Verdampfungs-Enthalpie und thermischen Leitfähigkeit selektiv bearbeiten. Benutzt man Nanosekunden-Pulse, so bildet sich aufgrund der hohen Leitfähigkeit eine Kohlenstoff-Lage außerhalb des Ablations-Loches. Durch Femtosekunden-Pulse wird das Material außerhalb des eigentlichen Ablations-Loches nicht beeinflußt; Mehrphotonen-Absorption führt dazu, daß selbst mit Photonen-Energien unterhalb der indirekten Bandlücke von 5.4 eV (etwa mit 248 nm Pulsen) Ablation erzielt wird [PRE95]. Durch den selben Effekt läßt sich auch Quarz mit Femtosekunden-Pulsen im nahen Infrarot (790 nm) [VAR97] strukturieren. Selbst-Fokussierungs-Phänomene erlauben sogar eine dreidimensionale Mikrostrukturierung [ASH98], so daß photonische Elemente hergestellt werden können. Eine neuere Übersicht über die erzielbaren Strukturgrößen findet sich in [TOE99].

Allerdings ist die Laser-Ablations-Methode unter Benutzung von Femtosekunden-Pulsen nicht *a priori* die erste Wahl, um saubere Strukturierung im Submikrometer-Bereich zu erreichen. Die Lichtintensität ist so hoch, daß in Dielektrika Farbzentren gebildet werden, die zu Volumen-Absorptionsprozessen führen können. Bestrahlt man die Probe jetzt mit mehr als einem Puls, so kommt es nach einer Inkubationsphase zu einer explosionsartigen Material-Verdampfung. Zeitaufgelöste Messungen des 'laser damage' von Dielektrika durch sichtbares Laserlicht (526 nm und 1053 nm) suggerieren, daß Plasma-Bildung für die Zerstörung mit Pulslängen unterhalb 10 ps verantwortlich ist, wogegen Schmelz- und Verdampfungsprozesse die Zerstörung mit Pulslängen oberhalb 100 ps verursachen [STU95].

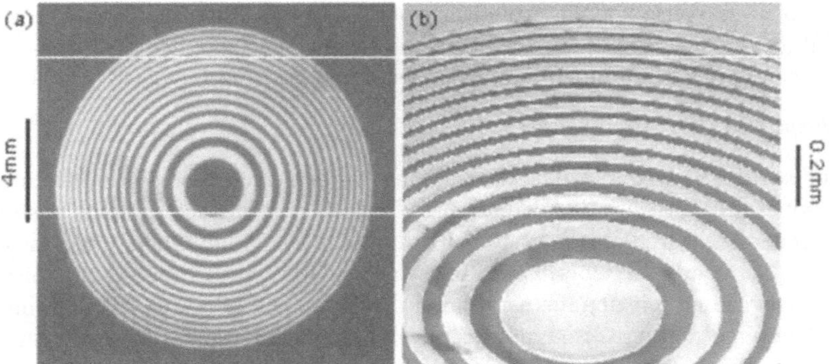

Fig. 3.4 (a) Mikroskop-Aufnahme einer Mikro-Zonenplatte, die mit einem 193 nm Excimer-Laser in einen dielektrischen Spiegel geschrieben wurde, der bei 248 nm hoch-reflektierend ist. (b) Rasterelektronenmikroskopie-Aufnahme einer Mikro-Zonenplatte, die mit einem einzigen 248 nm Excimerlaser-Puls in einen dünnen Gold-Film auf einem dielektrischen Substrat mit der Hilfe des in (a) gezeigten Spiegels geschrieben wurde. [RUB98b]

Um Mikrostrukturen in Keramiken wie Aluminium-Oxid (Al_2O_3) zu schreiben, die auf Grund ihrer Härte, Spröde und chemischen, elektrischen und thermischen Widerstandsfähigkeit mit konventionellen Methoden schwer zu bearbeiten sind, sind Nanosekunden-Pulse in der Regel ausreichend [IHL95]. Motiviert wird die Mikrostrukturierung von Isolator-Oberflächen durch die Erlangung gestufter dielektrischer Transmissions-Masken, die in einem nachfolgenden Schritt benutzt werden, um dreidimensionale Strukturen in anderen Polymeren oder Dielektrika mittels Laserablation zu erzielen [RUB98]. Als Beispiel zeigt Abb. 3.4 eine Fresnel-Linse mit Mikrometer-Dimensionierung, die mittels eines laserstrukturierten Spiegels als Maske und eines einzelnen Ablations-Pulses erzeugt wurde. Dreidimensionale Strukturen lassen sich durch räumliche Variation des Reflektionskoeffizienten in der Spiegelmaske erreichen.

Laser-Photopolymerisierung

Mikro-dimensionierte dreidimensionale Strukturen sind in den letzten zehn Jahren vielfach mittels photostimulierter Reaktionen im beugungsbegrenzten Fokus eines Lasers erzeugt worden [LEH91, BAE96]. Da die benutzten Reaktionen für ihre Aktivierung eine Schwellen-Photonendichte benötigen, die nur im Maximum des exponentiell abfallenden Gaußprofils des Laserfokus erreicht wird, wird die minimale Strukturgröße von der Größe der Strahltaille bestimmt. Tatsächlich werden mit dieser Methode kaum Srukturgrößen unterhalb 100 μm erzielt.

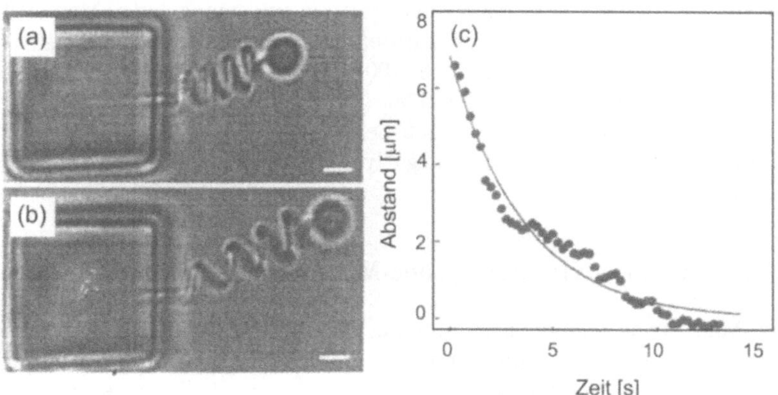

Fig. 3.5 Mikro-Oszillator in Ethanol, der mittels Femtosekunden Zwei-Photonen Photopolymerisation erzeugt wurde. Der weiße Balken entspricht 2 μm; die Fabrikationsgenauigkeit betrug 150 nm. (a) Gleichgewichts-, (b) Ausdehnungs-Zustand des Oszillators. (c) Rückstell-Zeit als Funktion der Auslenkung der Feder. Die Auslenkung wurde erzeugt, indem der Styrol-Balls im Fokus eines Lasers eingefangen und mitgezogen wurde. Nachgedruckt mit Genehmigung aus [KAW01]. Copyright 2001 Nature.

Um Strukturgrößen unterhalb der Rayleigh-Grenze zu erzielen, bieten sich Mehrphotonen-

Prozesse an [MAU97]. Z.B. lassen sich spezielle Harze[4] nur mittels Zweiphotonen-Absorption polymerisieren. Die Polymerisierung resultiert in einem glasartigen Material mit Brechungsindex $n=1.56$, so daß sich die resultierenden Strukturen mittels Licht-Strahlungsdruck wiederum im Fokus eines Lasers manipulieren lassen. Im Beispiel 3.5 werden Schwingungsbewegungen angeregt, im Beispiel 6.44 Rotationsbewegungen. Die Genauigkeit der Strukturdefinition liegt zwischen 150 nm [KAW01] und 500 nm [GAL01].

3.1.2   Nanoimprint-Techniken

Neben der Erzeugung nanoskalierter Strukturen ist die Genauigkeit bei deren Vervielfältigung im industriellen Maßstab von großer Bedeutung. Eine Standardmethode ist die Herstellung einer Maske mittels lithographischer Methoden, die anschließend durch Einschmelzen in thermoplastische Materialien (z.B. PMMA) vervielfältigt wird. Bei der Herstellung von CDs (compact discs) erreicht man so Strukturgrößen unterhalb 1 μm, bei DVDs (digital versatile discs) sogar bis zu 400 nm mit Tiefen von 100 nm.

Prinzipiell sollten sich Strukturen in Polymeren bis unterhalb 10 nm aufprägen lassen, also bis zu Dimensionen, die denen des Volumens entsprechen, das die Polymer-Kette benötigt ('Nanoimprint' oder 'weiche Lithographie' [XIA98]). Solche Techniken existieren seit Mitte der Neunziger Jahre, und es lassen sich mit ihnen Substrate bis zu einigen Quadratzentimetern Größe mit Strukturgrößen von einigen hundert Nanometern [CHO95, CHO96, CHO96b] oder auch deutlich darunter [SCH00b] vervielfältigen. Aspekt-Verhältnisse (Tiefe zu Breite) bis 6:1 können erreicht werden.

Hauptprobleme der Technik sind mangelnde Haftung und mangelnder Materialtransport. Tendenziell verbessern daher hohe Temperaturen und hoher Druck die Druck-Qualität. Typische (optimierte) Bedingungen liegen bei 100 bar hydraulischem Druck und 90 K über der Glas-Temperatur des Polymers Plex 6792 (351 K) [SCH98b]. Systematische Untersuchungen haben darüber hinaus gezeigt, daß periodische Muster und kleinskalierte Strukturen (100 nm Strukturbreite) in einem negativen Stempelmuster zu besten Nanoimprint-Qualitäten führen [SCH98b].

3.1.3   Nanostrukturen via Rasterprobe-Methoden

Rasterprobe-Mikroskope können nicht nur zur Darstellung von Oberflächen mit atomarer Auflösung benutzt werden, sondern auch zur Manipulation auf atomarer Ebene und zur Spektroskopie. Diese Manipulation ist unter 'sauberen' Bedingungen im Hochvakuum möglich, aber auch unter Umgebungsluft oder in wässriger Phase bei Raumtemperatur. Damit sind die Bedingungen etwa für die Erstellung biomolekularer Architekturen gegeben.

Neben spitzeninduzierter Metall-Deposition [ENG98] und lokaler Oxidation verschiedenster Oberflächen (z.B. Silizium-, Graphit und Metall-Oberflächen) ermöglicht das Rasterkraftmikroskop auch die mechanische [WEN94, WEN95], thermische [CHU96] und feldinduzierte [SUG97] Strukturierung organischer Filme. Auch chemische Reaktionen können lokal katalysiert werden [MUE95]. Eine biologisch relevante Anwendung ist die Deformation einer

---

[4]SCR500 von JSR,Japan oder Norland NOA63

Lipid-Doppellage (Membran) mit einer Kraftmikroskop-Spitze, an der ein in der umgebenden Lösung befindliches Enzym angreifen kann, um eine Fettsäure abzuspalten [CLA98]. Auf diese Weise läßt sich die Membran mit willkürlichen, nanometergroßen Strukturen versehen.

Sowohl die Erzeugung von nanoskalierten Furchen als auch der Transfer von Atomen der Tunnelmikroskop-Spitze auf die Oberfläche läßt sich durch die Einstrahlung von Laserlicht während des Tunnelns optimieren [JER96, JER98]. Dieser Effekt beruht auf elektromagnetischer Feldverstärkung im Nahfeld der Spitze ('FOLANT': focusing of laser radiation in the near field of a tip). Er ermöglicht eine laterale Auflösung von etwa 10 nm.

Ein beeindruckendes Beispiel für eine Manipulation mit dem Rastertunnelmikroskop auf *atomarer Ebene* sind die Quanten-Gatter ('quantum corrals'), die bei sehr tiefen Temperaturen (4 K) auf Metall-Oberflächen hergestellt wurden (Abb. 3.6) [CROM95]. Die einzelnen Pfosten der Gatter werden durch Eisen- oder Kobald-Atome repräsentiert, die durch engen Kontakt mit der Spitze eines Rastertunnel-Mikroskops über die Oberfläche gezogen wurden [EIG90]. Das Wellenmuster (energieaufgelöste Friedel-Oszillationen) innerhalb und außerhalb des Gatters entsteht durch quantenmechanische Interferenz-Erscheinungen bei der Streuung der Oberflächen-Elektronen mit den künstlich plazierten Zusatzatomen.

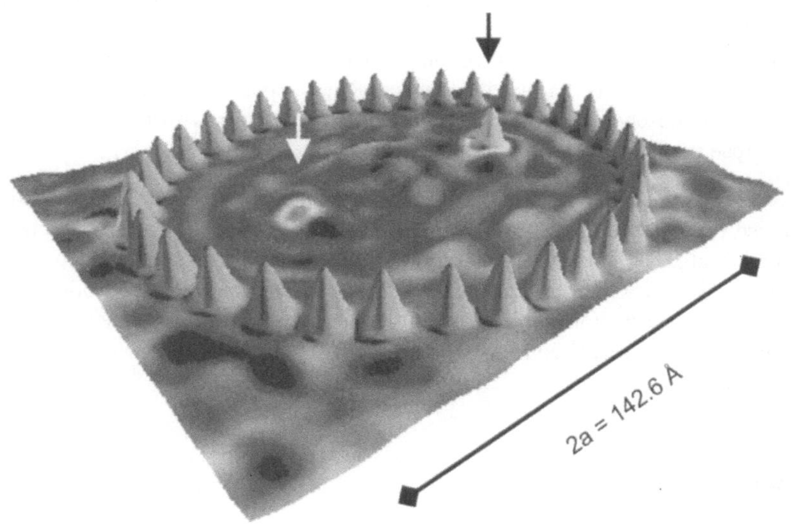

Fig. 3.6 Quanten-Gatter aus Kobald-Atomen auf einer Cu(111) Oberfläche bei T=4 K. Die große Halbachse a der idealen Ellipse ist eingezeichnet. Der schwarze Pfeil bezeichnet ein magnetisches Kobald-Atom innerhalb des Quanten-Gatters, der weiße sein 'Geisterbild'. Nachgedruckt mit Genehmigung aus [MAN00]. Copyright 2000 Nature.

Die Amplitude der Interferenzen ist sehr gering, üblicherweise nur einige Prozent der Höhe eines Atoms auf der Oberfläche. Sie lassen sich nur bei sehr tiefen Temperaturen (also minimaler Störung durch thermische Bewegungen des Kristalls und maximaler Auflösung des STM) und nur für Oberflächen mit nahezu ideal zweidimensionalem Elektronengas beobachten. Andernfalls würde die Projektion der Volumen-Zustände auf die Oberfläche die STM-Bewegung vollständig dominieren. Solche zweidimensionalen Elektronengase existieren auf der dicht gepackten (111) Oberfläche von Edel-Metallen in Form eines delokalisierten 'Shockley'-Oberflächenzustands.

Benutzt man die spektroskopischen Möglichkeiten des STM, so können mittels des 'Kondo-Effekts' [KON64] einzelne magnetische Atome dargestellt werden. Dieser Effekt entsteht wenn eine gut lokalisierte magnetische Störung (z.B. ein einzelnes magnetisches Atom) in einer nicht-magnetischen Umgebung existiert. Bei hinreichend tiefen Temperaturen richten sich dann um die magnetische Störung herum die Spins der umgebenden Leitungs-Elektronen aus, um den Spin der Störung abzuschirmen (ähnlich wie Ladungen in der Nähe einer leitenden Oberfläche durch Bewegungen der Leitungsband-Elektronen und die Entstehung eines Gegenfeldes abgeschirmt werden). Dieser 'Vielkörper-Spin-Zustand' kann spektroskopisch als Resonanz in der Zustandsdichte der Oberfläche beobachtet werden. Und diese Zustandsdichte $\rho(r, e_F)$ wiederum wird über das STM abgebildet (Kapitel 4.2.2).

Bringt man nun ein magnetisches Atome in einen Brennpunkt eines elliptischen Quanten-Gatters, so werden auf Grund der elektronischen Eigenmoden dieses Gatters Spiegelbilder am zweiten Brennpunkt erzeugt werden (Abb. 3.6). Das Projektions-Medium in diesem Fall sind die zweidimensionalen Elektronen-Wellen im Shockley-Zustand auf der Kupfer-Oberfläche. Die Spiegelbilder haben dieselben spektroskopischen Signaturen wie die Originale, d.h. die elektronische Struktur um das reale Kobald-Atom wurde exakt in den zweiten Fokus der Ellipse projiziert.

Man hat es also mit Elektronenoptik auf Oberflächen im atomaren Maßstab zu tun, die möglicherweise für die zukünftige Herstellung von atomaren Informatik-Elementen ausgenutzt werden könnte. Der Vorteil gegenüber konventionellem Elektronentransport wäre, daß die Wellennatur der Elektronen ausgenutzt wird, so daß auch alle aus moderner, konventioneller Optik bekannten Vorteile (störungsfreies Durchdringen, Solitonen, holographische Aspekte) zum Zuge kommen könnten.

3.2   Bottom-up-Methoden

Definiertes mikroskopisches Wachstum von Nanostrukturen ohne direkte Beeinflussung der Struktur auf der Nanometer-Skala erfordert eine genaue Kenntnis sowohl der kristallographischen Parameter des Substrats und des Adsorbats als auch der Wachstums-Energetik [MAR95]. Dies ist natürlich auch schon für die Erzeugung eines jeden kristallographisch wohlgeordneten Films eine wichtige Voraussetzung. Für lateral und gegebenenfalls auch vertikal nanostrukturierte Filme sind die Anforderungen an das mikroskopische Hintergrund-Wissen noch höher, insbesondere falls definiertes Lage-für-Lage-Wachstum oder die Erzeugung nanoskalierter Strukturen zum Herstellungs-Rezept gehören.

3.2.1 Epitaktisches Wachstum

Unter epitaktischem Aufdampfen versteht man das Aufstäuben oder Aufdampfen eines Materials auf einem anderen oder demselben Material mit dem Ziel, eine neuartige kristalline Struktur zu erzeugen, die nur schwer oder sogar überhaupt nicht aus einem Volumen-Kristall hergestellt werden kann [MAT75]. Man unterscheidet Hetero-Epitaxie (unterschiedliche Adsorbat- und Substrat-Materialien) und Homo-Epitaxie (Adsorbat und Substrat bestehen aus dem selben Material).

Das Adsorbat muß nicht unbedingt zweidimensional als wohlgeordneter Film ('Lage-für-Lage', „Frank-Van der Merwe"-Wachstum [FRA49]) aufwachsen, sondern kann auch dreidimensional in Form von Aggregaten ('Clustern') wachsen („Volmer-Weber"-Wachstum[VOL26]). Ersteren Prozeß findet man häufig für das Wachstum von Metallen auf Metallen, letzteren für das Wachstum von Metallen auf Dielektrika. Entscheidend für die Art des Wachstums sind strukturelle Gesichtspunkte (die Fehlanpassung ('misfit') zwischen Gitterkonstante des Substrats und des aufwachsenden Adsorbats) sowie energetische Gegebenheiten. Unter letzteren sind die Bindungsenergien innerhalb des Adsorbats, des Substrats und zwischen Adsorbat und Substrat zu verstehen. Offenbar wird man eher Cluster-Wachstum erwarten wenn die Adsorbat-Adsorbat-Bindungsenergien größer sind als die Adsorbat-Substrat-Bindungsenergien als im umgekehrten Fall. Falls im Verlaufe des Wachstums zusätzliche Energien z.B. durch Streß ('strain') innerhalb der aufwachsenden Lagen entstehen, kann auch erst ein zweidimensionaler Film aufwachsen, auf dem im folgenden dreidimensionale Cluster weiterwachsen („Stranski-Krastanoff"-Wachstum[STR38]). Diese Art der Selbstorganisation, die zu Cluster mit erstaunlich geringer Breite der Größenverteilung führen kann, wird weiter unten genauer besprochen. Natürlich hängt der tatsächlich auftretende Wachstumsmodus nicht nur von den Bindungsenergien sondern auch von den Aufdampfbedingungen (Aufdampfrate, Substrattemperatur) ab[VEN94] .

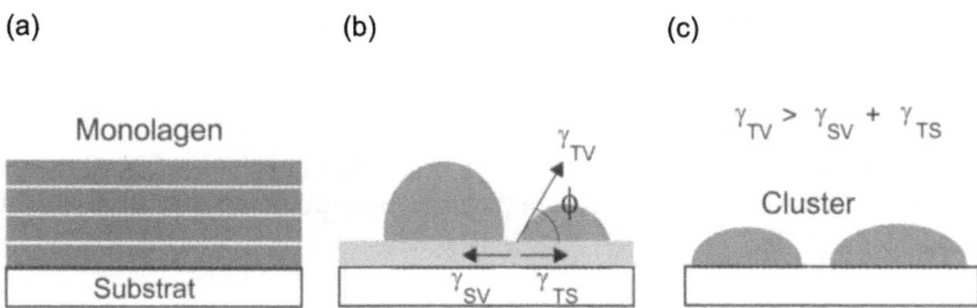

Fig. 3.7 Wachstumsarten: (a) Frank–Van der Merwe, (b) Stranski–Krastanoff, (c) Volmer–Weber.

Nimmt man der Einfachheit halber an, daß die Inseln auf der Oberfläche die Form von Tröpfchen haben, so kann man quantitativ zwischen den einzelnen Moden unterscheiden, indem man den Kontaktwinkel ϕ zwischen der Kante der Tröpfchen und der Oberflächen-Ebene einführt. Es gilt die aus dem Kräftegleichgewicht (Abb. 3.7b) folgende Young-Dupre-Gleichung

$$\gamma_{SV} = \gamma_{TS} + \gamma_{TV} \cdot \cos\phi, \tag{3.3}$$

wo γ_{TV} die Oberflächen-Spannung zwischen Tröpfchen und Vakuum bezeichnet, γ_{SV} diejenige zwischen Substrat und Vakuum und γ_{TS} diejenige der Grenzfläche zwischen Tröpfchen und Substrat. Für $\phi \to 0$ wird eine zweidimensionale Schicht auf der Oberfläche gewachsen, während für $\phi > 0$ Tröpfchen gewachsen werden (Abb. 3.7). Ein Stranski–Krastanoff Wachstum ergibt sich wenn die im wachsenden Film entstehenden Stress-Energie anfänglich genutzt wird, um das Adsorbat-Gitter so weit zu relaxieren, daß seine Gitterkonstante mit derjenigen des Substrat-Gitters übereinstimmt. Nachdem eine Monolage gebildet wurde, ist diese Energie nicht mehr länger für die Gitter-Relaxation notwendig. Da sie aber weiter innerhalb des Adsorbats wächst, entstehen Tröpfchen auf den ersten Monolagen [REI88]. Durch die Kombination ausführlicher numerischer Simulationen mit Rastertunnel-Mikroskopie sind die frühen Stadien epitaktischen Metall-Wachstums [BRU98] und dreidimensionalen Insel-Wachstums [JEN98] jetzt gut verstanden.

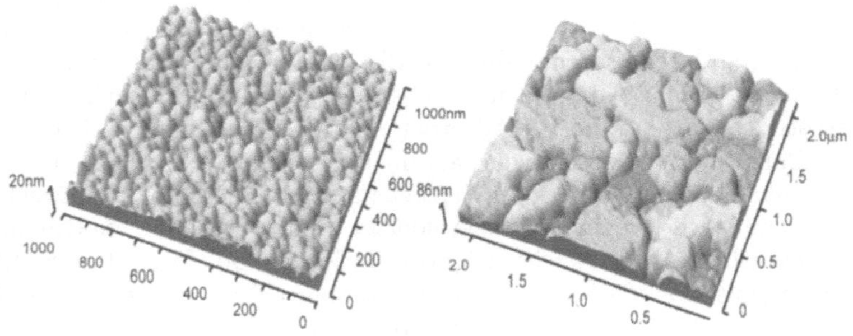

Fig. 3.8 Rasterkraftmikroskop-Aufnahmen dünner Goldfilme auf Glimmer: Dicke 10 nm (links) und 50 nm (rechts). Es bilden sich anfänglich kleine Aggregate, die mit wachsender Filmdicke zu einem kontinuierlichen Film aus großen, flachen Inseln zusammenwachsen.

Abbildung 3.8 zeigt Goldfilme verschiedener Dicke auf Glimmer-Unterlagen, die auf diese Weise erzeugt wurden. Wie man sieht, ändert sich die Rauhigkeit der Oberfläche als Funktion der Schichtdicke. Ein Weg, die Rauhigkeit zu beschreiben führt über den Fit einer Gaußfunktion

$$G(\vec{r}, \vec{r}\,') = \delta^2 exp\left(-\frac{|\vec{r} - \vec{r}\,'|^2}{\lambda_0^2}\right) \qquad (3.4)$$

an gemessene Höhenverteilungen. Diese Funktion gibt den Höhen-Höhen-Korrelationsgrad zwischen verschiedenen Punkten des Oberflächenprofils $S(\vec{r})$ wieder (siehe auch [RUB96] und [TON94] für weitere Diskussionen). In Glng. 3.4 bedeuten $\vec{r} = (x, y)$ die Position auf der Oberfläche, λ_0 die transversale Korrelationslänge und δ die mittlere Höhe, $\delta = \sqrt{S^2}$. Für Abb. 3.8 findet man $\delta = 2.53$ nm und $\lambda_0 = 25$ nm für den 5 nm dicken Film und eine größere Rauhigkeit $\delta = 13.65$ nm und $\lambda_0 = 115$ nm für den 50 nm dicken Film.

Rauhe Metallfilme dieser Art sind von großem Interesse für mögliche optische Anwendungen, da sie aus Ansammlungen stark polarisierbarer Teilchen bestehen, deren optische Eigenschaften von Morphologie und elektronischer Struktur beeinflußt werden. Aufgrund der geringen Bindungsenergie zwischen Metall-Atomen und Dielektrika (etwa 100 meV) besitzen die Atome eine hohe Mobilität. Sie werden also über die Oberfläche migrieren und an Defekten wie Ecken, Kanten oder Dislokationen bzw. an bereits adsorbierten Atomen lokalisiert werden. Dort werden sie Aggregate bilden (Bindungsenergien zwischen Metall-Atomen in der Größenordnung von Elektronen-Volt), die schließlich koagulieren. Die Rauhigkeit des auf diese Weise entstehenden dünnen Films hängt von den exakten Präparations-Bedingungen (Oberflächen-Temperatur, Defektdichte, Fluß adsorbierender Atome, kinetische Energien etc.) ab. Sie läßt sich nur schwer vorhersagen, obwohl diese Art von Metallfilm-Wachstum seit vielen Jahren speziell für Alkali-Metalle [RAS73] und für ultradünne Goldfilme untersucht wurde [SCH70, GOL92, LEV97].

Natürlich ist durch thermische Verdampfung induziertes Wachstum von Inseln auf Oberflächen ein statistischer Prozeß, und daher werden die erzeugten Strukturen in den meisten Fällen nur einen geringen Grad an Regelmäßigkeit aufweisen. Zum Beispiel besitzen die entstehenden Inseln eine sehr breite Größenverteilung [AND77]. Optimierte Methoden der Molekularstrahl-Epitaxie (etwa Wachstums-Unterbrechung) führen jedoch zu deutlich schärferen Größenverteilungen [MA98]. Auch gezielte Laserdesorption [BOS99] (vgl. Kap. 6.1.1) oder die Einbeziehung von Selbstorganisations-Phänomenen in den epitaktischen Wachstums-Prozeß resultieren in homogeneren morphologischen Eigenschaften der Inseln auf der Oberfläche.

3.2.2   Selbstorganisation

Filme

Zukünftige Optoelektronik auf der Basis molekularer oder nanostrukturierter Architektur wird als grundlegende Elemente organische Bausteine enthalten. Die Zielsetzungen einer solchen Optoelektronik reichen von der Herstellung ultraschneller optischer Biosensoren [DIN97] und lithographischen Anwendungen [NOW96] bis zu mikrostrukturierten optischen Frequenzverdopplern auf der Basis von Wellenleitern [NEU94]. Es ist daher wichtig, Möglichkeiten zu haben, monomolekulare organische Filme mit auf der Nanoskala wohldefinierter einkristalliner Struktur zu erzeugen. Neben OMBE ('organic molecular beam epitaxy') bieten sich hier auch seit Jahrzehnten bekannte und gut untersuchte Methoden der Selbstorganisation an[5].

Bereits seit der Antike ist bekannt, daß Öl auf Wasser einen äußerst dünnen Film bildet, der die Oberflächenspannung des Wassers stark herabsetzt; mit wenigen Litern Öl lassen sich *die Wogen* über große Gebiete *glätten* (Aristoteles). Seit den Arbeiten von Agnes Pockels [POC91] und später Katharine Blodgett und Irving Langmuir aus dem Jahre 1937 [BLO37] weiß man, daß durch den Einsatz einer Teflon-Barriere, die über das mit einem Fettsäure-

---

[5]Angemerkt sei, daß die Natur solcherart Selbstorganisation in unendlich vielen Variationen einsetzt. Z.B. weiß man seit 1925, daß biologische Membranen aus selbstorganisierten Doppellagen amphiphiler Moleküle bestehen.

Film benetzte Wasser gezogen wird, ein monomolekularer Film hoher Güte erzeugt werden kann („Langmuir-Blodgett-Methode") [ULM91]. Die Dicke dieses LB-Films ('Langmuir-Blodgett'-Films) hängt von der Anzahl der 'Grund-Elemente' (der CH_2-Gruppen im Falle eines Kohlenwasserstoff-Fettsäure-Films) und dem Neigungswinkel zum Substrat ab. Für Cadmium-Arachinsäure ($[CH_3\text{-}(CH_2)_{18}\text{-}COO^-]_2Cd^{++}$) beträgt sie 26.4 ± 0.1Å [STE71].

Wie in Bild 3.9 schematisch angedeutet wird, beruht der Effekt auf der starken Bindung der hydrophilen Endgruppen der Fettsäure-Filme mit der Wasser-Oberfläche. Die hydrophoben Endgruppen bleiben auch während des Zusammenschiebens mit der Teflon-Barriere vom Wasser abgewandt, und die gegenseitige van-der-Waals-Wechselwirkung der Molekül-Ketten führt zur gewünschten Ausrichtung. Die Organisation des Films kann indirekt aus dem Anstieg des Oberflächen-Drucks bestimmt werden: ein geordneter, monomolekularer Film läßt sich auf Grund der repulsiven Wechselwirkung der Moleküle ähnlich einer Flüssigkeit nur schwer weiter zusammenpressen.

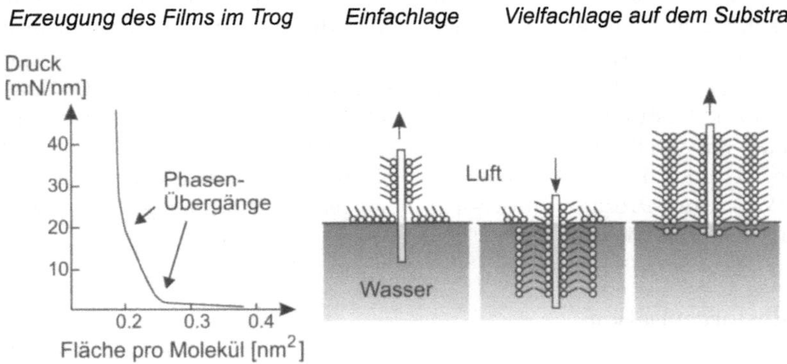

Fig. 3.9 Erzeugung monomolekularer Filme mittels der Langmuir-Blodgett-Methode.

Der Film aus organischen Molekülen wird auf das gewünschte Substrat transferiert, indem das Substrat senkrecht durch den Fettsäure-Film auf der Wasser-Oberfläche gezogen wird. Bei geeigneter Polarität der Substrat-Oberfläche lösen sich dabei die hydrophilen Endgruppen vom Wasser und bleiben auf der Substrat-Oberfläche haften. Geeignete Substrate können sowohl Isolatoren (etwa Mikroskop-Objektträger) als auch Metalle (z.B. dünne Goldfilme) sein. Um weitere Filme aufzuziehen, wird das beschichtete Substrat erneut eingetaucht und wieder herausgezogen, wobei der Oberflächen-Druck durch Nachschieben der Barriere konstant gehalten wird. Auf diese Weise sind schon in den ersten Arbeiten von K.Blodgett Vielfachlagen bis zu einigen tausend Lagen Dicke (einige μm) hergestellt worden [BLO37, MOE72].

Anstatt die Polarität der organischen Moleküle (oder die Tatsache, daß sie 'hydrophil' sind) auszunutzen, kann man für den definierten Filmaufbau auch chemische Reaktionen zwischen einer Endgruppe des organischen Moleküls und der Substrat-Oberfläche zu Hilfe ziehen. Die schweflige Endgruppe eines Alkanthiols wie z.B. Dokosanthiol, CH_3—$(CH_2)_{21}$—SH, C_{22}, ist mit einer Bindungsenergie $E_b \approx 2$ eV [EVA90] auf Gold chemisorbiert (vgl. Abb. 3.13 für eine Darstellung der Alkanthiole). Diese starke treibende Kraft führt in einem

Selbstorganisations-Prozeß dazu, daß sich sehr gute organisierte monomolekulare Filme von Alkanthiolen auf Gold-Oberflächen bilden, bei denen die schwefligen Reste die Verankerung auf der Oberfläche bilden und die CH_3 Endgruppen von der Oberfläche weggerichtet sind [DUB92]. Filme dieser Art werden üblicherweise SAMs ('self assembled monolayers', genannt [ULM98]. Der Bruchteil unbedeckter Oberfläche ist für einen SAM-Film wesentlich geringer als die etwa 30%, die typisch für LB-Filme sind.

In den letzten zwanzig Jahren seit der ersten Beschreibung dieser Methode [ALL83, POR87] sind eine Vielzahl von Anwendungsmöglichkeiten untersucht worden. Im Gegensatz zur LB-Methode, die relativ großen technischen Aufwand (einen 'Langmuir-Blodgett-Trog') und Erfahrung im Umgang mit Chemikalien erfordert, lassen sich monomolekulare SAM-Filme durch mehrstündiges 'Einlegen' der zu bedeckenden Substrate in eine ethanolische Lösung (etwa 1 mM (milli Molar)) der aufzubringenden Substanz erzeugen. Aufgrund der starken Wechselwirkung der Schwefelgruppen mit der Gold-Oberfläche und der geringen Wechselwirkung mit der Methyl-Endgruppe ist es schwierig (obschon möglich [TIL89]) mehr als eine Monolage auf dem Substrat zu adsorbieren. Das bedeutet, daß die Dicke der organischen Schicht im wesentlichen durch Verändern der Länge der Kohlenwasserstoff-Kette (innerhalb einer Monolage, also bis zu einer Dicke von etwa 3 bis 4 nm), durch 'Selbst-Replikation amphiphiler Monolagen'[6] oder durch Anbringen einer speziellen funktionalisierten Endgruppe an Stelle der inerten Methyl-Endgruppe [ULM89] geändert werden muß.

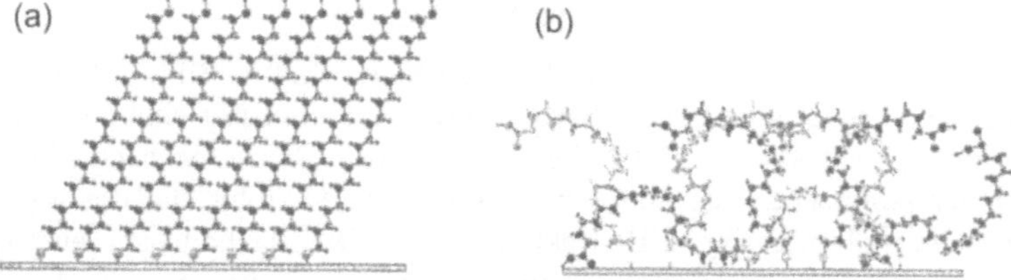

Fig. 3.10 Monolagen langkettiger Alkanthiole, terminiert mit OH (a) und COOH (b). Nachgedruckt mit Genehmigung aus [DAN97]. Copyright 1997 Elsevier Science.

In den meisten Fällen führt das Ändern der Endgruppe jedoch zu einem hohen Grad an Unordnung in den monomolekularen Filmen. Als Beispiel sind in Abb. 3.10 Modelle eines mit der üblichen OH-Gruppe terminierten Alkanthiol-Films und eines mit einer COOH-Gruppe terminierten Films dargestellt. Die Modelle entstammen einer detaillierten Analyse von NEXAFS-Spektren.

Der entscheidende Vorteil der Benutzung eines selbstorganisierten monomolekularen organischen Films innerhalb einer komplexeren Struktur ist, daß eine strukturelle Manipulation und Charakterisierung auf mikroskopischer Ebene möglich wird. Dies setzt allerdings voraus, daß diese Art von Filmen auch mit mikroskopischen Oberflächen-Untersuchungs-Methoden charakterisiert wurden.

---

[6]Die Selbst-Replikation ist eine Variante der LB-Technik, bei der z.B. Doppellagen selbstorganisierender Silane in Lösung mit Wasserstoff polarisiert werden, so daß die nächste Doppellage aufwachsen kann [MAO96].

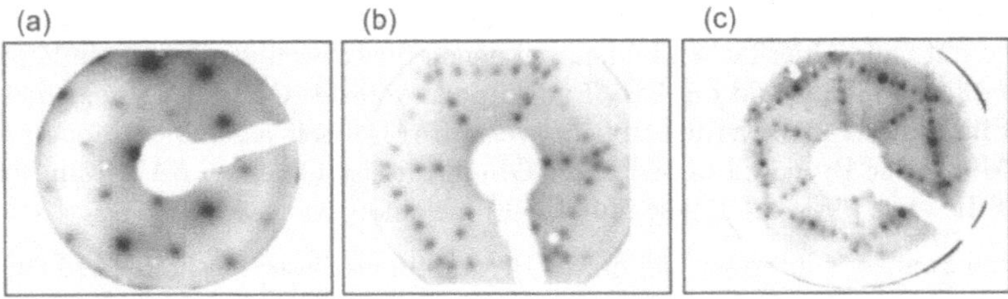

Fig. 3.11 (a) LEED-Aufnahme einer sauberen Gold-Oberfläche bei E_{el}=120 eV, (b) einer mit einem dünnen Film von Heptanthiol-Molekülen bedeckten Gold-Oberfläche bei E_{el}=49 eV und (c) einer mit einem Dodekanthiolfilm bedeckten Gold-Oberfläche.

Strukturinformationen wie Kristallinität oder Neigungswinkel der individuellen Moleküle lassen sich mittels Röntgen-Beugung [FEN94, FEN97, FENT98], Elektronen-Mikroskopie [STR88], Metastabilen-Spektroskopie (MIES) [HEI97], Elektronen- [GER97] oder Atomstrahl-Beugung [CAM97] erzielen. Komplementäre Informationen im Realraum bieten Kraftmikroskopie [FLO93] oder Rastertunnelmikroskopie [DEL96b, TOE00]. Optische Methoden erlauben Dickenmessungen der Filme (Ellipsometrie)[ULM91], Schwingungs-Spektroskopie (Infrarot- und Raman-Messungen) [DEL96] oder Untersuchungen der Wachstumsdynamik (Optische Frequenzverdopplung [BUC95]). Ein Übersichtsartikel über Struktur und Wachstum von SAMs findet sich in [SCH00c].

Als Beispiel für die mit LEED erzielbaren Informationen sind in Bild 3.11 Beugungsreflexe von einer reinen, einkristallinen Gold-Oberfläche (a) und einer mit einem dünnen Film von Heptanthiol- (b) bzw. Dekanthiol-Molekülen (c) bedeckten Gold-Oberfläche dargestellt. Aus dem Vergleich der gemessenen mit einer berechneten Struktur folgt, daß die organischen Moleküle bei der eingestellten geringen Bedeckung auf der Oberfläche liegen, entsprechend der in Abb. 3.12b abgebildeten Struktur, die aus Rasterkraftmikroskop-Aufnahmen resultiert (Bild 3.12a).

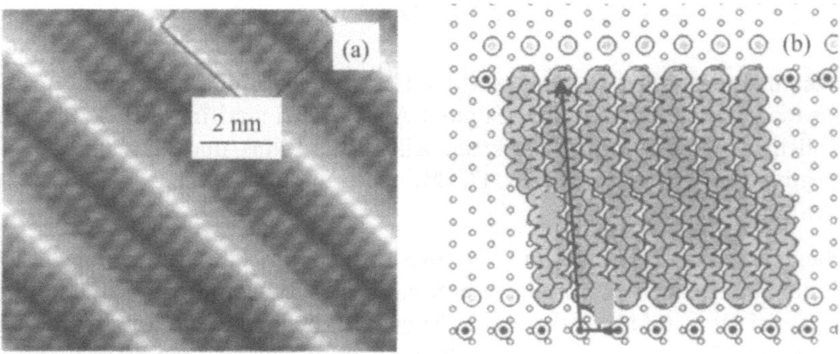

Fig. 3.12 (a) Rasterkraftmikroskopie von auf Au(111) liegenden Dekanthiol-Molekülen. (b) Realraumstruktur der in (a) gezeigten Streifenphase. Nachgedruckt mit Genehmigung aus [STA98]. Copyright 1998 American Chemical Society.

Falls die Moleküle auf der Oberfläche liegen, vergrößert sich mit wachsender Kettenlänge die Größe der Einheitszelle, was in einer charakteristischen Variation der LEED-Bilder resultiert (Abb. 3.11b und 3.11c). Aus der Anzahl und Position der Beugungsreflexe läßt sich auf die Größe und Orientierung der Einheitszellen der einkristallin aufgewachsenen organischen Filme schließen. Durch eine höhere Bedeckungsrate ändert sich die Orientierung der Moleküle auf der Oberfläche: sie richten sich allmählich auf. Die entsprechenden Elektronen-Beugungsbilder unterscheiden sich klar voneinander [GER97]. Niederenergetische Elektronenbeugung ist also eine Möglichkeit, das einkristalline Wachstum der organischen Filme zu kontrollieren. Dies wird wichtig für mögliche Anwendungen als ultradünne dielektrische Schichten z.B. zwischen Metallen [JUN94] (Bild 3.13), als lückenloser Schutzfilm um reaktive Materialien oder als Gleitfilm zwischen nanoskalierten mechanischen Elementen. Mögliche elektronische Anwendungen und ihre Probleme werden in Kapitel 6.2.2 genauer diskutiert.

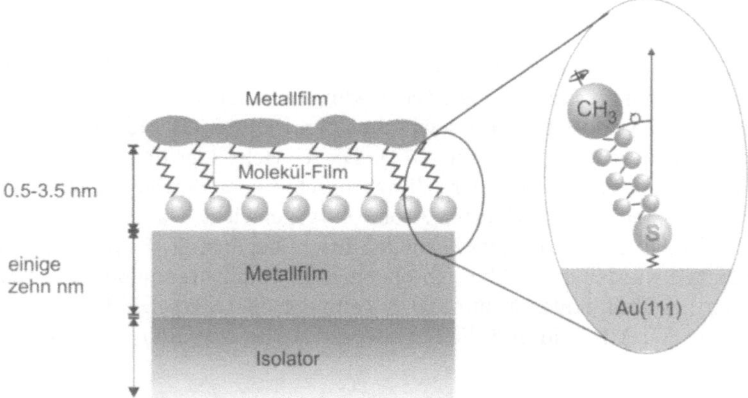

Fig. 3.13 Monomolekulare organische Filme können als isolierende Abstandshalter z.B. zwischen einem dünnen, auf einen Isolator aufgedampften Metallfilm und einem auf den organischen Film aufgedampften weiteren Metallfilm dienen. Auf der rechten Seite zeigt das Bild eine Seitenansicht von Alkanthiolen, die auf Au(111) Oberflächen unter einem Winkel von etwa 30° bzgl. der Oberflächen-Normalen aufwachsen.

Punkte

Erlaubt man diffusionsbegrenzten Massetransfer (z.B. durch Aufbewahrung der erzeugten Materialien in Luft), so wächst der mittlere Radius a_0 von Inseln auf Oberflächen mit einer charakteristischen Zeit t_c wie

$$a_0(t) = a_0(t = 0) \left(1 + \frac{t}{t_c}\right)^{0.25} \tag{3.5}$$

(thermisch getriebenes 'Ostwald ripening' [ZIN92]). Hieraus resultiert eine Anordnung gut

voneinander getrennter 'selbstorganisierter Punkte' ('self-organized dots', SODs). Abstoßen-
de Wechselwirkungen zwischen wachsenden Halbleiter-Inseln auf Metallen führen zu Gitterstrukturen mit atomaren Dimensionen [PAS97], und für die Erzeugung von Metall-Inseln auf
Metallen kann man aus 'strain relief'-Vorgängen während des Wachstums-Prozesses Vorteil
ziehen [ROE97], so daß wiederum selbstorganisierte Nanostrukturen entstehen [BRU98b].
Beim Wachstum einer Adsorbatlage (z.B. Kupfer) mit einer vom Substrat (z.B. Platin(111))
verschiedenen Gitterkonstante entsteht eine Spannung ('strain'), die in der Bildung von periodischen Dislokationen resultiert. Am Ort dieser Dislokationen wachsen thermisch adsorbierte Metall-Atome (z.B. Eisen) zu periodischen Inselmustern mit nahezu monodispersen
Größen auf. Es zeigt sich, daß Stress-vermittelte Wechselwirkungen zwischen Oberflächen-
Defekten eine generelle treibende Kraft für die Bildung selbstorganisierter Nanostrukturen
auf Metall-Oberflächen darstellen [POH99].

Pyramiden

In homoepitaktischem Wachstum (z.B. Kupfer auf Kupfer [ERN94, ZUO97] oder Eisen
auf Eisen [STR95]) können unter geeigneten Bedingungen regelmäßige, pyramidenartige
Strukturen mit wohl definiertem Abstand zwischen den Pyramiden und einer wohl definierten Pyramiden-Steigung entstehen (Abb. 3.14). Die Ursache hierfür ist eine Wachstums-
Instabilität aufgrund einer Stufen-Barriere ('Ehrlich-Schwoebel-Barriere' [EHR66, SCH69]),
die der Abwärts-Diffusion der adsorbierten Atome entgegenwirkt. Dadurch wird das Wachs-
tum von höherliegenden Inseln auf tieferliegenden Inseln begünstigt. Kupfer-Pyramiden auf
Cu(001) Oberflächen wurden sowohl bei Oberflächen-Temperaturen nahe Raumtemperatur
[ZUO97] als auch bei Temperaturen um 160 K gefunden [ERN94]. Die Flüsse einfallender
Atome betrugen etwa 1 ML/min und die Schwoebel-Barrier etwa 125 meV [GER01].

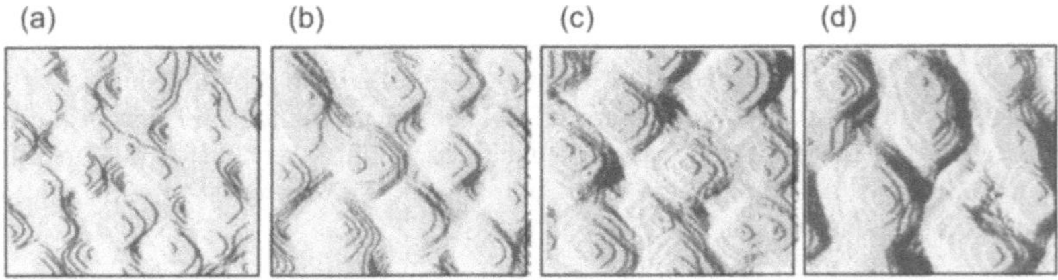

Fig. 3.14 Rasterkraftmikroskopie von Cu-Inseln auf Cu(100) als Funktion der Bedeckung: 21 Monolagen (a), 42 Monolagen(b), 73 Monolagen (c) und 115 Monolagen(d). Die Bildgröße beträgt 100
x 100 nm^2. Nachgedruckt mit Genehmigung aus [ZUO97]. Copyright 1997 The American Physical
Society.

Wie man in Abb. 3.14 sieht, werden die Pyramiden mit wachsender Bedeckung steiler, d.h.
die Rauhigkeit der Oberfläche und der gegenseitige Abstand $L(t)$ der Pyramiden wächst
mit der Bedeckungszeit t wie $L(t) \propto t^{0.25}$. Gleichzeitig füllen sich die Lücken zwischen
den Pyramiden statistisch mit kleineren Strukturen, so daß der gegenseitige Pyramiden-
Abstand nur für die obersten Lagen wohl definiert ist. Oberhalb 100 Monolagen bleibt die
Stufendichte konstant. Aus der konstanten Verbreiterung von Elektronenbeugungs-Profilen

errechnet sich eine mittlere Terrassengröße l. Zusammen mit der atomaren Stufenhöhe h erhält man dann den konstanten Pyramiden-Winkel:

$$\phi_0 = tan^{-1}(d/l) \quad . \tag{3.6}$$

Ein typischer Wert für Cu(100) bei Raumtemperatur ist $\phi_0 = 2.4°$ [ZUO97]. Die Pyramiden sind also außerordentlich flach. Für Wachstum bei tieferen Temperaturen (160 K bis 200 K) erhält man steilere Pyramiden: die vizinalen Seitenflächen der Pyramiden gehen von (115) bei 200 K zu (113) bei 160 K über [ERN94]. Vergleiche auch Abb. 4.46.

Ketten

Eindimensionale Ketten aus Atomen oder Molekülen lassen sich durch die Benutzung von Schablonen ('templates') herstellen, z.B. durch Benutzung regelmäßiger Oberflächendefekte (vgl. Abb. 6.24) oder Oberflächenaufladungen (vgl.Abb. 4.16). Auf der 'Streifenphase' von Alkanthiolen auf Gold-Molekülen (Abb. 3.12) als Schablone ist kürzlich das Wachstum von Ketten aus C_{60}-Molekülen demonstriert worden [ZEN01]. Auch DNA ist eine geeignete Schablone für die Herstellung ultradünner metallischer Drähte (vgl. Kap. 6.4). Schablonen dieser Art lassen sich vermeiden indem man Oberflächen-Adsorbat-Kombinationen benutzt, die zu einer ausgerichteten, abstoßenden Wechselwirkung zwischen den Adsorbaten führen. Ein Beispiel sind parallele Reihen einiger hundert Nanometer langer, monomolekularer Ketten aus Pentacen-Molekülen auf einer Kupfer(110)-Oberfläche [LUK02]. Der Abstand zwischen den Ketten beträgt etwa 3 nm.

3.2.3 Deposition vorselektierter Cluster-Materie

Cluster besitzen ausgezeichnete optische, elektronische, magnetische und chemische Eigenschaften, darunter z.B. größenabhängige katalytische Aktivität, die sie zum Teil auch in Lösungen oder auf Oberflächen behalten [STI87]. Ein Beispiel sind Rhodium-Cluster auf Aluminium-Oxid, die thermische Dissoziation von Kohlenmonoxid katalysieren. Die katalytische Aktivität hat ein Maximum für Clustergrößen von 500 bis 1000 Atomen, wahrscheinlich aufgrund einer besonders großen Stufendichte in diesem Größenbereich [FRA97b].

Um ein wohl definiertes Netzwerk größenselektierter Cluster auf Oberflächen mittels Gasphasen-Deposition herzustellen [BRO96], sind eine Reihe technologischer Probleme zu lösen. Ein guter Überblick sowohl über Aspekte der Präparation massenselektierter atomarer Cluster im Größen-Bereich 1 nm bis 10 nm als auch über ihre Eigenschaften nach der 'Landung' auf der Oberfläche findet sich in [JEN99, BIN01]. Hierin werden der Einfluß von Teilchen-Oberfläche Wechselwirkungen und Teilchen-Teilchen Wechselwirkungen ebenso diskutiert wie die möglichen neuartigen elektronischen und magnetischen Eigenschaften, die die nanoskalierten Systeme auf der Oberfläche besitzen.

Form und Struktur der Cluster auf der Oberfläche hängen sehr von ihrer ursprünglichen Größe und von der Einfallsenergie ab. Molekulardynamik-Rechnungen für größenselektierte Silizium-Cluster auf Graphit zeigen, daß kleine Cluster mit niedrigen Einfallsenergien

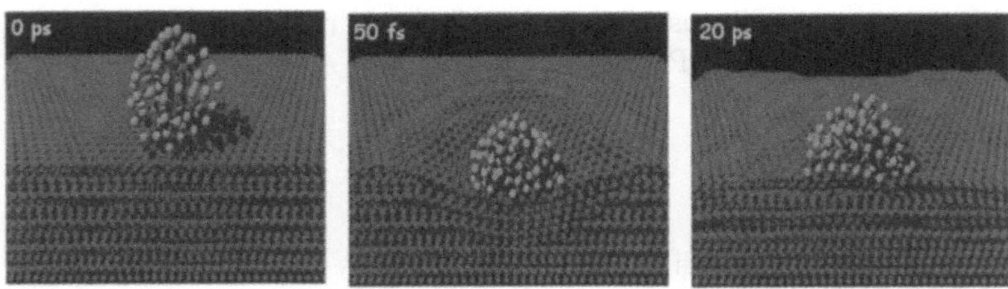

Fig. 3.15 Molekulardynamik-Simulation der Landung eines Silber-Clusters (200 Atome) auf Graphit (100) [NEU99]. Oberflächen-Temperatur 77 K. Kinetische Senkrecht-Energie des Clusters 1.3 eV pro Atom. Nachgedruckt mit Genehmigung.

die Oberfläche vollständig benetzen, also kommensurate zweidimensionale Inseln bilden [NEU01]. Mit wachsender Größe wächst die Wahrscheinlichkeit, daß die dreidimensionale Struktur der freien Cluster auch auf der Oberfläche gewahrt bleibt, allerdings nur bis zu einem Grenzwert der Einfallsenergie. Die Clusterhöhe auf der Oberfläche entspricht dem Gasphasen-Wert für Einfallsenergien bis 0.5 eV pro Atom. Danach sinkt sie: der Cluster wird ellipsoidal deformiert.

Abbildung 3.15 zeigt dies am Beispiel eines Landungsvorgangs für einen aus 200 Atomen bestehenden Silber-Cluster auf einer Graphit-Oberfläche. Man erkennt, daß der auf die Oberfläche fallende Cluster stark deformiert wird und die Form eines Halb-Ellipsoids annimmt, aber nicht zerstört wird. Allerdings ist diese Simulation stark vereinfachend, da sie zum Teil wenig bekannte, klassische Wechselwirkungspotentiale (Silber-Silber, Silber-Kohlenstoff und Kohlenstoff-Kohlenstoff) benutzt. Die genaue Form des Clusters auf der Oberfläche hängt neben den oben diskutierten Einfallsenergien auch von seiner Zusammensetzung (der plastischen Deformierbarkeit) sowie von der chemischen Zusammensetzung der Oberfläche (der Oberflächen-Spannung) ab. Messungen zeigen, daß die Deformationen des Clusters auf der Oberfläche, also seine endgültige Kontaktfläche, geringer als die Vorhersagen der Simulationen sind (z.B. [HIL01]).

Eine Möglichkeit, die Deformation des Clusters bei der Landung und die chemische Wechselwirkung oder Aggregation auf der Oberfläche zu minimieren, ist die Benutzung einer Edelgas-Pufferlage ('soft landing') [WEA91]. Dies kann z.B. eine Monolage Xenon sein, die bei niedrigen Temperaturen (50 K) aufgedampft wird. Hierauf werden die Cluster deponiert, und im folgenden wird die Xenon-Lage wieder thermisch desorbiert. Durch Ändern der Xenon-Schichtdicke lassen sich Größe und Dichte von Silber-Clustern auf Si(111) variieren [HUA98] und auch selbstorganisierte Anordnungen herstellen [CHE98].

Größenselektion der Cluster mittels Molekularstrahl-Methoden ist technisch aufwendig und führt in der Regel nur zu geringen Anzahldichten von Clustern. Die Erzeugung makroskopischer Mengen (Milligramm) größenselektierter Cluster ist eine nicht-triviale Aufgabe, die erst für wenige Arten von Clustern gelöst wurde. Beispiele umfassen C_{60}-Cluster oder andere Fullerene, aber auch spezielle Gold-Cluster wie z.B. Gold-55, die auf chemischem Wege durch Stabilisierung mit Liganden in Lösung hergestellt werden können [SCH81]. Aufgrund ihrer großen Oberflächenenergie haben die Cluster die Tendenz, miteinander zu verschmelzen, sobald sie sich - etwa auf der Oberfläche oder in Lösung - nahe genug kommen. Um eine große Anzahldichte individueller Cluster zu erhalten, muß man diesen Verschmelzungsvorgang unterbinden, indem man die Cluster mit Schutzhüllen aus inerten Abstandshaltern umgibt. Dies sind meist organische Moleküle wie etwa Alkanthiole oder Phenylphosphine, aber auch reine Kohlenstoff-Käfige [BAB98].

Deponiert auf einer Oberfläche, können die organischen Moleküle der Schutzhülle dann zur Bildung geordneter Cluster-Reihen entlang Stufenkanten oder anderen lithographisch vorgeprägten Defektstrukturen auf der Oberfläche genutzt werden. Dies ist für mit Dekanthiol passivierte Gold-Cluster auf Siliziumdioxid-Oberflächen demonstriert worden [PAR99]. Auch Übergitter von durch Dekanthiol-Moleküle miteinander vernetzten Gold-Clustern (3.7 nm Durchmesser, aus kolloidaler Lösung nahezu monodispers erzeugt) sind demonstriert worden.

4 Charakterisierung von Nanostrukturen

Erst die Fähigkeit, Objekte auf einer Größenskala von Nanometern untersuchen zu können ermöglichte es, Objekte auf dieser Skala auch herzustellen. Daher stehen direkt abbildende Mikroskopie und Rastermikroskopie an erster Stelle der Verfahren zur morphologischen Charakterisierung nanoskalierter Strukturen. Eher indirekte, aber dafür sehr empfindliche und auch in 'verborgenen' Grenzflächen zugängliche strukturelle Daten liefert die lineare und insbesondere die zweite Ordnung nichtlineare Spektroskopie. Durch Beugung mit Elektronen oder Atom-Strahlen erzielt man wichtige zusätzliche Informationen zur Kohärenz der untersuchten Nanostrukturen. Dies ist z.B. für die Charakterisierung des Wachstums epitaktischer Schichten oder der Nahordnung der Atome innerhalb des makroskopischen Durchmessers des auftreffenden Strahls wichtig. Die elektronischen Eigenschaften von Nanostrukturen werden oft mittels konventioneller Emissions-Verfahren wie Elektronen-, Röntgen- oder optischer Spektroskopie untersucht.

Detaillierte, technisch ausgerichtete Beschreibungen verschiedener Oberflächen-Untersuchungsmethoden - wenn auch nicht speziell im Hinblick auf Nanostrukturen - finden sich in [WAL94, YAT98]. Eine Übersicht gängiger Oberflächenanalyse-Techniken mit einer Liste der meisten häufig verwendeten Abkürzungen und kurzen Beschreibungen ist unter *http://www.uksaf.org/tech/list.html* im Internet verfügbar.

4.1 Optische Mikroskopie

4.1.1 Einfache Lichtmikroskope

Lichtmikroskopie in ihrer allgemeinsten Form etwa durch Benutzung eines Vergrößerungsglases geht bis in die Antike zurück. Abb. 4.1 zeigt schematisch den Aufbau eines Licht-Mikroskops wie es seit dem 16ten Jahrhundert nach Einführung durch Zacharias Janssen (1590) verwendet wird. Das Objekt wird mittels eines Objektivs abgebildet, und die Abbildung wird mit einem Okular vergrößert, d.h. das Abbild des Objekts auf der menschlichen Netzhaut erscheint größer als es ohne das Okular erschiene.

Die Vergrößerung dieses Mikroskops beträgt

$$V = V_{objektiv} \times V_{okular},$$

(4.1)

wo $V_{objektiv}$ die Vergrößerung des Objektivs ist und V_{okular} die Winkelvergrößerung des

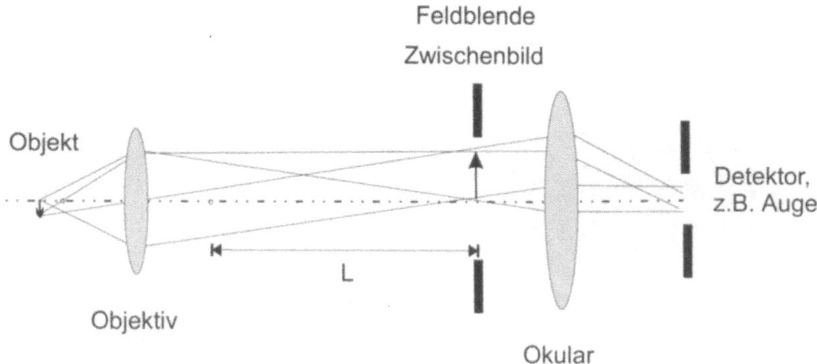

Fig. 4.1 Schematischer Aufbau eines klassischen Licht-Mikroskops.

Okulars. Da in der Regel ein menschliches Auge durch das Mikroskop-Okular blickt, benutzt man für V_{okular} das Verhältnis aus dem 'Nahpunkt' des menschlichen Auges und der Okular-Brennweite. Der 'Nahpunkt' ist der kürzeste Abstand des Objekts zum menschlichen Auge, auf den das Auge noch fokussieren kann. Dieser Abstand hängt sehr vom Alter des betreffenden Menschen ab, so daß per Konvention ein Abstand von 254 mm (10 inch) benutzt wird.

Damit folgt für die Vergrößerung

$$V = -\frac{L}{f_{objektiv}} \cdot \frac{254mm}{f_{okular}} \quad , \tag{4.2}$$

wo f_{okular} die Brennweite des Okulars ist und $f_{objektiv}$ die Brennweite des Objektivs. L ist die 'Tubuslänge', d.h. der Abstand zwischen Fokuspunkt des Objektivs und erstem Fokus des Okulars (üblicherweise 160 mm). Ein 10x-Objektiv ist also ein Objektiv der Brennweite 16 mm und ein 10x-Okular besitzt eine Brennweite von 25.4 mm. Die Gesamtvergrößerung dieser Kombination beträgt 50.

Die kleinste noch auflösbare Struktur bzw. der kleinste auflösbare Abstand zwischen zwei getrennt abgebildeten Punkten ist durch die Wellennatur des Lichts gegeben. Bei jeder Abbildung entsteht ein Beugungsbild wie es für eine Punktquelle in Abb. 4.2 dargestellt ist. Es kann mit einer Airy-Funktion beschrieben werden.

Der Durchmesser der Airy-Scheibe beträgt für eine abbildende Linse mit Brennweite f und Durchmesser D

$$d_{Airy} \approx 2.44\frac{\lambda f}{D} \quad . \tag{4.3}$$

Getrennt werden können zwei Punkte mit dem Abstand Δx, wenn das Intensitäts-Maximum

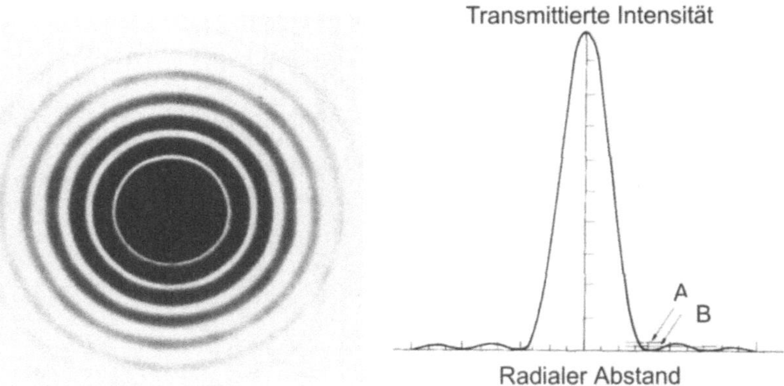

Fig. 4.2 Zur optischen Auflösungsgrenze: Beugungsbild (Airy-Scheibe) und Transmissions-Funktion eines einzelnen Punktes. Schwarz kennzeichnet maximale Intensität. Die Abszisse ist in Einheiten von $\frac{2\pi}{\lambda} a \sin\alpha$ angegeben mit λ der Wellenlänge des Lichts, a dem Blendenradius und α dem halben Einsichtswinkel, definiert in Abbildung 4.4. 'A' und 'B' kennzeichnen die Intensitäten des ersten ($I_1 = 0.0175$ für $I(0) = 1.0$) und zweiten Maximums ($I_2 = 0.0042$). Der radiale Abstand des ersten Maximums ist $\frac{2\pi}{\lambda} a \sin\alpha = 5.14$, der des zweiten 8.42.

des einen Punktes gerade noch in das Intensitäts-Minimum des zweiten Punktes fällt ('Rayleigh-Abbe-Kriterium' [ABB73, RAY79] Abb. 4.3). Das ist der Fall für

$$\Delta x \approx 1.22 \times f \times \frac{\lambda}{D} \quad , \tag{4.4}$$

unter der Annahme, daß $\sin\alpha \approx \alpha$.

Der minimale Winkelabstand zwischen zwei Objekt-Punkten $\alpha_{min} = 1.22\lambda/D$ wird als 'Auflösungsvermögen' bezeichnet. Das Auflösungsvermögen wächst offenbar mit größer werdendem Durchmesser der Linse und kleinerer Wellenlänge der abbildenden Strahlung. Im Elektronenmikroskop z.B. werden Wellenlängen von 10^{-5} der Wellenlänge sichtbaren Lichts verwendet, und entsprechend höher ist die Auflösung.

Benutzt man ein Mikroskop-Objektiv an Stelle einer einfachen Linse, so ist es sinnvoller, die Abbildungsgrenze als

$$d_{\mathrm{min}} = k_1 \frac{\lambda}{NA} \tag{4.5}$$

zu beschreiben. k_1 bezeichnet einen Kohärenz-Faktor, der abhängig von der Belichtungs-Wellenlänge zwischen 0.55 und 0.8 schwankt. Im Falle einer Airy-Funktion (also einer Punkt-Lichtquelle) ist $k_1 = 0.61$. Mit NA wird die 'numerische Apertur' bezeichnet ,

$$NA = n \cdot \sin\alpha \tag{4.6}$$

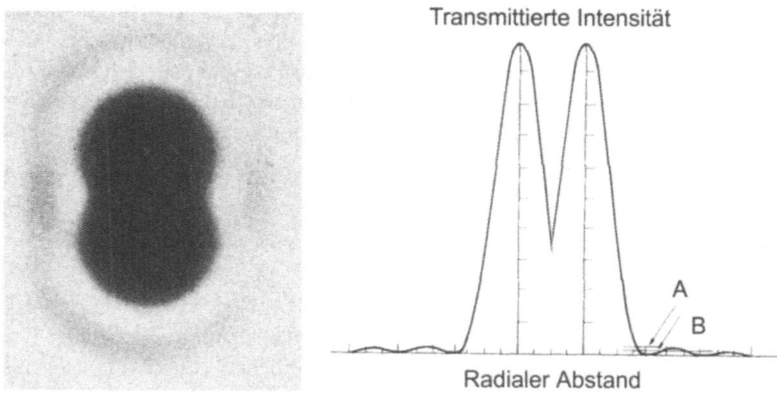

Fig. 4.3 Zur optischen Auflösungsgrenze: Beugungsbild (Airy-Scheiben) und Transmissions-Funktion zweier benachbarter Punkte.

mit dem Brechungsindex der Umgebung n und dem Aperturwinkel α (Abb.4.4; 2α ist der vollständige Winkel des fokussierten Strahls).

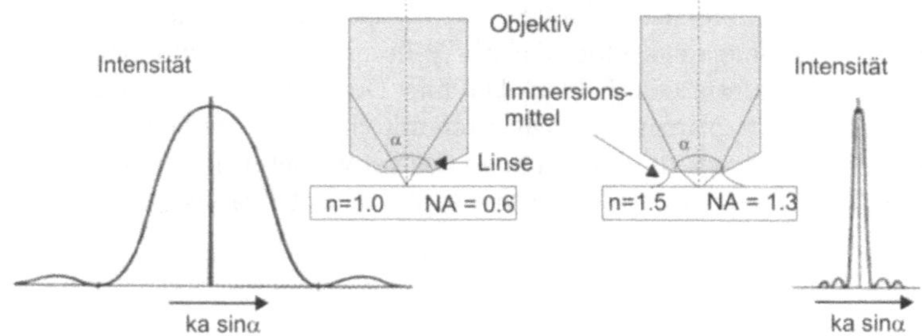

Fig. 4.4 Definition des für die Bestimmung der numerischen Apertur eines Objektivs wichtigen Winkels α und zwei Beispiele für die Änderung des Airy-Beugungsbildes als Funktion von NA. Der effektive Winkel, unter dem das Objekt gesehen wird, beträgt links 37° und rechts 58°.

Bei einer Vergrößerung von $V' = \frac{0.12 \cdot NA}{\lambda[mm]}$ ist der Grenzwert nützlicher Vergrößerung in einem konventionellen Mikroskop (Tubuslänge 160 mm) erreicht, da sich hier Beugungs- und visuelle Grenze treffen. Das bedeutet, daß für eine Wellenlänge von 500 nm jede Vergrößerung oberhalb 240 NA keine nützliche Vergrößerung mehr ist.

Die numerische Apertur (bzw. ihr Quadrat) beschreibt die Fähigkeit eines Objektivs, Licht zu sammeln und bestimmt damit Auflösung und Empfindlichkeit. Werte der numerischen Apertur oberhalb 1 sind nur durch Ausnutzung der Totalreflektion zu erreichen. Dazu wird zwischen Objektiv und Objektträger ein Medium mit hohem Brechungsindex (z.B. ein Immersionsöl oder auch Wasser) gebracht, das dafür sorgt, daß das Licht vom Immersionsöl zum Lot der Objektiv-Linse hin gebrochen wird (Abb.4.4). Dadurch gelangen mehr Airy-Beugungsordnungen in das abbildende System, und der Kontrast steigt.

In der Praxis wird die theoretische Auflösungsgrenze (Gleichung 4.5) meist nicht erreicht: Abbildungsfehler der optischen Elemente wie Astigmatismus, chromatische Fehler oder Verzeichnungen bestimmen die Auflösung. Hinzu kommt die Pixelauflösung der CCD-Kameras, die heutzutage häufig an Stelle einer Photoplatte benutzt werden. Bei einer typischen Pixelgröße von $13 \times 15 \mu m^2$ (entsprechend 768×576 Bildpunkten) erreicht man mit einem 10fach Objektiv Auflösungen von etwa 1.4 μm.

4.1.2 Hell- und Dunkelfeld-Mikroskopie

Durch eine Erhöhung der numerischen Apertur des Objektivs wird eine Vergrößerung des Auflösungsvermögens des Mikroskops erreicht. Beleuchtung mit einem Dunkelfeld- oder Evaneszente-Wellen-Kondensor führt zu einem ähnlichen Effekt durch Erhöhung des Kontrasts. Im Gegensatz zum konventionellen Hellfeld-Kondensor (Abb. 4.5b) wird im Dunkelfeld-Kondensor [NAC47] (Abb. 4.5a) der zentrale Lichtfleck ausgeblendet, so daß die Beleuchtung nur noch mit Lichtstrahlen erfolgt, die nahezu parallel zur Oberfläche propagieren. Das Objektiv sammelt also nicht mehr direkt die von der Beleuchtungsquelle durch das Objekt transmittierten Lichtstrahlen, sondern nur noch die vom Objekt reflektierten Strahlen. Somit erscheint das Objekt hell vor einem dunklen Hintergrund. Die Idee zu dieser Art Beleuchtung stammt aus dem Jahre 1903 (H. Siedentopf, R. Zsigmondy).

Im Evaneszente-Wellen-Kondensor [TEM81] wird dieses Prinzip dadurch optimiert, daß die Beleuchtung durch eine reine Oberflächen-Welle erfolgt, also nur noch im evaneszenten Teil des elektromagnetischen Feldes. Da mit Dunkelfeld-Mikroskopie aufgrund des evaneszente-Wellen-Effekts prinzipiell Strukturen mit charakteristischen Größen untersucht werden können, die kleiner als die Wellenlänge des verwendeten Lichts sind (Sichtbarkeitsgrenze ungefähr $\lambda/100$), wird diese Art Mikroskopie auch 'Ultramikroskopie' genannt.

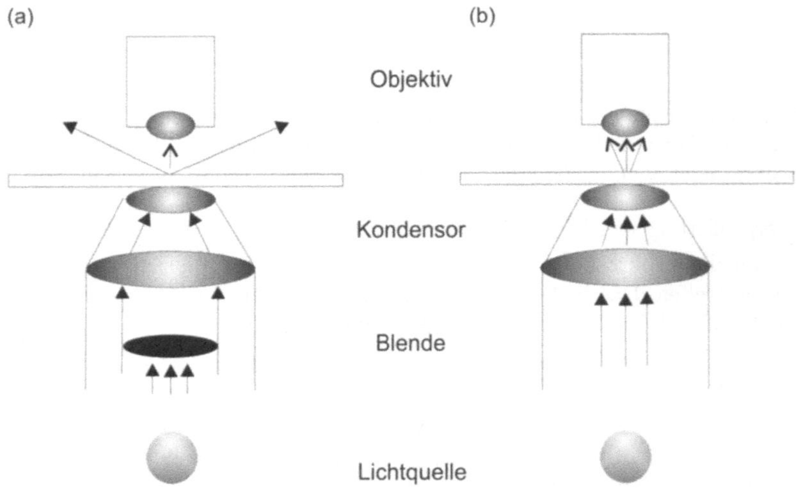

Fig. 4.5 (a) Dunkelfeld-Kondensor. (b) Hellfeld-Kondensor.

Als Beispiel für die Kontrast-Erhöhung durch Beleuchtung im Dunkelfeld sind in Abb. 4.6a
und 4.6b Hell- und Dunkelfeld-Mikroskopie-Aufnahmen des selben Objekts (einer gebogenen Struktur aus organischem Material) dargestellt. Man erkennt deutlich die Kontrastver-
besserung durch die Dunkelfeld-Beleuchtung. Der Hauptgrund für diese dramatische Verbesserung des Kontrasts ist, daß die in Abb. 4.6 gezeigten Strukturen ('Nadeln') nicht nur
sehr geringen Durchmesser besitzen, sondern auch sehr flach sind (Dicke etwa 100 nm).
Sie absorbieren also in Transmission nur gering. Aus der Dunkelfeldaufnahme folgt ein
scheinbarer Durchmesser einer dicken Nadel von 1.3 μm. Aus dem Vergleich mit einer
Rasterkraftmikroskopie-Aufnahme (Abb. 4.7b) resultiert der wahre Durchmesser der Nadel von 500 nm.

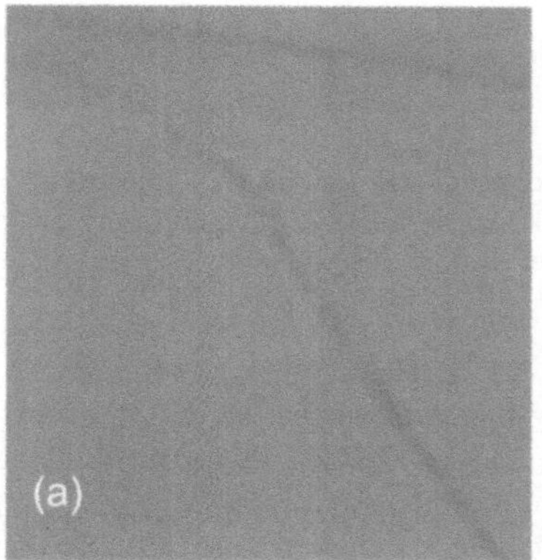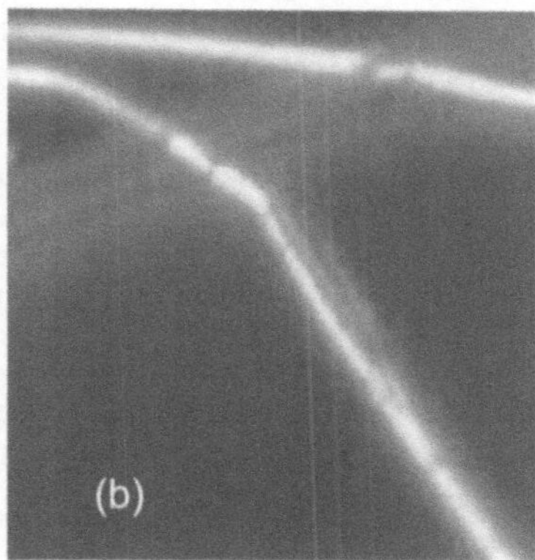

Fig. 4.6 (a) Hellfeld-Mikroskopie-Aufnahme von nadelförmigen Aggregaten aus organischen Molekülen auf Glimmer. (b) Dunkelfeld-Mikroskopie des selben Gebiets. Die Bildgröße beträgt
20x20 μm^2.

4.1.3 Fluoreszenz- und Phasenkontrast-Mikroskopie

Eine weitere Verbesserung der Auflösung durch Steigerung des Kontrastes wird bei fluores-
zierenden Objekten möglich. Abb. 4.7a demonstriert dies wiederum an Hand der organischen
Nadeln aus Bild 4.6, die nach UV-Anregung im blauen spektralen Bereich Licht aussenden.
Das Substrat, auf dem das Objekt aufgewachsen ist (Glimmer) emittiert praktisch nicht, so
daß ein maximaler Kontrast erreicht werden kann. Der hier in Fluoreszenz zu ermittelnde
Durchmesser der dicken Nadel ('3') beträgt etwa 800 nm. Die Kraftmikroskopie-Aufnahme
(Abb. 4.7b) ergibt 500 nm für den wahren Durchmesser. in Abbildung 4.7c ist ein Bruch in
der Nadel beim Wachstum über eine Stufenkante auf der Glimmer-Unterlage mit höherer
Auflösung ausgemessen worden. Die Breite des Bruchs beträgt 300 nm. Auch die dünnen
Nadelstrukturen haben Durchmesser von der Größenordnung 300 nm.

Wie man sieht, ist es durchaus möglich, mittels Fluoreszenzmikroskopie Strukturen mit
charakteristischen Dimensionen von einigen hundert Nanometern zu beobachten. Eine Ver-
messung der wahren Größe innerhalb dieses Bereichs erfordert allerdings andere Methoden
wie z.B. Rasterkraftmikroskopie.

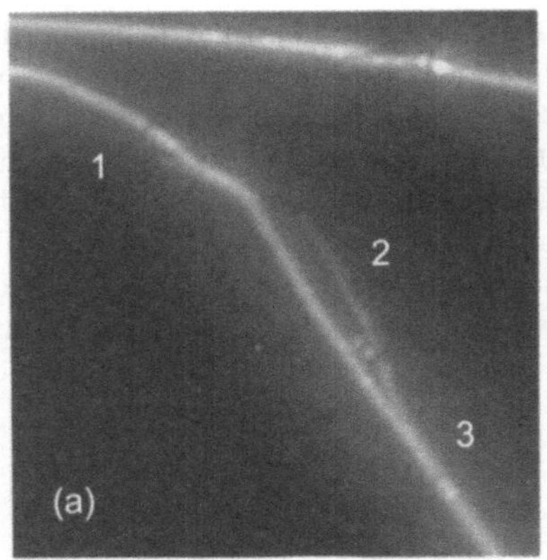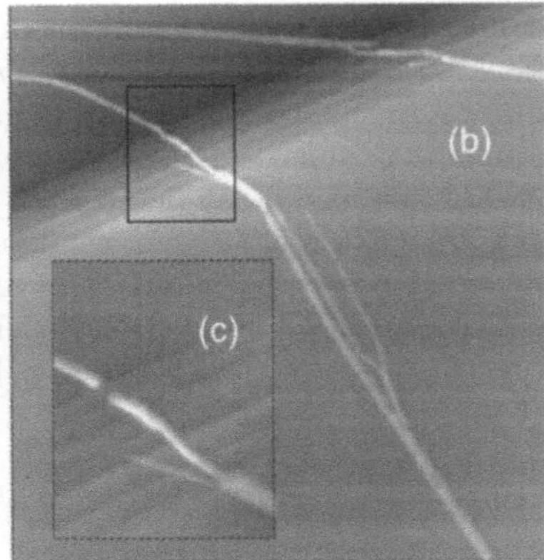

Fig. 4.7 (a) Fluoreszenz-Mikroskopie und (b) Rasterkraftmikroskopie [BAL04] der organischen Na-
delstrukturen aus Abb. 4.6. Bildgröße 20x20 μm^2. Typische Dimensionen sind: ein Bruch in den
Nadeln mit der Breite 300 nm ('1'), Durchmesser einer dünnen Nadel 300 nm ('2') und einer dicken
Nadel 500 nm ('3'). (c) Detailaufnahme des Bruchs '1' (Bildgröße 5x4 μm^2).

Im Falle biologischer Objekte wie z.B. dem Cytoplasma selbst ist die Absorptivität im
sichtbaren Spektralbereich meist gering, nämlich ähnlich der des umgebenden Wassers. Die
Brechungsindizes unterscheiden sich jedoch geringfügig (n_{Wasser}=1.33, $n_{Cytoplasma}$=1.35),
was zu einer Verzögerung der einfallenden Lichtwelle im Cytoplasma führt. Nach Durch-
tritt durch das abzubildende Objekt existiert also ein Phasenunterschied zum umgebenden
Medium, der zur Kontrasterhöhung ausgenutzt werden kann, wie schon in den dreißiger
Jahren durch Frits Zernicke erkannt wurde [ZER53]. Konkret wird dies durch Einfügen
einer Ringblende zwischen Kondensor und Objektträger erreicht, die den direkten Lichtstrahl ausblendet. Ein Phasenring hinter dem Objektiv reduziert den Beugungsterm nullter
Ordnung, um den Kontrast zu erhöhen und sorgt für entweder destruktive Interferenz der
Lichtwellen, die verzögert worden sind (also durch das Cytoplasma gelaufen sind), oder derjenigen, die nicht verzögert worden sind. Im ersteren Fall erscheint das Objekt dunkel vor
hellem Hintergrund, andernfalls ist der Hintergrund dunkel.

Es sei angemerkt, daß zwar aufgrund der Abbe-Beugungsgrenze zwei Objekte, die weniger
als $\lambda/2$ voneinander entfernt sind, nicht mehr getrennt wahrgenommen werden können,
man allerdings im Falle, daß sich nur ein isoliertes Objekt innerhalb der Auflösungsgrenze
befindet dessen *Position* mit weit höher Genauigkeit angeben kann. Hierzu wird räumlich
über das Objekt gerastert und die Signal-Intensität aufgezeichnet. Die Genauigkeit der
Positions-Bestimmung, δx, ist näherungsweise durch

$$\delta \propto \frac{\Delta x}{SN\sqrt{n}} \tag{4.7}$$

gegeben, wo Δx die Breite der räumlichen Intensitätskurve ist, SN das Signal-zu-Rausch-
Verhältnis und n die Anzahl der Meßpunkte. Dies kann z.B. ausgenutzt werden, um den

Einfluß der lokalen Umgebung auf einzelne Quantenpunkte zu untersuchen [WU00].

4.1.4 Konfokale Mikroskopie

Durch rasternde Abbildungsverfahren - im optischen Bereich speziell durch Nahfeld-Mikroskopie - läßt sich im allgemeinen eine wesentlich höhere Auflösung als im konventionellen Mikroskop erzielen. Allerdings ist man gerade in der Biologie und der Biophysik neben der Oberflächen-Information auch an Informationen aus dem Inneren biologischer Objekte (z.B. lebender Zellen) interessiert. Um hier eine deutliche Verbesserung der mit einem Mikroskop erzielbaren Tiefeninformation zu erzielen, hat sich konfokale Mikroskopie durchgesetzt [WIL90]. Aufgrund großer Fortschritte in der Farbstoff-Photochemie spielen auch Fluoreszenzmarkierungen an Proteinen, DNA und Zell-Organellen eine immer größere Rolle. Solche fluoreszierende Proben erlauben es, konfokale Mikroskopie mit Mehrphotonen-Prozessen durchzuführen und damit i) auf UV-durchlässige optische Komponenten zu verzichten und ii) die Auflösung unter bestimmten Umständen [SCH98b] weiter zu erhöhen[1].

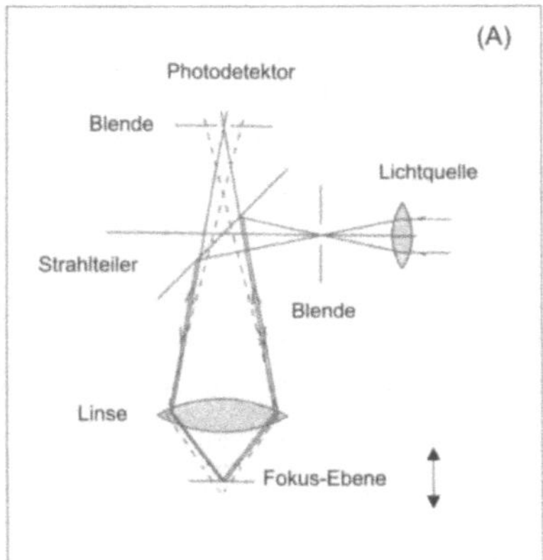

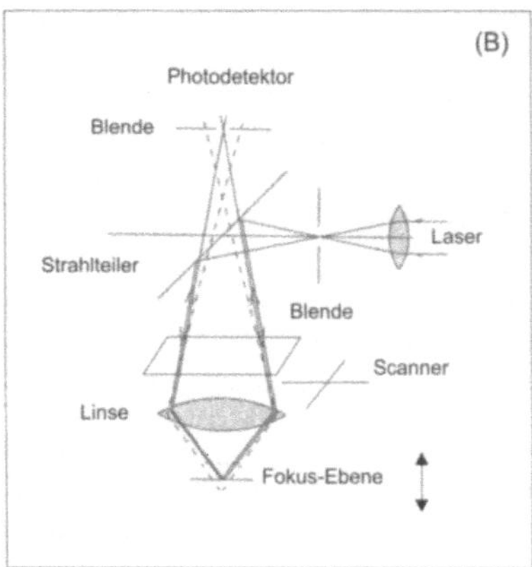

Fig. 4.8 a) Schematischer Aufbau eines konfokalen Mikroskops. Der Strahlenverlauf mit durchgezogenen Linien gilt für ein Objekt innerhalb des Blenden-Durchmessers, derjenige mit gestrichelter Linien für ein Objekt außerhalb. b) Modifikation des konfokalen Mikroskops zum 'Laser-Scanning Mikroskop', wie es häufig bei Zwei-Photonen Mikroskopien verwendet wird.

Abb. 4.8a zeigt schematisch ein konfokales Mikroskop. Die Probe wird hier in Auflicht durch eine Blende beleuchtet. Vor den Photodetektor (oder ein anderes abbildendes System an der Stelle des Okulars) wird ebenfalls eine Blende gesetzt, die dafür sorgt, daß nur Strahlen nachgewiesen werden, die der Fokusebene der Objektiv-Linse entstammen. In einem konfokalen Mikroskop fungiert der effektive Fokus also als eine Art dreidimensionaler Probe, die durch ein transparentes Objekt gerastert werden kann. Wie in Abbildung 4.9 an Hand von biologisch interessanten Bläschen ('Vesikeln') aus Mischungen von organischen Materialien

---

[1] Mehrphotonen-Anregung von Fluoreszenz-Markern verringert in erster Näherung die Auflösung, da sich die benutzte Anregungs-Wellenlänge vergrößert [SHE96].

gezeigt wird, lassen sich dreidimensionale Abbildungen der verschiedenen Struktur-Phasen der Bläschen erzielen. In Abb. 4.9 wurden hierzu Fluoreszenzfarbstoffe eingesetzt.

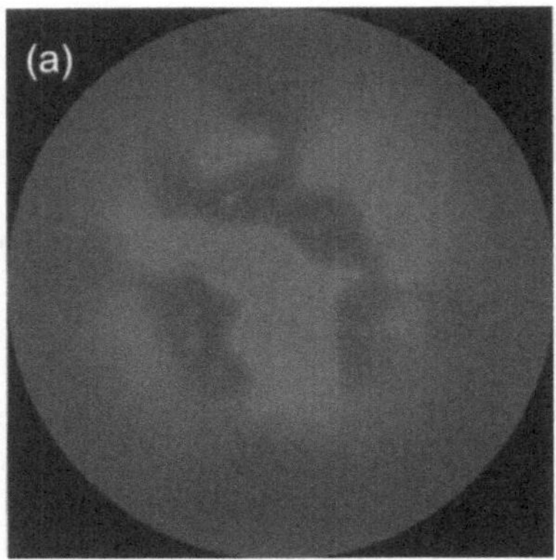

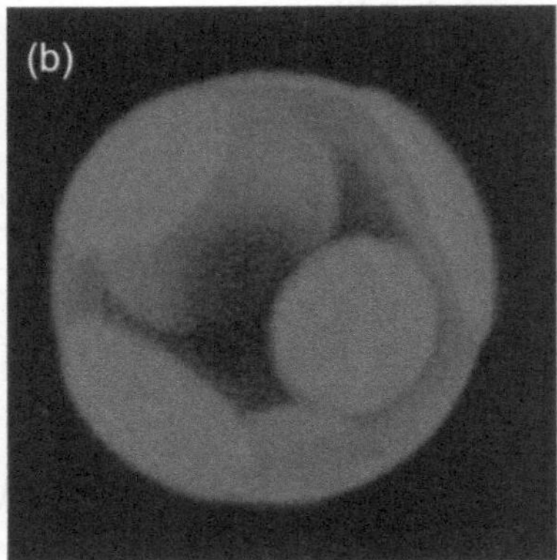

Fig. 4.9 Konfokale Fluoreszenzmikroskopie an GUVs ('giant unilamellar vesicles', 'Riesenbläschen') [BAG03]. Der Durchmesser der Bläschen beträgt 25 μm, und sie sind mit Fluoreszenzfarbstoffen markiert. In a) besteht das GUV aus POPC/DPPC, in b) ist Cholesterol beigemischt. In a) sieht man koexistierende flüssige (rot bzw. hell) und Gel-Phasen (dunkel). In b) koexistieren geordnete (dunkle) und ungeordnete (grüne bzw. helle) flüssige Bereiche. Der Einfluß des Cholesterols zeigt sich an den Phasen-Grenzen [BAG04].

Die erzielbare Auflösung ist in Abbildung 4.10a an Hand fluoreszierender Kugeln mit 110 nm Durchmesser demonstriert. Die Verzerrung der Kugeln zu länglichen Objekten rührt daher, daß die axiale Auflösung einen Faktor drei bis vier geringer als die fokale Auflösung ist.

Um die axiale Auflösung zu verbessern, kann man die Probe zusätzlich kohärent von der Rückseite beleuchten. Kohärent bedeutet, daß eine feste Phasenbeziehung zwischen Vorder- und Rückseiten-Beleuchtung besteht, also die Beleuchtung z.B. mit Licht aus dem selben Laser bewerkstelligt wird. In dieser '4π konfokalen Mikroskopie' werden die axialen Neben-Maxima in der Streufunktion stark reduziert und damit die axiale Auflösung verbessert (Abb. 4.10b). Im Idealfall (vollständige Ausleuchtung mit Raumwinkel 4π, die natürlich mit zwei Linsen endlicher Größe nicht möglich ist) würden die Nebenmaxima vollständig eliminiert werden. Dieser Fall läßt sich durch nachträgliche Bild-Rekonstruktion simulieren (Abb. 4.10c) [SCH98b]. Axiale und laterale Auflösung sind dann von der Größenordnung 100 nm.

Eine weitere, für den Einsatz in der Biologie sehr erfolgversprechende Verbesserung des Fernfeld-Auflösungsvermögens läßt sich durch den Einsatz zweier Kurzpuls-Laser erzielen [KLA99]. Die Idee ist, einen Laserpuls zur Anregung der Probe zu benutzen (z.B. im gelben bei 558 nm), und mit dem zweiten, einig Pikosekunden verzögerten Puls die entstehende Fluoreszenz wieder zu löschen ('quenchen', z.B. im roten bei 766 nm). Das Quenchen erfolgt im Überlapp beider Pulse, wobei der quench (STED - stimulated emission depletion) Puls allerdings in der Phase so moduliert wird, daß er räumlich ein Donut-Profil[2] um den

---

[2]Ein Donut-Profil besitzt ein Intensitätsminimum in der Mitte und ringförmig darum hohe Intensität. Man

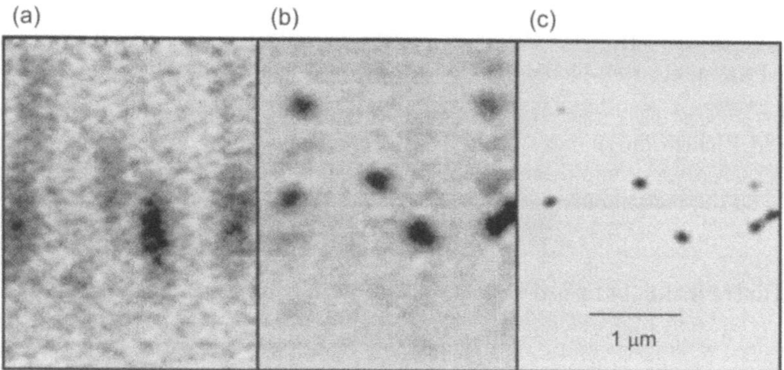

Fig. 4.10 Abbildung einer Verteilung fluoreszierender Kugeln mit 110 nm Durchmesser mittels (a) konfokaler Mikroskopie, (b) 4π konfokaler Mikroskopie und (c) 4π konfokaler Mikroskopie mit Abbildungsrestaurierung. Die Abbildung ist in (x,z)-Richtung, also axial mit dem Abbildungsfokus. [SCH98b]

Anregungspuls legt. Auf diese Weise wird nur ein Fluoreszenz-Abbild des inneren Kerns des eigentlichen Anregungsflecks erzeugt, und man kann Objekte voneinander trennen, die weniger als $\lambda/11$ voneinander entfernt sind. Kombiniert man diesen Trick mit '4π konfokaler Mikroskopie' sollten eine laterale und axiale Auflösung von unter 40 nm möglich werden.

4.1.5 Brewster-Winkel Mikroskopie

Wird polarisiertes Licht an einer Grenzfläche zwischen einem Umgebungsmedium und einem Substrat gebrochen, so werden p- und s-polarisierte Anteile in Abhängigkeit vom Einfallswinkel unterschiedlich stark reflektiert. Hier bedeutet lineare p-Polarisation, daß der elektrische Feldvektor in der Einfallsebene schwingt und s-Polarisation, daß er senkrecht dazu schwingt. Speziell findet man, daß an einer idealen Grenzfläche, an der der Brechungsindex instantan von demjenigen des Substrats zu demjenigen der Umgebung übergeht, p-polarisiertes Licht, das unter dem 'Brewster-Winkel' einfällt, nicht reflektiert wird. Der Brewsterwinkel ist derjenige Winkel, an dem der reflektierte Lichtstrahl und der in das Substrat gebrochene Lichtstrahl senkrecht aufeinander stehen.

An einer realen Grenzfläche wird das p-polarisierte Licht minimal reflektiert, aber die Reflexion verschwindet nicht vollständig. Gründe hierfür sind die Rauhigkeit und endliche Dicke der Grenzfläche (d.h. die Tatsache, daß $n = n(z)$, wo z die Koordinate senkrecht zur Oberfläche ist), sowie eventuelle Anisotropien von Monolagen auf der Grenzfläche. Dies wird in der 'Brewster-Winkel-Mikroskopie' ausgenutzt [HOE91, HEN91, MUL98]. Eine dicht gepackte Monolage amphiphiler Moleküle verändert den Brechungsindex in der Grenzschicht, $n(z)$, über eine Schichtdicke von l=2 nm. Sowohl $n(z)$, als auch l sind von den verschiedenen Phasen der Monolagen (z.B. fest vs. flüssig) abhängig, so daß durch die unterschiedlichen

---

erhält es z.B. durch Überlagerung zweier höherer transversaler Lasermoden.

Tiefen des Brewster-Minimums ein Kontrast entsteht. Rastert man also z.B. einen Argon Ionen Laser unter dem Brewster-Winkel über die Oberfläche, so werden die verschiedenen Monolagen-Phasen ein Hell-Dunkel-Bild ergeben.

Letztlich handelt es sich also um eine zweidimensionale Variante der Ellipsometrie, die es ermöglicht, Schichtdicken und optische Eigenschaften von adsorbierten Monolagen zu bestimmen, oder aber - wenn diese bekannt sind - detailliertere morphologische Eigenheiten der Adsorbat-Filme wie molekulare Orientierungen oder Phasenübergänge.

4.2   Rastermikroskopien

Prinzipiell läßt sich die Auflösung in direkten Abbildungsverfahren durch Verringerung der Wellenlänge des abbildenden Strahls verbessern.

4.2.1   Elektronenmikroskopie

Das Transmissions-Elektronenmikroskop [ALE97] ist analog zum Licht-Mikroskop (Abb. 4.1) aufgebaut. An Stelle der Lichtquelle tritt eine Elektronenquelle, die optischen Linsen werden durch magnetische Elektronenlinsen ersetzt, und der optische Detektor ist entweder ein phosphoreszierender Schirm oder ein Elektronenvervielfacher.

Bei einer Beschleunigungs-Spannung von 100 kV haben die abbildenden Elektronen eine Wellenlänge von 0.0038 nm. Die Wellenlänge ist also einen Faktor 10^5 kleiner als die Wellenlänge sichtbaren Lichts, und entsprechend sollte die Auflösung um den gleichen Faktor höher sein (Glng. 4.4). In der Tat sind schon 1956 einzelne atomare Netzebenen mit einem Abstand von 1.2 nm in einige zehn Nanometer dicken einkristallinen Schichten aufgelöst worden. Inzwischen lassen sich ohne weiteres Abstände von unter einem zehntel Nanometer bestimmen.

Problematisch an dieser Methode ist, daß die für die Transmission notwendige Elektronenenergie aufgrund von Streuverlusten stark mit der Dicke des untersuchten Materials ansteigt und man nur schwer mit Energien größer als eine Million Elektronenvolt arbeiten kann. Daher ist Transmissions-Elektronenmikroskopie nur für sehr dünne Substrate anwendbar. Deren Eigenschaften unterscheiden sich aber in der Regel sehr von denen der Volumen-Materie.

Eine Alternative bietet die Raster-Elektronenmikroskopie. Hierbei wird ein durch magnetische Spulen auf etwa 10 nm Durchmesser fokussierter Elektronen-Strahl mittels Ablenkspulen rasterförmig über das zu untersuchende Objekt geführt. Die dabei im Objekt rückgestreuten Elektronen sowie die entstehenden Sekundärelektronen erzeugen eine Spannung in einem Elektronenvervielfacher, die wiederum die Helligkeitssteuerung eines synchron über einen Leuchtschirm geführten weiteren Elektronenstrahls regeln. Damit erzielt man simultan mit dem Rastern des Objekts ein vergrößertes Bild auf dem Leuchtschirm.

Im Raster-Elektronenmikroskop ist die erzielbare Auflösung bei massiven Objekten aufgrund von Elektronendiffusion auf etwa 2 nm begrenzt. Die Elektronendiffusion führt zu einem 'Hof' um den fokussierten Elektronenstrahl. Mit geringer werdender Objektdicke steigt die Auflösung. Grenzen liegen dann meist an Abbildungsfehlern der Linsen im Elektronenmikroskop[3] sowie an mangelnder mechanischer Stabilität des Geräts.

Sehr hohe Auflösung bis in den Sub-Ångstrom-Bereich erzielt man mittels nicht-rasternder Elektronen-Holographie[4] [COW92, ORC95] oder Tieftemperatur-Feldionenmikroskopie ('FIM', Abb. 4.11)[MUE51]. Im FIM wird die zu untersuchende Probe in Form einer Spitze ausgelegt. He-Atome aus einem verdünnten Puffergas (Partialdruck 10^{-4} Torr) werden durch eine Hochspannung von einigen tausend Volt auf die Spitze zu beschleunigt, auf der Feldstärken bis zu 10^{11} V/m vorliegen. Die Atome werden etwa einen halben Nanometer vor der Spitze ionisiert und erfahren daraufhin durch das elektrische Feld eine Beschleunigung in Richtung eines Leuchtschirms, wo sie Fluoreszenzlicht auslösen. Normalerweise wird ein Vielkanal-Platten (MCP) Verstärker vor dem Fluoreszenzschirm montiert, um den Elektronenfluß zu verstärken. Aufgrund der hohen Beschleunigungs-Spannung bewegen sich die Helium-Ionen auf nahezu geradlinigen Trajektorien, so daß die Spitze mit einem Radius r von etwa 10 nm auf dem Schirm in einem Abstand von $\Delta r = 10$ cm mit einem Faktor von etwa 10 cm/10 nm $= 10^7$ vergrößert wird. Dies ist hinreichend für eine Auflösung im Subnanometer-Bereich und eine Unterscheidung zwischen individuellen Atomen. Obwohl der effektiv auf der Oberfläche untersuchte Bereich nur zwischen 50 nm und 200 nm beträgt, konnte die Diffusions-Bewegung einzelner Atome längs der Oberfläche im Detail untersucht werden.

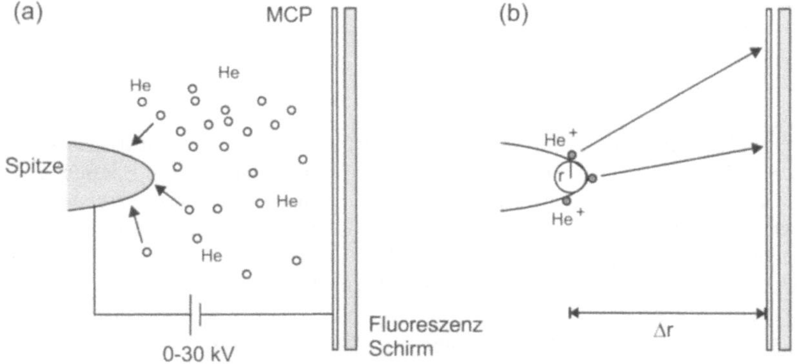

Fig. 4.11 Feldionenmikroskop (FIM). (a) Anziehende Kraft zwischen Spitze und Helium-Atomen auf Grund der Polarisation der Atome durch das Feld. (b) Abstoßung und Beschleunigung der positiv geladenen Helium-Ionen auf den Fluoreszenzschirm hinter einem Vielkanal-Platten (multi-channel plate, MCP) Verstärker.

---

[3]Wichtigster Abbildungsfehler ist die sphärische Aberration, d.h. die Tatsache, daß die nicht-paraxialen Strahlen von der Linse vor den paraxialen vereinigt werden. Dieser Fehler läßt sich mit rotationssymmetrischen Linsen nicht eliminieren [SCH36].

[4]Analog zu optischer Holographie werden in der Elektronen-Holographie Amplituden und Phasen nach Überlagerung der Bildwelle mit einer ebenen Referenzwelle gemessen. Die Bildwelle wird danach numerisch wieder rekonstruiert, wobei Verzerrungs-Effekte durch die Elektronen-Linsen korrigiert werden können.

4.2.2   STM, AFM etc.

Durch den Einsatz von Rastertunnel-Mikroskopen (STM, 'scanning tunneling microscope')
(Abb. 4.12) läßt sich eine vertikale Auflösung im Sub-Nanometer- oder sogar Sub-Ångstrom-
Bereich über weite räumliche Abmessungen auf der Oberfläche erzielen [CHE93, FUC94].
Im STM [BIN82] werden Änderungen im Tunnelstrom j_T zwischen einer leitenden Spitze
und einer leitenden Oberfläche als Funktion des Abstandes zwischen Spitze und Oberfläche
gemessen. Die Spitze befindet sich auf Piezo-Stellelementen, was eine reproduzierbare Bewegung im Subnanometer-Bereich ermöglicht.

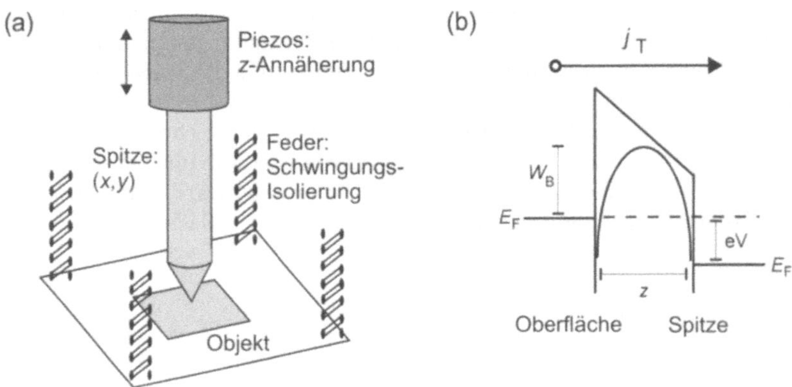

Fig. 4.12 (a) Aufbau eines STM. Eine leitende Spitze ist auf einem (x, y, z)-justierbaren Piezo-Block
montiert. Der Abstand von der Oberfläche, z, wird durch Anlegen einer Spannung V zwischen
Spitze und Oberfläche und durch Messung des Tunnelstroms j_T reguliert. Eine weitere Spannung
wird benutzt, um die Spitze in (x, y)-Richtung über die Oberfläche zu rastern. (b) Energieniveau-
Schema für eine negativ vorgespannte Spitze, mit Fermi-Energien E_F, effektiver Austrittsarbeit der
Barriere, W_B, und Abstand zwischen Spitze und Oberfläche, z.

Piezoelektrische Keramiken ändern auf eine angelegte Spannung hin ihre charakteristische
Ausdehnung. Sie haben gegenüber anderen Verstell-Elementen den Vorteil, eine Bewegung
ohne Schlupf zu erlauben, da ihre Ausdehnung auf einer kontinuierlichen atomaren Auslenkung beruht. Zudem sind sie sehr stabil (die Steifheit beträgt etwa 20% derjenigen von
Edelstahl), und ihre Antwortzeit ist im wesentlichen nur durch die Elektronik des Contro-
lers beschränkt. Die Genauigkeit der Verstellung wird durch das Rauschen des Antriebs-
Verstärkers bestimmt und beträgt typisch 0.4 pm$/\sqrt{Hz}$ [HIC97]. Ein bedeutender Nachteil
insbesondere für den Einsatz in Hochtemperatur-STMs ist die niedrige Curie-Temperatur,
oberhalb derer die feldinduzierte Polarisation verloren geht.

Der Tunnelstrom für gegebene Spannung V zwischen Spitze und Oberfläche beträgt

$$j_T = \rho(r, e_F)\frac{V}{z}\exp(-const. \cdot z \cdot \sqrt{W_B}) \tag{4.8}$$

und hängt damit exponentiell vom Oberflächenabstand z ('Barrierenbreite') und der Wurzel aus der Differenz in den Austrittsarbeiten W_B von Oberfläche und Spitze ab ('Barrierenhöhe'). Der Vorfaktor $\rho(r, e_F)$ beschreibt die räumliche Elektronendichte-Verteilung nahe dem Ferminiveau; genau genommen ist dies die Größe, die wirklich abgebildet wird. Abhängig davon ob die Spitze positiv oder negativ bzgl. der Oberfläche vorgespannt wird, werden entweder die höchsten besetzten molekularen Orbitale (HOMO) oder die niedrigsten unbesetzten molekularen Orbitale (LUMO) beobachtet. Aufgrund der exponentiellen Abstandsabhängigkeit resultiert schon eine geringe Abstandsänderung in einer starken Änderung des Tunnelstroms, was der Methode ihre hohe Empfindlichkeit verleiht.

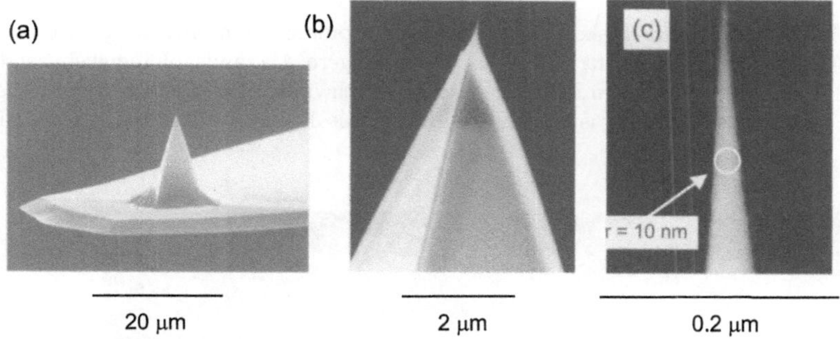

Fig. 4.13 Rasterelektronenmikroskopie-Aufnahmen von Silizium-Spitzen für Kraftmikroskopie. (a) Silizium-Träger mit integrierter Spitze. Der typische Radius r ist hier 10 nm. (b) 'Superscharfe' Spitze, und (c) Nahaufnahme der superscharfen Silizium-Spitze. Minimaler Radius etwa 2 nm. Nachgedruckt mit Genehmigung aus [NAN99]. Copyright 1999 Nanosensors.

Eine wichtige Voraussetzung für eine erfolgreiche Nutzung der Rastermikroskopien ist neben einer schnellen und zuverlässigen Elektronik eine erschütterungsgedämpfte Aufhängung (in Abb. 4.12 durch Federn symbolisiert). Moderne STMs sind unter Atmosphärenbedingungen relativ einfach zu betreiben und stellen keine hohe Anforderungen mehr an die Kenntnisse des Benutzers oder an die Umgebungsbedingungen [BAI00]. Höherer Aufwand muß für Arbeiten unter extremen Bedingungen wie sehr hohen [HOO98] oder sehr tiefen Temperaturen [PET01], unter hohen Drucken [LAE01] oder in sehr gutem Vakuum getrieben werden. Aber auch hier sind heutzutage sehr viele kommerzielle Lösungen erhältlich.

Die Messung eines Tunnelstroms setzt voraus, daß freie Ladungsträger im untersuchten Substrat existieren. Während es umfangreiche STM-Studien auf Metall- udn Halbleiter-Oberflächen gibt (z.B. [BES96]), können Isolator-Oberflächen mit einem STM also nicht direkt untersucht werden. Eine Ausnahme bilden sehr dünne isolierende Filme wie z.E. organische Filme auf Metall-Oberflächen (Abb. 3.12), durch die die Elektronen hindurchtunneln können.

Um dennoch zumindest Nanometer-Auflösung auf Isolatoren zu erzielen, werden Kraftmikroskope (AFM, 'atomic force microscope') eingesetzt. Im AFM [BIN86] wird die van-der-Waals Kraft ausgenutzt, die zu vertikalen und torsionalen Ablenkungen der an einer Feder befestigten Spitze (siehe Abb. 4.13) führt und kubisch vom Abstand zur Oberfläche abhängt

[MAG96].

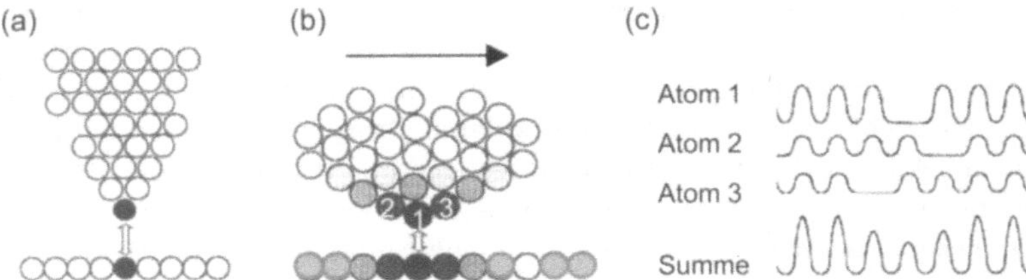

Fig. 4.14 Ein Rastertunnelmikroskop tastet sehr lokal atomare Wechselwirkungen ab (a), während die Feder-Auslenkung eines Kraftmikroskops eine geringere Abstandsabhängigkeit zeigt (b). Ein Defekt in der Oberfläche (z.B. ein fehlendes Atom) verschwindet daher leicht im periodischen Untergrund (c): die lokale Auflösung ist wesentlich geringer als diejenige eines Rastertunnelmikroskops.

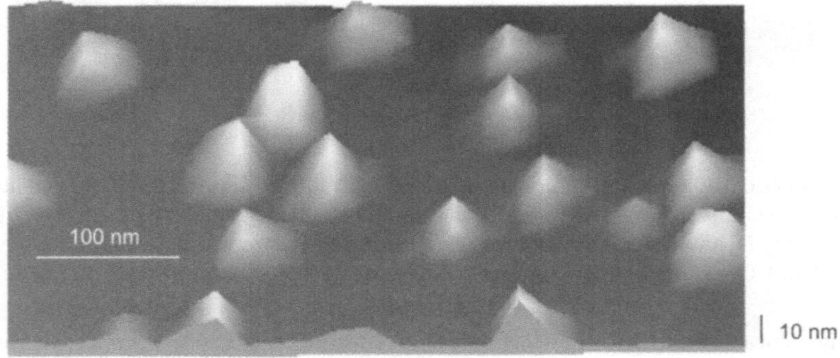

Fig. 4.15 Hochauflösende AFM-Aufnahme von Aggregaten aus lichtemittierenden organischen Molekülen auf einer Isolator-Oberfläche, die als 'Quantenpunkte' fungieren können. Die Form der abbildenden Nadel des AFM spiegelt sich in den Aggregaten, deren genaue Morphologie somit nicht bestimmt werden kann.

Für eine quantitative Analyse der AFM-Aufnahmen im Nanometer-Bereich muß berücksichtigt werden, daß die AFM-Spitze einen Durchmesser besitzt, der ebenfalls wenigstens einige Nanometer beträgt (Abb. 4.13). Da die zur Federauslenkung führende Wechselwirkung nicht nur von einem einzigen Atom an der Spitze ausgeübt wird, ist die mögliche Auflösung wesentlich geringer als diejenige eines STM (Abb. 4.14). Man kann zwar periodische Strukturen mit atomarer Auflösung abbilden, jedoch nicht isolierte Details. Diese Problematik wird z.B. darin deutlich, daß sich die Spitze in der hochauflösenden AFM-Aufnahme 'widerspiegelt' (Abb. 4.15). Um dies zu korrigieren, muß das aufgenommene Bild mit der effektiven Spitzenform entfaltet werden [TOD01]. Die Form der aktuell verwendeten Spitze muß dazu erst durch Aufnahme einer Proben-Oberfläche mit sehr gut bekannter Topologie (z.B. einer periodischen Anordnung von Nanometer durchmessenden Teilchen) und folgender Entfaltung bestimmt werden. Auch unter optimalen Bedingungen ist das Verfahren nicht-trivial und nicht notwendig eindeutig. Simultane Messungen mit einer alternativen Technik (z.B. Fluoreszenz-Mikroskopie) sind daher sehr empfehlenswert.

Kraftmikroskopie hat sich insbesondere für biologische Grundlagenforschung als sehr wichtiges experimentelles Hilfsmittel herausgestellt [MOR99b]. Als Beispiel einer Kraftmikroskop-Aufnahme zeigt die Abbildung 4.16 das gemeinsame Wachstum von kontinuierlichen und diskontinuierlichen Filmen aus organischen Molekülen auf Glimmer-Oberflächen.

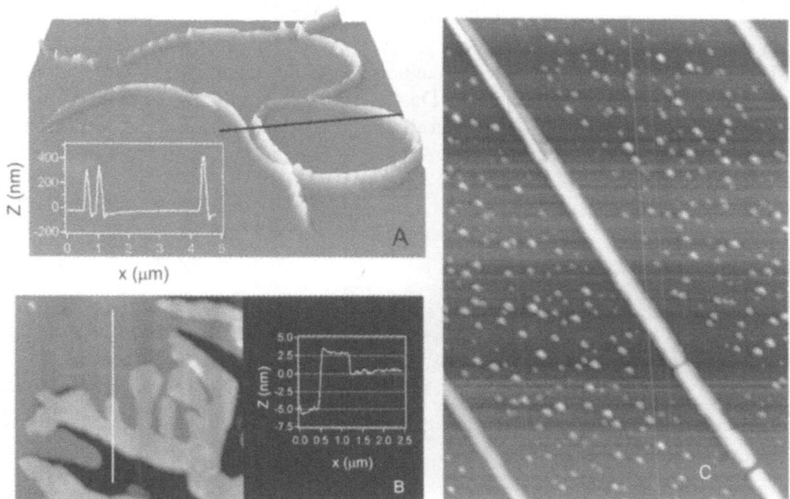

Fig. 4.16 Kraftmikroskopie-Aufnahmen von Hexaphenyl-Aggregaten aufgedampft auf nichtpolaren (a) und polaren (c) Glimmer-Oberflächen. Es bilden sich auf Lagen aus stehenden Molekülen (b) sowie ringförmige (a) oder nadelförmige (c) Strukturen, die aus liegenden Molekülen bestehen.

Für das Bild in Abb. 4.16a wurden Hexaphenyl-Moleküle auf eine durch Behandlung mit Wasser nichtpolar gemachte Glimmer-Oberfläche aufgedampft. Es bilden sich ringförmige Aggregate (Abb. 4.16a), die im UV-Licht blau leuchten, auf einem darunter liegenden, zusammenhängenden Film aus Molekülen (Abb. 4.16b). Eine optische Analyse zeigt, daß der kontinuierliche Film aus aufrechten Molekülen besteht, während sich die Aggregate aus liegenden Molekülen zusammensetzen. Diese Beobachtung stimmt mit den AFM-Daten überein, die zeigen, daß der kontinuierliche Film aus Terrassen aufgebaut ist, deren Höhe gerade der Länge eines Hexaphenyl-Moleküls entspricht (siehe den Höhenschnitt in Abb. 4.16b).

Wächst man unter ansonsten gleichen Bedingungen die organischen Moleküle auf einer polaren Glimmer-Oberfläche auf, so bilden sich lange Nadeln, die sehr genau parallel zueinander orientiert sind (Abb. 4.16c). Zwischen den parallel orientierten Nadeln befinden sich kleinere Aggregate, aus denen sich die Nadeln im Laufe des Wachstums-Prozesses aufgebaut haben. Der Bereich unmittelbar neben den Nadeln ist frei von diesen kleinen Aggregaten.

Die 'Nadeln' setzen sich aus liegenden und quer zur Nadelachse orientierten Hexaphenyl-Molekülen zusammen. Genauere Untersuchungen mittels Elektronen- und Röntgenbeugung ergeben die Einheitszellen der Kristallite und damit ein sehr genaues mikroskopisches Bild

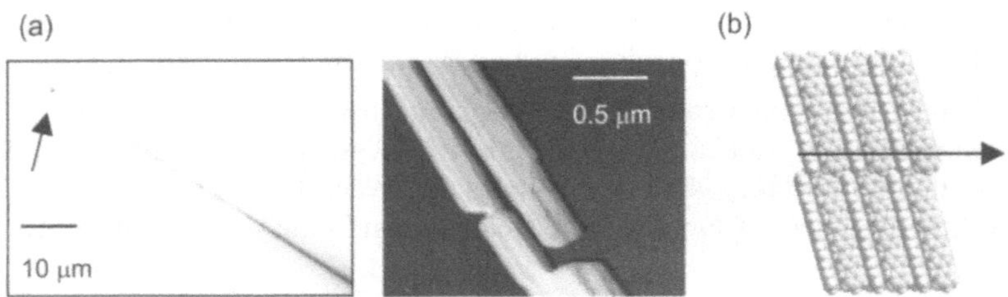

Fig. 4.17 a) Fluoreszenz-Mikroskopie einer einzelnen Nadel aus organischen Molekülen, die rechts unten lokal mit UV-Licht beleuchtet wurde. Das Licht wird durch die Nadel geführt und links oben wieder ausgekoppelt (Pfeil). Die AFM-Detailaufnahmen zeigen, daß die Auskopplung an einer nanoskalierten Bruchstelle innerhalb der Nadel erfolgt. b) Die individuellen Moleküle sind senkrecht zur Nadelachse ausgerichtet.

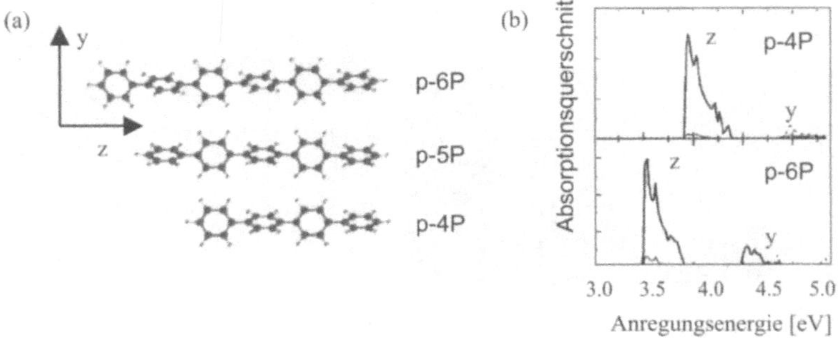

Fig. 4.18 a) Molekulare Struktur von Quarterphenyl (p-4P), Pentaphenyl (p-5P) und Hexaphenyl (p-6P)-Oligomeren. b) Berechnete Absorptionsspektren [PUS99] längs der langen Achse (z) und senkrecht dazu (y). Man erkennt die große Anisotropie des Absorptionsquerschnitts. Mit wachsender Moleküllänge verschieben sich die Resonanzen in den roten Spektralbereich (niedrigere Energie).

des Aufbaus der Nadeln (Abb. 4.17b). Die Orientierung der individuellen Moleküle und damit auch die Orientierung der Nadeln werden von der Orientierung der Oberflächen-Dipole auf der Glimmer-Oberfläche bestimmt ('DASA', dipole-assisted self assmbly) [BAL01]. Dies eröffnet die Möglichkeit, solche langgestreckten, nanoskalierten organischen Aggregate in lokal modifizierten (z.B. erwärmten) Bereichen der Oberfläche wachsen zu lassen [BAL02].

Nanoskalierte Strukturen oder dünne Filme aus Phenylen-Oligomeren sind von großem Interesse für Display-Technologie auf der Basis von organischen Materialien, da die Moleküle eine ausgeprägte polarisierte Elektrolumineszenz zeigen und nach UV-Anregung im blauen Spektralbereich emittieren. Sowohl Absorptions- als auch Emissions-Wellenlänge lassen sich durch die Anzahl der Benzol-Ringe variieren (Abb. 4.18). Eine beispielhafte Anwendung als nanoskalierter Wellenleiter ist in Abb. 4.17 demonstriert. Durch rasche Abkühlung ist eine Bruchstelle in der Nadel von einigen zehn Nanometern Breite erzeugt worden (Kraftmikroskopie-Aufnahme rechts), die die Ausrichtung der Nadel nicht stört, aber zu einer Auskopplung von Licht führt [BAL03].

Neben STM und AFM sind seit den achtziger Jahren eine Vielzahl von Modifikationen dieser hochauflösenden Raster-Probemikroskopien entwickelt worden, darunter Elektrostatische Kraft-Mikroskopie, Rasterthermische Mikroskopie, magnetische Rastermikroskopie, Reibungs-Mikroskopie etc. Einen Überblick findet man in [WIE94, SAR97, WIE98].

4.2.3 Nahfeld-Mikroskopie

Eine gelungene Synthese aus AFM-Mikroskopie und konventioneller optischer Mikroskopie ist die Nahfeld-Mikroskopie (Abb. 4.19). Offenbar läßt sich die Beugungsgrenze des optischen Mikroskops unterschreiten, indem die abbildende Blende oder der Detektor im *Nahfeld* des reflektierenden oder emittierenden Objekts positioniert werden. Die Idee, eine Blende mit einem Durchmesser zu benutzen, der kleiner ist als die Wellenlänge des abbildenden Lichts, geht auf Synge zurück [SYN28]. Experimentell wurde sie in den siebziger Jahren des zwanzigsten Jahrhunderts mit einem Reflektions-SNM ('scanning near field microscope') für Zentimeter-Wellen [ASH72] mit einer Auflösung von $\lambda/15$ realisiert. Zehn Jahre später folgte die Variante im sichtbaren Spektralbereich ($\lambda = 488$ nm), das SNOM ('scanning near field optical microscope') mit einer Auflösung von besser als 25 nm oder $\lambda/20$ [POH82, POH84, POH93]. Ende der achtziger Jahre schließlich wurde eine neue Variante des SNOM konstruiert, das PSTM ('photon scanning tunneling microscope', Abb. 4.23) [RED89].

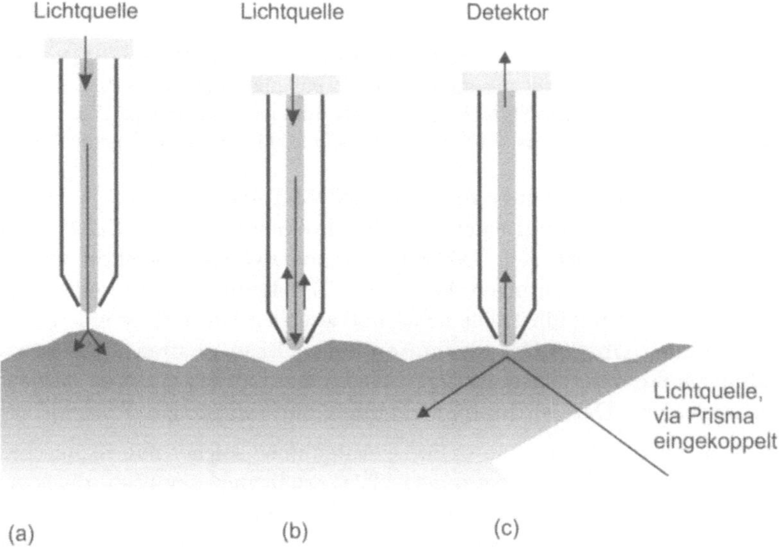

Fig. 4.19 Abbildungsverfahren mittels Nahfeld-Mikroskopie: (a) SNOM in Transmission, (b) SNOM in Reflektion, (c) PSTM.

Entscheidend für eine praktische Realisierung dieser Idee ist es, eine Möglichkeit an der Hand zu haben, reproduzierbar und mit geeigneter Auflösung das abbildende Element (etwa die Blende) von einigen zehn Nanometern Durchmesser und mit einem Abstand von wenigen Nanometern über die Oberfläche zu rastern. Mit der Entwicklung von Rastermikroskopen der im Abschnitt 4.2.2 beschriebenen Art steht diese Technik zur Verfügung, und damit wurde auch die Entwicklung des SNOM möglich [PAE96]. An Stelle einer abbildenden Blende wird meist die Spitze eines Lichtleiters benutzt, der mit einem Mantel aus Aluminium umgeben wird. Auf diese Weise lassen sich die gesammelten Photonen direkt einem Photoverstärker zuführen, was die Nachweisempfindlichkeit stark erhöht. Der Lichtleiter ist in der Regel an einem Stapel aus Piezo-Kristallen befestigt, und wie beim AFM werden die Scherkräfte gemessen, die beim Rastern auf ihn einwirken. Damit lassen sich mit Nanometer-Auflösung gleichzeitig Struktur- und Licht-Informationen über die Oberfläche erzielen. Die Auflösungsgrenze ist durch das Eindringen des Lichts in den Aluminium-Mantel (die 'Skintiefe') gegeben, was den effektiven Durchmesser der abbildenden Blende und damit die Auflösung auf etwa 10 bis 30 nm begrenzt (Abb. 4.20).

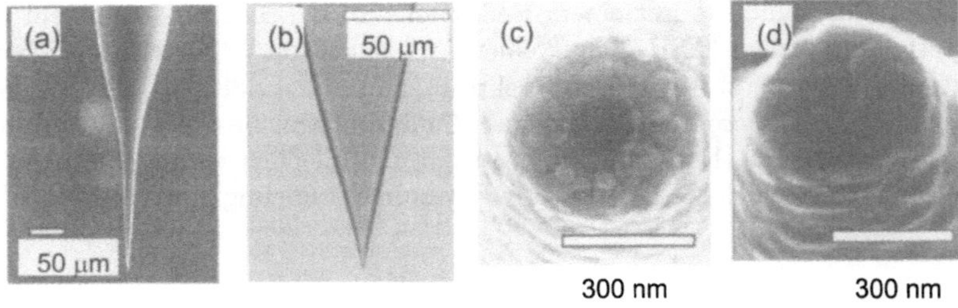

Fig. 4.20 Seiten- und Frontansicht Aluminium-bedeckter optischer Glasfasern. Die Teilbilder (a) und (c) sowie (b) und (d) gehören zusammen. (b) ist ein Lichtmikroskop-Bild, (a), (c) und (d) sind SEM-Bilder. Die eigentliche SNOM-Blende ist als dunkler Kreis gut in Teilbild (c) zu sehen. Nachgedruckt mit Genehmigung aus [HEC00]. Copyright 2000 American Chemical Society.

In Abbildung 4.21 ist die metall-beschichtete SNOM-Spitze über einem Ensemble lichtemittierender Nanostrukturen mit einem Rasterelektronenmikroskop (SEM) aufgenommen worden. Man erkennt deutlich den Größenunterschied zwischen Detektor und nanoskopischen Objekten, der zu einer geringen Abbildungs-Empfindlichkeit und einer großen Unsicherheit in der Lokalisierung führt. Die licht-emittierenden Objekte befinden sich auf einer elektrisch isolierenden Oberfläche, um ihre optischen Eigenschaften nicht zu stören. Die SEM-Aufnahme mußte unter einem geringen Wasserdampfdruck gemacht werden, um Aufladungen zu verhindern. Dies verringert geringfügig die Auflösung.

In Bild 4.22 sind topographische und optische Aufnahmen solcher nanoskopischen Objekte ('Nanofibern') dargestellt. Die Topographie (4.22a) erhält man simultan mit dem optischen Signal, da die SNOM-Spitze im konstanten Abstand von einigen Nanometern über die Oberfläche gerastert wird. Um ein optisches Signal zu erhalten, mußten die Nanoobjekte mit ultraviolettem Licht angeregt werden. Je nachdem ob die Anregung senkrecht zur langen Nadelachse (4.22b) oder parallel dazu (4.22c) erfolgt, sieht man die direkt im Anregungslicht befindlichen Objekte leuchten (4.22b) oder aber man beobachtet Wellenleitung des Lichts

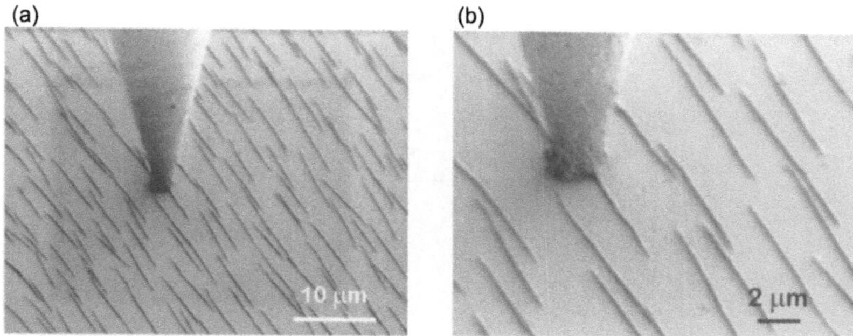

Fig. 4.21 a) SEM Aufnahme einer SNOM-Spitze über einer Anordnung von Nanofibern. Nachgedruckt mit Genehmigung [STU03]. b) Höhere Auflösung der selben Spitze.

längs einiger Nadeln (4.22c). Die Wellenleitung äußert sich hier als Leuchten der Nadeln längs ihrer gesamten Achse, da das SNOM die Photonen im Nahfeld der Nadel aufsammelt - das SNOM fungiert sozusagen als zusätzlicher Defekt auf den Nadeln, der - ebenso wie die in Bild 4.17 gezeigten Brüche - zu einer Streuung des Lichts führt.

Fig. 4.22 SNOM-Aufnahmen ($40 \times 40 \ \mu m^2$) von Nanofibern. Teilbilder a) und c) sind simultan aufgenommen worden. a) zeigt die Topographie der Aggregate, c) die optische Antwort nach Anregung der Nanofibern. In Teilbild b) wurden die Nanofibern senkrecht zu ihrer langen Achse optisch angeregt: man sieht, daß sie in dieser Richtung nicht mehr wellenleitend sind [VOL04].

Das Auflösungslimit des SNOM sollte theoretisch bis zu molekularer Auflösung verbessert werden können, indem man die Dämpfung durch den Metall-Mantel verhindert, also Nahfeld-Optik ohne Blenden ('apertureless') betreibt[ZEN94]. Eine Möglichkeit dazu ist das PSTM (Abb. 4.23), also die Anregung der Proben-Oberfläche durch eine evaneszente Welle und der Nachweis über das 'Eintauchen' einer Faser-Spitze in das Nahfeld der Oberfläche (Abb. 4.22 wurde in dieser Art und Weise aufgenommen). Alternativ kann das Nahfeldbegrenzte Feld auch durch Fernfeld-Beleuchtung eines stark streuenden Objekts erzeugt werden, das sich in direktem optischen Kontakt mit der Faser befindet, die das Licht zum Detektor leitet. Faser und Streuer werden dann in geringem Abstand über die im Fernfeld beleuchtete Oberfläche gerastert.

Während die Auflösung nun nicht mehr durch eine dämpfende Blende beschränkt ist, ist

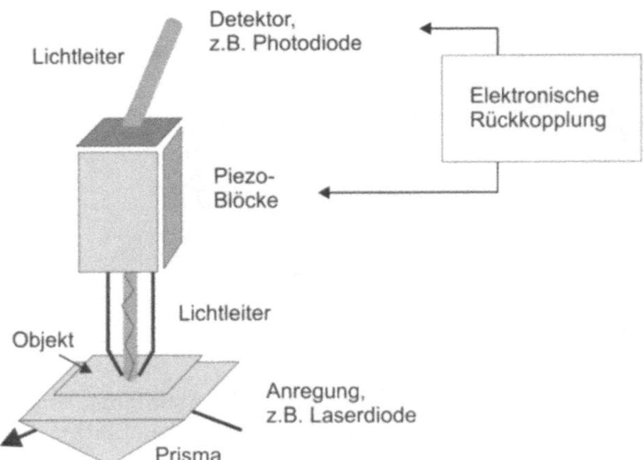

Fig. 4.23 Schematische Darstellung eines PSTM ('photon scanning tunneling microscope'). Hier werden lokalisierte elektromagnetische Felder im Nahfeld der Proben-Oberfläche mittels einer nicht-bedampften dielektrischen Spitze nachgewiesen.

offenbar nachteilig, daß geringe Signal-Intensitäten vor einer hohen Hintergrund-Intensität (der beleuchteten Oberfläche) gemessen werden müssen. Daher funktioniert die Methode nur befriedigend wenn die Streurate des an der Spitze befindlichen Objekts etwa durch Plasmonen-Anregung (siehe auch Abb. 6.13 und die dazugehörige Diskussion) sehr stark überhöht wird [FIS89]. Neben einer Feldverstärkung durch lokalisierte Plasmonen-Anregung bieten auch nichtlineare optische Methoden, z.B. optische Frequenzverdopplung ('second harmonic generation', SHG, siehe 4.3), gute Kontrast-Verstärkung. Dies ist kürzlich an Hand der SHG-Erzeugung an InAlGaAs Halbleiter-Quantenpunkten auf GaAs(001) sowohl im Fernfeld (SH-SFOM, 'SH-scanning far field optical microscopy', [ERL00]) als auch im Nahfeld (SH-SNOM, [VOH01]) demonstriert worden[5].

Als direkter Vergleich mit den Nahfeld-Aufnahmen (Abb. 4.22) werden in Abb. 4.24 SH-SFOM-Aufnahmen von Nanofibern dargestellt. Die räumliche Auflösung ist hier geringer (≈ 700 nm) verglichen mit dem SNOM, aber das Kontrast-Verhältnis zum Untergrund ist wesentlich besser. Dies erlaubt es, Aufnahmen mit unterschiedlicher Polarisation des anregenden und abgestrahlten Lichts herzustellen. Die beiden Bilder a) und b) zeigen den selben Bild-Ausschnitt, aber mit unterschiedlich polarisierter Beleuchtung der Fibern. Offenbar hängt die optische Antwort der Fibern lokal von der Polarisation des Anregungslichts ab (siehe auch Bild 4.39 und die dazugehörige Diskussion). Aus dem Verhältnis der Licht-Intensitäten in den beiden Polarisationskombinationen I_{sp} und I_{pp} erhält man via

$$\frac{I_{sp}}{I_{pp}} = tan^4\theta \tag{4.9}$$

---

[5]Das SH-SNOM kommt ohne Metall-Ummantelung des Lichtleiters aus, aber die Anregung der Probe erfolgt im Nahfeld durch den Lichtleiter. Daher handelt es sich streng genommen um die Variante Abb. 4.19a.

unmittelbar den Winkel $\pm\theta$, den die Achse der lichtemittierenden Moleküle mit einer durch den Polarisationsvektor des Lichts vorgegebenen Laborachse bildet. Da sich das Polarisationsverhältnis direkt aus den Mikroskopie-Aufnahmen zweidimensional ableiten läßt, kann man die Orientierung der Moleküle entlang der Nanofibern auf optischem Wege bestimmen.

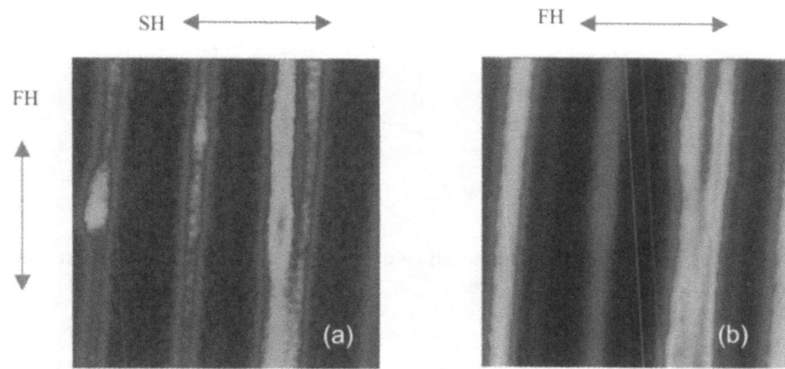

Fig. 4.24 SH-Mikroskopie ($10 \times 10 \ \mu m^2$) an Nanofibern für zwei Polarisations-Kombinationen. Die Anregung erfolgte mit einem Femtosekunden-Laser im roten Spektralbereich, der Nachweis im blauen. a) Anregungslicht ('FH') längs der Nadelachse polarisiert (' I_{sp}'), b) Anregungslicht senkrecht zur Nadelachse polarisiert ('I_{pp}'). Nachweis ('SH') jeweils senkrecht zur Nadelachse polarisiert [BEE04].

Im Grenzfall und um die Auflösung weiter zu verbessern, könnte das an der Spitze befindliche, streuende Objekt ein einzelnes leuchtendes Molekül sein. In der Realität sind es natürlich nicht einzelne Moleküle, die direkt am Lichtleiter befestigt werden, sondern mit diesen Molekülen dotierte Wirtskristalle. Gelingt es nun, einzelne Moleküle in diesem Wirtskristall spektroskopisch zu identifizieren, können sie als Einzelmolekül-Lichtquellen für optische Nahfeld-Mikroskopie benutzt werden. In Abbildung 4.25 ist das Schema für eine experimentelle Realisation dieser Idee gezeigt [MIC00].

Als Wirtskristall dient ein p-Terphenyl-Kristall mit einigen Mikrometern Durchmesser, der in sehr geringer Konzentration (10^{-7}) mit Terrylen-Molekülen dotiert wurde. Die Spitze des optischen Lichtleiters muß sich auf niedrigen Temperaturen (1.4 K) befinden, damit die nach Laseranregung beobachtete spektrale Fluoreszenz-Linienbreite der Terrylen-Moleküle der natürlichen Linienbreite individueller Moleküle entspricht (einige zehn MHz) und nicht durch kollektive Phänomene wie Wechselwirkung mit den Gitterschwingungen des Wirtskristalls verbreitert wird (Abb. 4.26). Die spektrale Antwort dieser individuellen Moleküle kann dann zu lokaler Analyse der Oberfläche benutzt werden, allerdings mit relativ geringer Auflösung (180 nm) (Abb. 4.27). Durch weitere Tricks (Anlegen eines elektrischen Feldes und Ausnutzung der Stark-Verschiebung) läßt sich aber zumindest die Lage des untersuchten Moleküls auf einige 10 nm genau festlegen.

Für die Aufnahmen Abb. 4.27 bestand die Probe aus einem Mikroskop-Plättchen, das mit einem hexagonalen Gitter aus 25 nm hohen, dreieckigen Aluminium-Inseln belegt wurde. Die Gitterperiode betrug 1.7 μm. Im Kraftmikroskop-Bild (Abb. 4.27a) sind zwei unterschiedlich

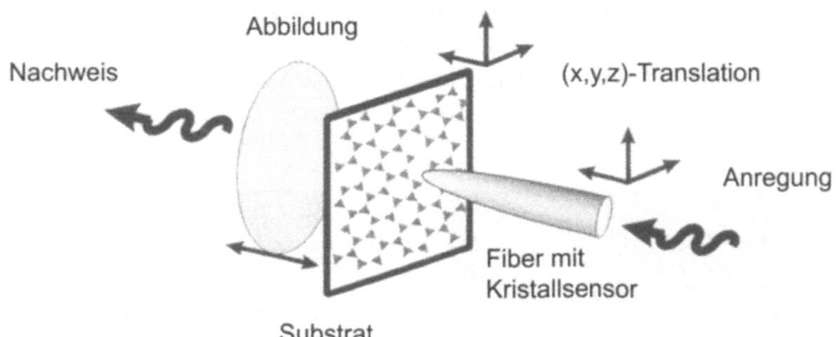

Fig. 4.25 Schema für optische Mikroskopie mit einzelnen Molekülen. Nachgedruckt mit Genehmigung aus [MIC00]. Copyright 2000 Nature.

orientierte Aluminium-Dreiecke zu erkennen ('i' und 'ii'). Die Aluminium-Dreiecke unterdrücken das optische Signal und erscheinen daher im optischen Bild als dunkle Flecken (Abb. 4.27b). Die unterschiedlich orientierten Dreiecke können deutlich voneinander unterschieden werden.

Die Einzelmolekül-Lichtquelle geht im Grunde zurück auf die Idee, Feldionen-Mikroskopie mit durch Laserlicht markierten Molekülen durchzuführen, um damit Bindungen auf der Oberfläche räumlich zu lokalisieren [LET75, CHE84]. Deponiert man ein Donor-Farbstoff-Molekül auf der Oberfläche und Akzeptor-Moleküle an der Spitze eines SNOM oder AFM, so läßt sich nicht nur optische Information über die Topographie erzielen, sondern auch resonanter Energietransfer beobachten [SHU99] (FRET, 'fluorescence resonant energy transfer').

4.2.4   Weitere neue Mikroskopien

Sowohl Rastertunnel-Mikroskopie als auch die Entwicklung neuartiger Lasertechniken haben im letzten Jahrzehnt einen bedeutenden Einfluß auf die Erforschung und Nutzbarmachung des Nanokosmos gehabt. Es ist daher nicht verwunderlich, daß versucht wird, durch gleichzeitige Nutzung von laserinduzierten Oberflächen-Effekten und hochauflösender Tunnelmikroskopie anderweitig nicht verfügbare Informationen über Oberflächen-Eigenschaften zu erhalten. Ein Beispiel ist die Anwendung von Frequenzverdopplung zur Grenzflächen-empfindlichen Mikroskopie [ERL00]. Ein anderer Ansatz beruht darauf, Laserstrahlung in die Tunnel-Verbindung des STM einzukoppeln und dadurch nichtlineare Tunnelstrom-Komponenten zu erzeugen [KRI96]. Diese wiederum können einerseits zur Rückkopplung für das STM benutzt werden ('Laser-getriebenes STM') und damit die Unterscheidung zwischen leitenden und nichtleitenden Bereichen mikrostrukturierter Substrate ermöglichen. Andererseits können damit aber auch z.B. zweidimensionale Intensitäts-Verteilungen elementarer optischer Anregungen (nicht-lokalisierter Oberflächen-Plasmonen) vermessen werden.

Auch das Einfangen von Partikeln mittels Laserlicht läßt sich für Abbildungszwecke ver-

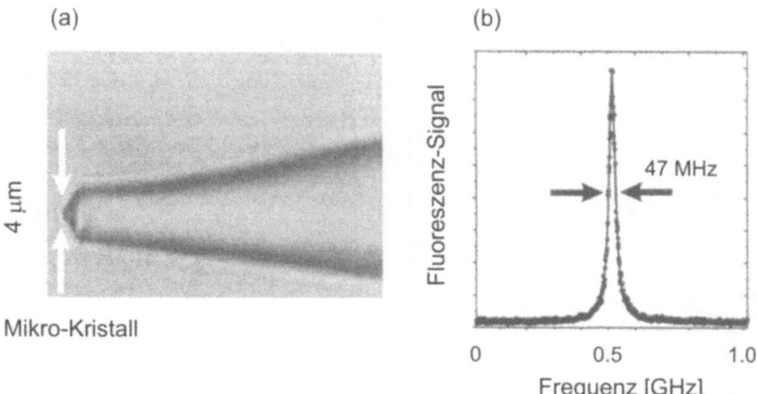

Fig. 4.26 (a) Lichtmikroskop-Aufnahme eines optischen Lichtleiters mit einem p-Terphenyl Wirts-kristall an der Spitze, der mit Terrylen dotiert wurde. (b) Anregungs-Spektrum des Terrylen-Moleküls bei T=1.4 K. Nachgedruckt mit Genehmigung aus [MIC00]. Copyright 2000 Nature.

wenden. Im Grenzfall sollte man einzelne Atome einfangen und ihre Bewegung darstellen können. Um eine zu starke Kopplung der abzubildenden Atome mit den abbildenden Photonen zu vermeiden, sollten einzelne Photonen benutzt werden. Dies ist kürzlich durch Ausnutzung von Hohlraum-quantenelektrodynamischen Effekten gelungen ('Atom-Hohlraum-Mikroskop', [HOO00]). Hierzu wurden Cäsium-Atome mit einem Laser in einem optischen Resonator eingefangen. Die Licht-Transmission eines Probe-Lasers durch den Resonator hängt sehr stark von der Anwesenheit eingefangener Cäsium-Atome sowie ihrer momentanen Position ab. Durch zeitabhängige Messung dieser Transmission kann im nachhinein die Position der Atome als Funktion der Zeit mit etwa 2 μm Auflösung bestimmt werden.

Während diese Verfahren sehr interessante Grundlagenforschung ermöglichen, stehen sie einer breiteren Anwendung doch recht fern. Im folgenden werden zwei mikroskopische Methoden beschrieben, die potentiell deutlich anwendungsorientierter sind.

Röntgen-Mikroskopie

Um einerseits die Auflösung eines Mikroskops trotz Beugungsbegrenzung zu verbessern und andererseits auch lebende Objekte abbilden zu können, bietet es sich an, bei Photonen zu bleiben, aber solche mit kleiner Wellenlänge - also weiche Röntgenstrahlen mit Wellenlängen von einigen Nanometern - zu benutzen. Diese Anwendungsmöglichkeit der Röntgenstrahlen wurde schon kurz nach ihrer Entdeckung 1895 erkannt [BUR96].

Besonders erfolgversprechend ist der Wellenlängenbereich zwischen der Sauerstoff-Absorptionskante (λ=2.4 nm) und der Kohlenstoff-Absorptionskante (λ=4.4 nm), da dort der lineare Absorptionskoeffizient des Wassers sehr niedrig ist ('Wasserfenster'), während z.B. Proteine stark absorbieren. Zudem ist hier der Brechungsindex der meisten Stoffe nahe 1, so daß auch für relativ dicke Proben klare Bilder entstehen, da

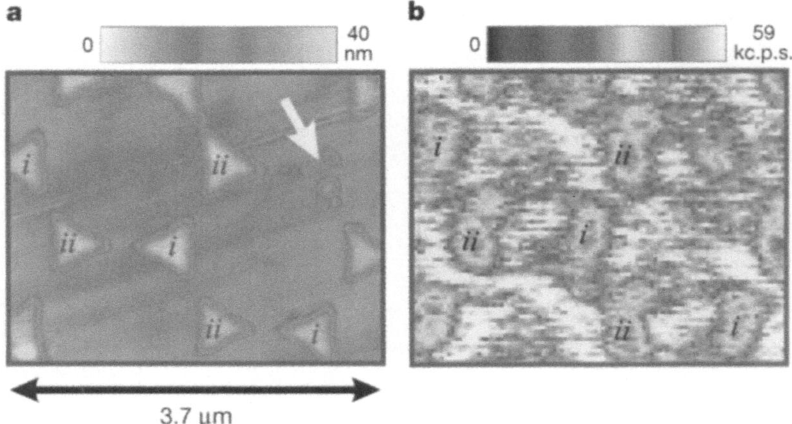

Fig. 4.27 Topographische (a) und optische (b) Bilder einer mit Terrylen-Molekülen belegten Probe. Das optische Bild wurde im Licht eines einzelnen Terrylen-Moleküls aufgenommen. Nachgedruckt mit Genehmigung aus [MIC00]. Copyright 2000 Nature.

der Grad diffuser Streuung sehr gering ist.

Ein Brechungsindex nahe 1 bedeutet jedoch auch, daß konventionelle Linsenoptik im Röntgenbereich nicht funktioniert. Spiegelnde Reflektion bei streifendem Einfall[6] ist aufgrund mangelnder Genauigkeit nur beschränkt einsetzbar [WOL52], so daß eigentlich nur noch beugende Elemente ('Zonenplatten') in Frage kommen [BAE52, SCH69b].

Eine Zonenplatte ist ein symmetrisches Transmissions-Beugungsgitter, dessen Gitterkonstante radial nach außen abnimmt. Sie entsteht durch eine Überlagerung einer Kugel- mit einer ebenen Welle, ist also prinzipiell das Hologramm einer Punktquelle. Abbildung 3.4 zeigt eine konventionelle Zonenplatte oder Mikro-Fresnell-Linse, die für optische Anwendungen geeignet ist. Die Zonenplatte besteht aus konzentrischen Ringen mit abnehmender Breite und Radius (für die erste Beugungsordnung)

$$R = \sqrt{r_0 \lambda} \quad , \tag{4.10}$$

wo r_0 die Fokuslänge der Platte und λ die eingestrahlte Wellenlänge sind. Der Fokusdurchmesser oder die Auflösung der Zonenplatte ist durch die Beugung an der äußersten Zone als $\delta = 1.22 \cdot \Delta R_n$ gegeben, wo die Breite

$$\Delta R_n = \frac{R_n}{2n} \tag{4.11}$$

ist. Minimale Breiten von 50 nm lassen sich durch holographische Techniken und mittels

---

[6]In der Röntgen-Astronomie findet das 'Wolters-Teleskop' auf der Grundlage solcher Optiken Anwendung.

reaktiven Ionenätzens erzielen (vgl. Abb. 4.29), Zonenbreiten bis 20 nm mittels Elektronen-strahllithographie.

Zur Zeit liegt die Auflösung der Röntgenmikroskopie in biologischen Objekten gut zehn-fach höher als diejenige von Lichtmikroskopen. Mit der Einführung von Zonenplatten mit höherer Transmission (augenblicklich $T=0.1$ für Amplituden-Zonenplatten) und neuen Varianten wie Phasenkontrastmikroskopie ($T=0.2$ für Phasen-Zonenplatten) sowie mit der Bereitstellung neuer intensiver Quellen von weichen Röntgenstrahlen an Stelle der aufwendigen Synchrotronstrahlung aus Elektronenspeicherringen (z.B. Laserplasmen) sollten sowohl Auflösung als auch Einsatzmöglichkeiten in näherer Zukunft deutlich verbessert werden können [SCH99].

Helium-Mikroskopie

Monochromatische, niederenergetische Atomstrahlen an Stelle von Photonen oder Elektronen in der abbildenden Mikroskopie sollten prinzipiell zu verbessertem Kontrast und höherer räumlicher Auflösung führen. Zudem werden die untersuchten Objekte von der Strahlung nicht geschädigt.

Wie in Kapitel 4.4 ausgeführt wird, sind Helium-Düsenstrahlen aufgrund ihrer hohen Monochromatizität besonders geeignet, um Struktur und Dynamik von Festkörper-Oberflächen mit minimaler Beeinflussung der Oberfläche zu untersuchen. Üblicherweise beugt man die Helium-Strahlen an der Oberfläche. Aus einer Analyse des Beugungsbildes erhält man dann Information über die Struktur (Gitterkonstante, Defekte etc.) der Oberfläche; der inelastische Anteil der Streuung wird durch die dynamischen Eigenschaften des beugenden Festkörpers bestimmt (Phononen-An- oder Abregung). Bei nanostrukturierten Oberflächen ist die Interpretation des Beugungsbildes wegen der oft geringen langreichweitigen Ordnung in der Regel schwierig, und die erzielten Daten sind uneindeutig. Eine 'direkte' Abbildung ist daher vorzuziehen.

Grundsätzlich bildet ein gestreuter Atomstrahl die Oberfläche auch ab, allerdings ohne Vergrößerung. Um diese zu erzielen, sind Optiken notwendig, die transparent für Materiestrahlen sind und die die Atomstrahlen z.B. fokussieren[7]. Eine Möglichkeit besteht in der Verwendung gekrümmter einkristalliner Oberflächen, mit deren Hilfe Fokusdurchmesser von 210 μm erreicht wurden [DOA92, HOL97, WAT99]. Geeignete Einkristalle sind z.B. Si(111)-Kristalle mit 50 μm Dicke. Die Kristalle werden mit 0.25 mm dicken Isolator-Abstandshaltern als zweite Elektrode eines metallenen Platten-Kondensators angebracht. Legt man nun ein elektrisches Feld von 10^7 Vm^{-1} zwischen den Platten an, so baut sich ein elektrostatischer Druck

$$P_{es} = \frac{\epsilon_0 E^2}{2} \qquad (4.12)$$

---

[7]Konventionelle Fokussierung mittels elektromagnetischer Felder entfällt für ^4He-Atome, deren 'Sanftheit' bzgl. der untersuchten Strukturen ja gerade von ihrer geringen Polarisierbarkeit und dem Fehlen eines Spins herrührt.

von gut 440 Nm^{-2} auf (gut 4 mbar), der zu einer elastischen Verformung des Silizium-Kristalls führt [WIL99]. Durch Benutzung eines asymmetrisch gebogenen, elliptischen Silizium-Spiegels sollte es möglich sein, Abbildungsfehler im Fokus zu korrigieren und somit Fokusdurchmesser unterhalb eines Mikrometers zu erreichen [MAC00].

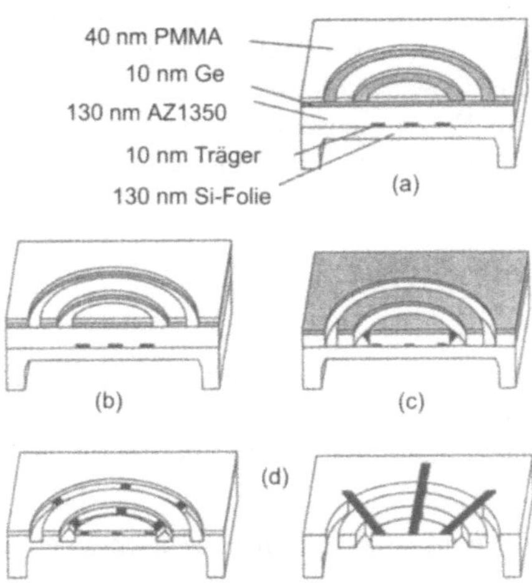

Fig. 4.28 Herstellung der Zonenplatten für HAS-Mikroskopie. (a) Belichtung und Entwicklung; (b) - (d) reaktives Ionenätzen mit $CBrF_3$ (b, d) und O_2 (c). Nachgedruckt mit Genehmigung aus [REH00]. Copyright 1999 Elsevier Science B.V.

Eine andere und wohl weit flexiblere Möglichkeit ist, analog zur Röntgen-Mikroskopie Zonenplatten zu benutzen. Im Falle von Materiestrahlen müssen diese Strahlen natürlich freitragend sein, d.h. zwischen den Ringen existiert kein Material, und die Ringe werden durch Querstreben gestützt. Solche Zonenplatten lassen sich mit der notwendigen Strukturgröße durch reaktives Ionenätzen herstellen (Abb. 4.28). Hierzu wird in einem ersten Schritt eine Ätzmaske in Form einer 130 nm dicken Silizium-Folie mit dem Muster der Querstreben-Struktur als 10 nm dicke Chrom-Stangen hergestellt. Diese Folie wird im nächsten Schritt mit 130 nm eines Farbstoffs, 10 nm Germanium und 40 nm PMMA bedampft und mit dem Zonenplatten-Muster belichtet. Nach der Entwicklung werden die Zonenplatten-Strukturen mittels reaktiven Ionenätzens in einem $CBrF_3$-Plasma in die 10 nm Germanium-Schicht übertragen und durch einen weiteren Ätzprozeß in Sauerstoff in die Farbstoff-Lage. Diese Farbstoff-Maske dient dann in einem letzten Ätzschritt in $CBrF_3$ zur Strukturierung der Silizium-Folie mit dem Zonenplattenmuster. Die Stützstreben aus Chrom werden von diesem Ätzprozeß nicht beeinträchtigt.

Abbildung 4.29 zeigt die mit einem Elektronenmikroskop aufgenommenen zentralen und äußeren Bereiche einer solchen Zonenplatte von 0.5 mm Durchmesser. Der Breite des äußersten Rings von 50 nm entspricht eine mögliche Auflösung von etwa 60 nm.

Als erster Schritt für ein 'Helium-Mikroskop' ist demonstriert worden, daß mit der in Abb. 4.29 gezeigten Zonenplatte ein Helium-Strahl, der ohne Fokussierung einen Durchmesser von 400 μm hätte, auf 2 μm fokussiert werden kann (Abb. 4.30). Der Heliumstrahl

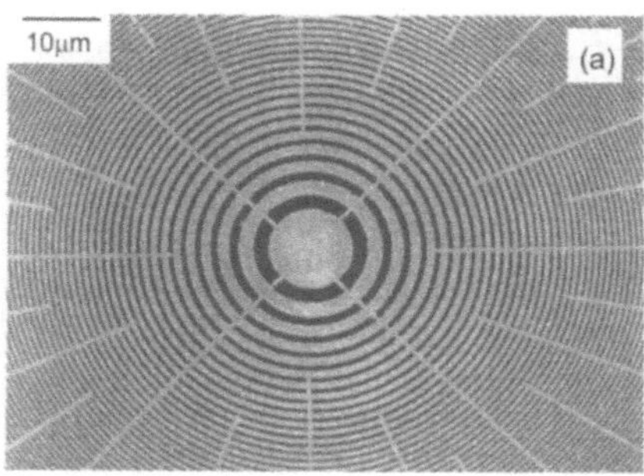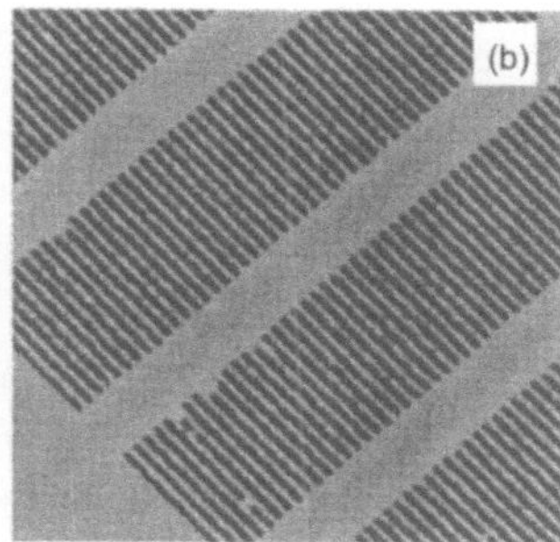

Fig. 4.29 Rasterelektronenmikroskop-Aufnahme freistehender Zonenplatten für Helium-Mikroskopie. (a) Zentralregion, (b) äußerer Bereich; die äußersten Schlitze haben Breiten von 50 nm. Nachgedruckt mit Genehmigung aus [REH00]. Copyright 1999 Elsevier Science B.V.

wird in der selben Weise erzeugt wie in Kapitel 4.4 diskutiert, allerdings mit speziellen Glas-Skimmern von einigen Mikrometern Öffnungs-Durchmesser. Durch diese extrem kleinen Skimmer wird eine nahezu punktförmige Atom-Quelle erzeugt.

Gegenüber früheren Fokussierungs-Versuchen mit metastabilen Atomen [CAR91] bedeutet die hier erzielte Fokussierung eine Verkleinerung des Spot-Durchmessers um einen Faktor zehn und - wesentlicher noch - eine Vergrößerung der Brillianz um einen Faktor 10^ε. Während also die direkte räumliche Auflösung dieses Mikroskopstrahls 'nur' von der Größenordnung eines beugungsbegrenzten Lichtfokus ist, impliziert die hohe Intensität, daß mit weiterer Atom-Optik oder unter Ausnutzung selektiver Streuprozesse in näherer Zukunft ein hochauflösendes Helium-Mikroskop geschaffen werden könnte. Ob dies eine Konkurrenz zu potentieller Optik mit Atomlasern auf der Grundlage von gekühlten Atomen ist, bleibt abzuwarten. In jedem Fall stellen die Helium-Atome sicherlich die Teilchen für die 'sanfteste' Form der Mikroskopie dar.

Eine für die Nanotechnologie unmittelbar wichtige Anwendung der Beugung von Helium-Atomstrahlen ist die Charakterisierung von Transmissions-Gittern mit Gitterkonstanten im 100 nm-Bereich. Das Beugungsspektrum eines niederenergetischen Helium-Atomstrahls an einem solchen Gitter läßt sich quantitativ nur reproduzieren wenn die mittlere Schlitz-Breite, das wahre Profil der Gitterstäbe (z.B. trapezförmig), sowie zufällige und periodische Unordnung des Gitters berücksichtigt werden[8] [GRI00]. All diese Faktoren lassen sich also im Umkehrschluß auch aus einer Transmissions-Messung im Vergleich mit der Simulation ermitteln.

Abschließend sei angemerkt, daß nicht nur thermische Atomstrahlen für neue Mikroskopien von Interesse sind, sondern auch kohärente Atomstrahlen wie sie z.B. mit einem Bose-

---

[8]Bei schweren Teilchen wie z.B. Xenon spielen auch das langreichweitige C_3/z^3-Wechselwirkungs-Potential zwischen Teilchen und Gitterstäben sowie die Oberflächen-Rauhigkeit der Stäbe eine wichtige Rolle [GRI99]. Kennt man alle diese Faktoren, so läßt sich z.B. aus der Abnahme der effektiven Schlitzbreite auf die Größe der durch das Gitter transmittierten Teilchen schließen. Dies hat kürzlich zur Bestimmung von Bindungslänge r und Bindungsenergie E_b des Helium-Dimers geführt ($r= 52 \pm 4$ Å; $E_b = 11$ mK) [GRI00b].

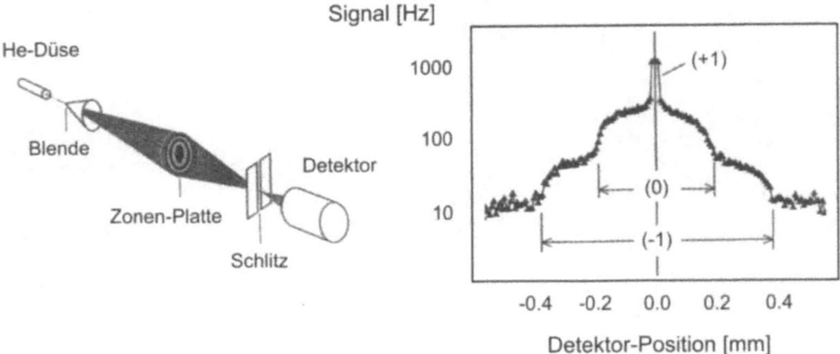

Fig. 4.30 Schematischer Aufbau (links) und typische Intensitätsverteilung (rechts) eines an einer Mikro-Zonenplatte gebeugten Helium-Strahls. Die Zahlen (+1), (0) und (-1) stehen für fokussierten, ungebeugten und defokussierten Intensitätsverlauf. Nachgedruckt mit Genehmigung aus [DOA99]. Copyright 1999 American Physical Society.

Einstein-Kondensat erzeugt werden können [BLO01]. Prinzipiell könnten sich damit ähnlich viele neuen Möglichkeiten erschließen wie sie aus der Komplementierung thermischer Lichtquellen mit Laserlichtquellen resultierten. Inwieweit kohärente Atomstrahlen allerdings tatsächlich anwendbar sind, wird sich erst noch herausstellen müssen.

4.3   Lineare und nichtlineare Spektroskopie

Optische Spektroskopie besitzt einen hohen Stellenwert in Nanophysik und Nanotechnologie, da sie einen meist zerstörungsfreien Zugang zu den veränderten elektronischen und optischen Eigenschaften nanoskalierter Aggregate ermöglicht. Eine ausführliche und moderne Darstellung spektroskopischer Methoden unter Einbezug kohärenten Laserlichts findet sich in [DEM98]. Alle diese Methoden lassen sich ohne wesentliche Veränderungen auf nanoskalierter Systeme übertragen. Von besonderem Interesse für die Erforschung *isolierter* Nanoteilchen ist die Einzelmolekül-Spektroskopie, die als Basis meist laser-induzierte Fluoreszenz ausnutzt. Neben den Eigenschaften der Teilchen selber können diese auch als empfindliche Sensoren für Veränderungen in ihrer Umgebung genutzt werden. Befinden sie sich in wässriger Umgebung, so läßt sich z.B. der ph-Wert der Lösung mit hoher räumlicher Auflösung bestimmen [BRA00].

Im folgenden Abschnitt werden als Ergänzung zu den klassischen spektroskopischen Meßgrößen die Möglichkeiten struktureller Charakterisierung mittels optischer Methoden beschrieben.

Lineare Spektroskopie

Mit klassischer linearer Spektroskopie lassen sich wichtige strukturelle und morphologische Informationen für mikroskalierte Objekte herausfinden. Dabei nutzt man wesentlich die Polarisation des Lichts und Interferenzphänomene aus.

Das erste Beispiel (Abb.4.31) zeigt, wie sich die Dicke mikrometerdicker, transparenter Schichten durch Vielstrahlinterferenz bestimmen läßt.

Die Transmission $T(\lambda, \theta)$ von Licht durch eine homogene Schicht m der Dicke L mit dem Brechungsindex n_m, die sich zwischen zwei homogenen Medien '1' und '2' befindet, ist gegeben durch [SIP87]

$$T\left(\lambda, \theta\right) = \left| \frac{t_{1m}^{p,s} t_{m2}^{p,s} \exp\left(i\, w_m L\right)}{1 - r_{m1}^{p,s} r_{m2}^{p,s} \exp\left(2i\, w_m L\right)} \right|^2 \quad . \tag{4.13}$$

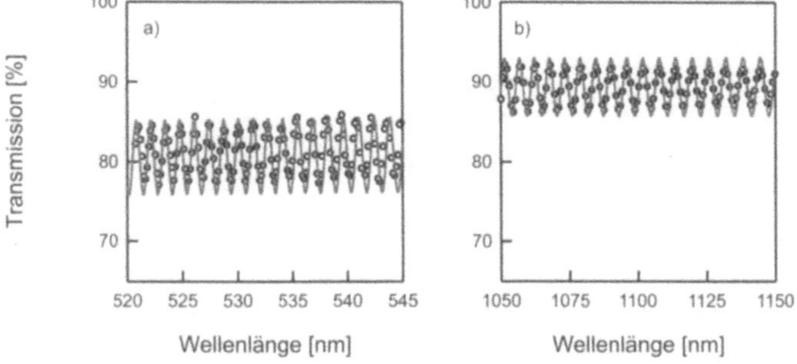

Fig. 4.31 Photospektrometrische Dickenbestimmung: Gemessene Transmission (offene Kreise) und Rechnung (durchgezogene Linie) eines Glimmerplättchens als Funktion der Wellenlänge für a) 525 - 545 nm, und b) 1050 - 1150 nm [BAL98c].

Die Fresnelkoeffizienten der beiden Polarisationen p und s für die Reflexion $r_{ij}^{p,s}$ und Transmission $t_{ij}^{p,s}$ an der Grenzfläche zwischen den Medien 'i' und 'j' und die Funktion w_m findet man z.B. in [MIZ88]. Gleichung (4.13) beschreibt die Transmission inklusive aller Vielstrahlinterferenzen durch den zweiten Summanden im Nenner.

Abbildung 4.31 zeigt solch eine Dickenbestimmung unter senkrechtem Lichteinfall $\theta = 0°$ an einem Beispiel für zwei Wellenlängenbereiche: a) 525 - 545 nm und b) 1050 - 1150 nm. Die Punkte sind Meßwerte, die durchgezogenen Linien Transmissionsspektren nach Gleichung 4.13 unter der Annahme einer Plättchen-Dicke von L=65.2 μm. Im folgenden Beispiel wird gezeigt, daß sich mittels linearer Spektroskopie auch morphologische Informationen über Objekte erzielen lassen, die deutlich kleiner als die Wellenlänge des verwendeten Lichts sind. Dazu wird ausgenutzt, daß die Lichtstreuung an Objekten, die kleiner als die Wellenlänge des streuenden Lichts sind, stark nichtlinear von der Größe der Teilchen abhängt ('Mie-Theorie', siehe Kapitel 6.1.4). Für den totalen Streuquerschnitt, also die Wahrscheinlichkeit für die totale Abschwächung (oder 'Extinktion') des Lichts der Wellenlänge σ durch die dielektrische Kugel mit Radius a und Dielektrizitätsfunktion ϵ gilt [JAC99]

$$\sigma = \frac{8\pi}{3}k^4 a^6 \left| \frac{\epsilon - 1}{\epsilon + 2} \right|^2 \tag{4.14}$$

mit dem Wellenvektor $k = 2\pi/\lambda$.

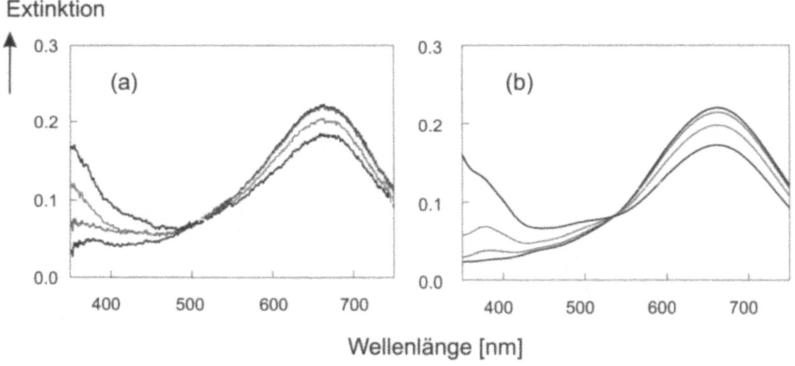

Fig. 4.32 (a) Experimentell beobachtete Änderung der optischen Spektren von stark abgeplatteten Natrium-Ellipsoiden ($< a > \approx 80$ nm, R=c/a =0.27) auf Oberflächen als Funktion des Polarwinkels Θ ($T_S = 150$ K). Die unterste Kurve ist für $\theta = 0°$, die oberste für $\theta = 60°$. (b) Theorie.

Für eine metallene Kugel mit Radius a, die sich im Vakuum befindet und eine komplexe Dielektrizitätsfunktion $\epsilon = \epsilon_1 + i\epsilon_2$ besitzt, findet man im 'quasistatischen Grenzfall' ($a <<$ λ) für den totalen Streuquerschnitt:

$$\sigma \propto \frac{a^3}{\lambda} \frac{\epsilon_2}{(\epsilon_1 + 2) + \epsilon_2} \quad . \tag{4.15}$$

Für schwach absorbierende Materialien ($\epsilon_2 << 1$) hat der Querschnitt eine Resonanz bei $\epsilon_1 = -2$.

In beiden Fällen hängt demnach die Reflektivität der Kugeln sehr stark von ihrer Größe a sowie von der Wellenlänge der eingestrahlten Wellenlänge λ ab. Mißt man die Extinktion als

Funktion z.B. der Wellenlänge für Teilchen fester Größe, so findet man eine Dipol-Resonanz bei einer für die gegebene Größe spezifischen Wellenlänge. Dies wird in Abb. 4.32 an Hand von auf einem Dielektrikum adsorbierten Alkali-Clustern demonstriert. In die theoretischen Spektren (Abb. 4.32a), die die Meßkurven sehr gut wiedergeben, gehen neben den (bekannten) Dielektrizitätsfunktionen die Größen-Verteilungen der Cluster ein, die somit auf optischem Wege bestimmt werden können. Bei den Clustern auf der Oberfläche handelt es sich nicht mehr um Kugeln, sondern um Ellipsoide, die neben einer zur Oberfläche parallelen Halbachse a nun auch eine zur Oberfläche senkrechte Halbachse c besitzen. Sie können über das Halbachsenverhältnis $R = c/a$ charakterisiert werden.

Die Genauigkeit dieser optischen Bestimmung läßt sich durch Vergleich mit Kraftmikroskopie-Aufnahmen ermitteln. In Abbildung 4.33 ist dieser direkte Vergleich für oxidierte Alkali-Cluster auf einer Glimmer-Oberfläche durchgeführt worden [BAL98]. Mit Hilfe der Kraftmikroskopie erhält man Größen-Verteilungen (Abb. 6.18), aus denen wiederum ein theoretisches Extinktions-Spektrum errechnet werden kann (graue Kurve in Bild 4.33). Diese Kurve stimmt bis auf eine geringe Abweichung in der absoluten Zahl der Cluster auf der Oberfläche quantitativ mit der direkt optisch bestimmten Kurve überein.

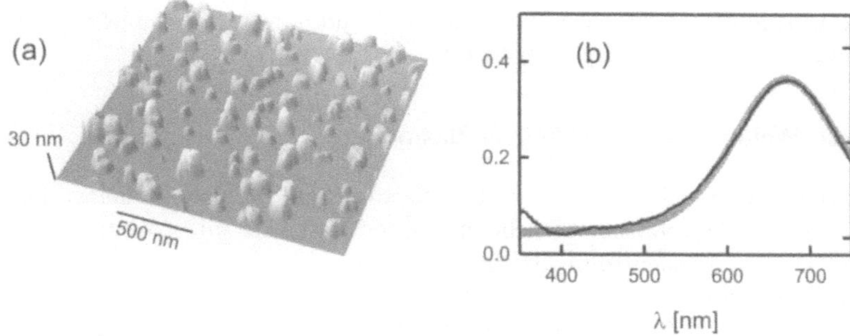

Fig. 4.33 Zur Verläßlichkeit der optischen Analyse: (a) AFM-Aufnahme einer Alkali-Cluster-Verteilung auf einer Glimmer-Oberfläche. (b) Aus (a) berechnetes (graue Kurve) im Vergleich mit dem gemessenen optischen Spektrum (schwarze Kurve).

Umgekehrt können aus einem Fit der optischen Spektren bestmögliche, kontinuierliche Verteilungsfunktionen gewonnen werden, die wiederum mit den direkt mittels Kraftmikroskopie bestimmten Verteilungen verglichen werden können. In Abb. 6.18 sieht man, daß auch dieser Vergleich gute Übereinstimmung zeigt.

Der vektorielle Charakter des Lichts ermöglicht es, detaillierte Information über die Elliptizität der nanoskalierten Teilchen zu erhalten. Die Idee ist in Abb. 4.34 illustriert. Benutzt man p-polarisiertes Licht mit elektrischem Feldvektor, der in der Einfallsebene schwingt, und ändert man den Einfallswinkel θ, so können für $\theta = 0°$ die Cluster nur längs ihrer zur Oberfläche parallelen Halbachse a angeregt werden. Man erwartet in diesem Fall eine einzelne Resonanz in der Wellenlängen-Abhängigkeit, entsprechend der mittleren Clustergröße. Für wachsendes θ hat der elektrische Feldvektor jedoch auch eine Komponente längs der zur Oberfläche senkrechten Halbachse c des Clusters. Ist der Cluster ein Ellipsoid, so ist

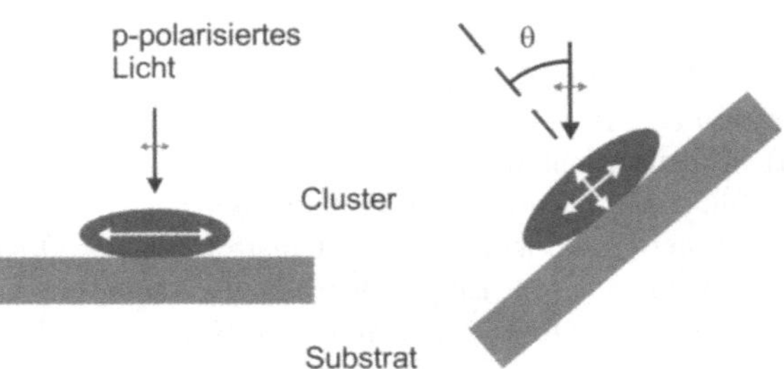

Fig. 4.34 Schema der p-polarisierten Anregung von optisch aktiven Ellipsoiden auf Oberflächen. Für verschiedene Polarwinkel Θ werden die Hauptachsen der Ellipsoide unterschiedlich stark angeregt, für $\Theta = 0°$ nur die große Halbachse.

diese Halbachse kleiner (für oblate Cluster) oder größer (für prolate Cluster) als diejenige längs der Oberfläche, so daß eine zweite Resonanz auftreten sollte. Diese Resonanz sollte mit zunehmendem Einfallswinkel auch in der Bedeutung zunehmen. In Bild 4.32 ist gezeigt, daß diese einfache Überlegung mit der Realität übereinstimmt. Es handelt sich also um Ellipsoide wie in Bild 4.34 skizziert und in Abb. 3.15 und 6.29 mittels molekulardynamischer Rechnungen und Kraftmikroskopie verifiziert.

Evaneszente Wellen und Oberflächen-Plasmonen

Eine interessante Möglichkeit, den optischen Nachweis auf die nanoskalierten Oberflächen-Aggregate bzw. die Oberflächen-Schicht zu konzentrieren, ist die Ausnutzung resonanter Anregungen im Oberflächen-Film. Solche resonanten Anregungen führen zu longitudinalen Schwingungen des Elektronengases der Dichte N_e gegenüber dem positiv geladenen Kristallgitter mit der Volumen-Plasmonenfrequenz $\omega_p^2 = N_e e^2/(m_e \epsilon_0)$. Die rücktreibende Kraft für die Plasmonen-Schwingung ist nach anfänglicher Erregung durch ein äußeres Feld das durch die Auslenkung selbst erzeugte elektrische Feld. Die Quanten dieser Schwingung ('Plasmonen') besitzen Energien $h\nu$ von der Größenordnung einiger Elektronenvolt.

An der Grenzfläche zwischen einem Metall mit der komplexen Dielektrizitätsfunktion $\epsilon_1 = \epsilon_1' + i \cdot \epsilon_1''$ und einem Gas oder dem Vakuum mit der Konstante ϵ_2 ermöglichen die elektromagnetischen Stetigkeitsbedingungen für p-polarisiertes Licht eine neue Klasse von Lösungen der Maxwell'schen Gleichungen, die 'Oberflächen-Plasmon-Polaritonen' [RAE88]. Längs der Oberfläche breiten sie sich mit einem Wellenvektor $k_x = 2\pi/\lambda_x$ aus, dessen Frequenzabhängigkeit durch die Dipersions-Beziehung

$$k_x = \frac{\omega}{c} \sqrt{\frac{\epsilon_1 \epsilon_2}{\epsilon_1 + \epsilon_2}} \tag{4.16}$$

gegeben ist. Entlang einer glatten Oberfläche klingen die Oberflächen-Plasmonen durch Dämpfung im absorbierenden Metall (imaginärer Teil der Dielektrizitätsfunktion) mit einer Abklinglänge von einigen Mikrometern ab. Die ursprüngliche Energie der Plasmonen geht dabei in Joulesche Wärme des Metalls über. Im Falle einer rauhen Oberfläche können die Plasmonen auch über Lichtabstrahlung zerfallen, wodurch die Abklinglänge wesentlich reduziert werden kann. In Abb. 4.35 sind Fluoreszenz-Bilder solcher strahlend zerfallenden Oberflächen-Plasmonen gezeigt.

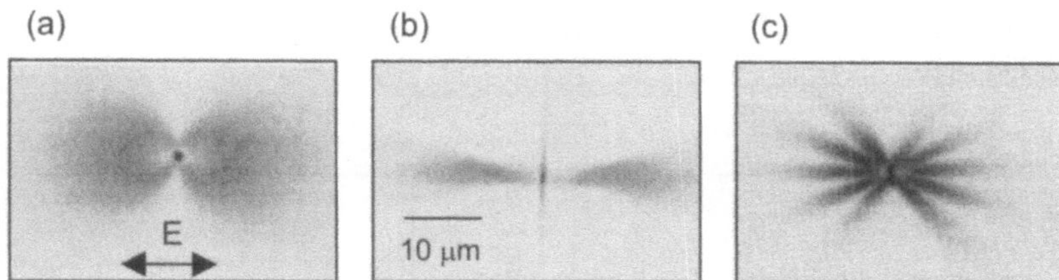

Fig. 4.35 Abbildung strahlender Oberflächenplasmonen, angeregt an einem Silber-Nanoteilchen mit Durchmesser 200 nm und Höhe 60 nm(a), einem Silberdraht (b) und zwei Silber-Nanoteilchen im Abstand von 1.5 μm(c). Die Richtung des anregenden elektrischen Feldvektors ist ebenfalls eingezeichnet.[DIT02]

Um diese Bilder zu erhalten, wurde ein 70 nm dicker Silberfilm auf einem Glas-Substrat adsorbiert und mit einer 10 nm dicken Siliziumoxid-Schicht als Abstandshalter für eine hundertstel Monolage Laserfarbstoff überzogen. Der Laserfarbstoff enthält die Probe-Moleküle für das Plasmonenlicht. Die Plasmonenanregung im Silberfilm erfolgt über lithographisch hergestellte Defekte (Silber-Nanoteilchen verschiedener Form), die im Fokus eines Mikroskop-Objektivs lokal mit Laserlicht bestrahlt werden. Die zerfallenden Plasmonen regen die Farbstoff-Moleküle an, die wiederum gegenüber der Anregungswellenlänge frequenzverschobenes Licht ausstrahlen. Die Rotverschiebung ermöglicht einen optischen Nachweis ohne Störung durch gestreutes Anregungslicht.

Man erkennt in Abb. 4.35a die $cos^2\Theta$-Verteilung der Plasmonen-Abstrahlungscharakteristik um einen Punktdefekt [BOU01]. Ein Liniendefekt (ein Silberdraht der Breite 200 nm, Höhe 60 nm und Länge 20 μm) erzeugt eine Intensitätsverteilung entsprechend dem anregenden Fokusdurchmesser (Abb. 4.35b), und zwei eng benachbarte Punktdefekte führen zu einem Interferenzmuster (Abb. 4.35c).

In jedem Fall ist die Plasmonenschwingung in der Nähe des Anregungsortes und an der Metalloberfläche lokalisiert. Senkrecht zur Oberfläche (in z-Richtung) nimmt die Feldamplitude der Plasmonenanregung exponentiell ab mit der charakteristischen Länge (1/e - Tiefe)

$$z_i = \frac{\lambda}{2\pi} \sqrt{\frac{\epsilon_1' + \epsilon_2}{\epsilon_i' \epsilon_i'}} \quad , \quad i = 1, 2 \quad . \tag{4.17}$$

Für Silber bei einer Wellenlänge von 600nm beträgt die Abklingtiefe im Metall (Index '1') 24 nm, diejenige im angrenzenden Vakuum (Index '2') 390 nm.

Die Impulserhaltung verbietet, daß Oberflächen-Plasmonen auf einer ideal glatten Oberfläche in Photonen zerfallen oder mit Licht angeregt werden. Bestrahlt man die Oberfläche mit Elektronen, so ist aufgrund des durch Änderung des Streuwinkels innerhalb des Festkörpers kontinuierlich veränderlichen Impulsübertrags Impulserhaltung und damit eine Anregung möglich. Um Licht an Oberflächen-Plasmonen zu koppeln, ist bei gegebener Photonenenergie eine Erhöhung des Wellenvektors um Δk_x notwendig. Dies kann durch eine Gitterstruktur auf der Oberfläche oder allgemeiner durch Oberflächen-Rauhigkeit erreicht werden, die dem ursprünglichen Wellenvektor des Lichts einen zusätzlichen reziproken Gittervektor aufaddiert.

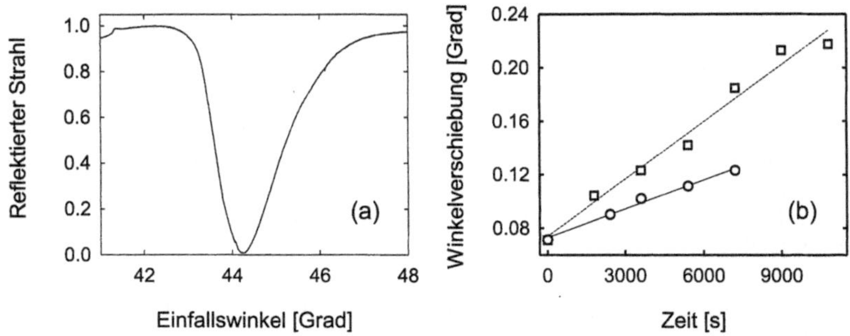

Fig. 4.36 a) ATR-Minimum, gemessen an der Grenzfläche Gold/Vakuum mit p-polarisiertem HeNe-Laserlicht. Der Goldfilm (25 nm Dicke) wurde auf einem Quarz-Prisma aufgedampft. Der Einfallswinkel ist der Winkel, den das Licht innerhalb des Prismas bzgl. der Senkrechten auf der Hypothenusen besitzt. b) Gemessene Verschiebung des ATR-Minimums für einen Wasserfilm (Quadrate) und einen Stickoxid-Film (Kreise) wachsender Dicke. [JOZ01]

Dampft man den Metallfilm, in dem die Plasmonen angeregt werden sollen, auf einem Prisma auf, so läßt sich durch Totalreflektion im Prisma eine evaneszente Welle auf der Prismen-Oberfläche erzeugen, die unter einem von der Dielektrizitätsfunktion des Films bestimmten Einfallswinkel an die Plasmonenwelle phasenangepaßt ist (Kretschmann/Raether-Konfiguration [KRE68]). Die evaneszente Welle an der Stelle, an der das eingestrahlte Licht von der Prismenseite her auf die Hypothenuse trifft, läuft über die Oberfläche, ohne Energie aus dem Prisma zu transportieren. Ihre Amplitude ist also senkrecht zur Prismen-Oberfläche exponentiell gedämpft. Ist ein Film auf dem Prisma aufgedampft, so kann Energie dissipiert werden, die dann der reflektierten Lichtintensität fehlt. Variiert man nun den Einfallswinkel des Lichts auf das Prisma, so erhält man ein charakteristisches Minimum in der Reflektivität ('attenuated total reflection', ATR). In Abbildung 4.36 ist ein Beispiel für die reflektierte Intensität eines HeNe-Lasers (632.8 nm) an einem dünnen Goldfilm gezeigt. Wachsen Adsorbate auf dem Goldfilm auf, so verschiebt sich die Position des ATR-Minimums. Ein dielektrischer Film von 100 nm Dicke führt zu einer Verschiebung von etwa 0.16 Grad.

Die Tiefe des Minimums, d.h. die Effizienz, mit der Energie in den Film gekoppelt werden kann, wird von der Filmdicke und von der Film-Rauhigkeit bestimmt, da diese den Dämpfungsgrad der einfallenden und reflektierten Welle und die Phasenbeziehung zwischen den an den Grenzflächen Prisma/Metall und Metall/Vakuum erzeugten Teilwellen definiert.

Für einen Silberfilm bei einer Anregungswellenlänge von 500 nm erhält man z.B. minimale Reflektivität für eine Dicke von 55 nm. Diesem ATR-Minimum entspricht eine Verstärkung des elektromagnetischen Feldes an der Metall/Vakuum Grenzschicht, die bis zu mehr als einem Faktor hundert betragen kann. Dies läßt sich für nichtlinear optische Spektroskopie oder neue, höchstempfindliche Nanokomponenten ausnutzen. So wird z.B. die Herstellung eines photonischen Transistors auf der Basis lokaler Plasmonenanregung möglich [TOM01].

Da die ATR-Methode als Alternative zur Ellipsometrie [TOM93] eine quantitativen Bestimmung der Dielektrizitätsfunktion aufgedampfter dünner Filme ermöglicht [JUN98] und sehr empfindlich auf Veränderungen dieser Filme z.B. durch Adsorbate reagiert, werden heutzutage vielfach auf Totalreflektion basierende optische Sensoren im technischen und unter anderem auch medizinischen Bereich eingesetzt. Der Vorteil beim Einsatz im medizinisch-biologischen Bereich als Biosensor [TUR87] ist, daß keine markierten Moleküle notwendig sind. Es läßt sich also durch Besetzung der Sensoroberfläche mit auf die zu untersuchende Substanz empfindlichen Biorezeptoren wie z.B. Antikörpern direkt und mit großer Genauigkeit messen, wieviel einer bestimmten Substanz aus einer flüssigen Probe sich an diese Rezeptoren bindet (vgl. Abb. 4.36b).

Auch ohne Dämpfung durch einen aufgedampften, absorbierenden Film und folgende Plasmonenanregung findet der evaneszente Charakter von Lichtwellen an der Grenzfläche zweier Medien heutzutage in einer Vielzahl von oberflächencharakteristischen und nanooptischen Methoden Anwendung. Beispiele sind Nahfeld-Optik (Kapitel 4.2.3), die Führung von Atomen über nanostrukturierter Grenzflächen oder oberflächenempfindliche Spektroskopie wie 'Selektive Reflektion' [CHE92] oder Mehrphotonen evaneszente-Volumen-Spektroskopie [BOR99, BOR01]. Siehe auch [RUB99] und speziell für eine Einführung in das Feld der evaneszenten Wellen: [FOR01].

Nichtlineare Spektroskopie

Umfangreiche Informationen über nanoskalierte Objekte lassen sich auf optischem Wege mittels nichtlinearer Spektroskopie erzielen. Aufgrund der hohen Photonendichte, die mit Laserlicht zur Verfügung steht, sind nichtlineare Effekte sehr leicht und in großer Variation zu erzielen, sobald ein Laserstrahl einen festen oder flüssigen Körper trifft (siehe z.B. [RUB96]).

Optische Frequenzverdopplung

Das elektromagnetische Wechselfeld $\vec{E}(\omega)$ einer Lichtwelle der Frequenz ω, die auf ein polarisierbares Medium trifft, induziert Elektronenschwingungen, die sich zu einer makroskopischen Polarisation $\vec{P}(\omega)$ summieren. Die Abstrahlung der angeregten Elektronen führt zur Reflektion oder Brechung des Lichts. Bewegen sich die Elektronen im Potential eines harmonischen Oszillators, so ändert sich die Frequenz der ausgesandten gegenüber der eingestrahlten Lichtwelle nicht, d.h. $\vec{P}(\omega) \propto \chi\vec{E}(\omega)$. Die materialabhängige Proportionalitätskonstante χ, die die Intensität und Phase des reflektierten Feldes regelt, wird 'Suszeptibilität' genannt.

Mit wachsender Feldstärke beginnt die Elektronenbewegung anharmonisch zu werden: in der abgestrahlten Welle tauchen dann neben der Grundfrequenz ω auch Vielfache 2ω, 3ω etc. auf. Dies ist spätestens dann der Fall wenn die äußere Feldstärke vergleichbar der inneratomaren Feldstärke wird. Das elektrostatische Feld, das auf ein Grundzustands-Elektron im Wasserstoff-Atom wirkt, hat z.B. eine Stärke von $5.14 \cdot 10^9$ V/cm. Diese Feldstärke erreicht man im 10 μm Fokus eines Lasers mit 10 ns Pulsdauer und einer Puls-Energie von 0.2 J.

Die induzierte Polarisation läßt sich dann als Taylor-Reihe im elektrischen Feld entwickeln [JAC99] :

$$\vec{P} = \epsilon_0 [\chi^{(1)} \vec{E} + \chi^{(2)} \vec{E}\vec{E} + \chi^{(3)} \vec{E}\vec{E}\vec{E} + ...] \qquad (4.18)$$

mit der Dielektrizitätskonstante des Vakuums, $\epsilon_0 = 8.86 \cdot 10^{-14}$ As/V$\cdot$cm. An Stelle der Proportionalitätskonstante χ treten jetzt als Kopplungsgrößen zwischen Licht und Materie die Suszeptibilitäts-Tensoren $\chi^{(i)}$ auf, durch die die anisotropen, nichtlinearen Eigenschaften des Mediums beschrieben werden. Typisch ist $\chi^{(2)}$ etwa zehn Größenordnungen kleiner als $\chi^{(1)}$, also $\approx 10^{-10}$cm/V und $\chi^{(3)} \approx 10^{-17}$ cm^2/V^2.

Für die Bestimmung charakteristischer elektronischer oder morphologischer Merkmale von Nanostrukturen ist die Grenzflächen-Empfindlichkeit nichtlinearer Optik entscheidend. Diese rührt daher, daß an der Grenzfläche die Inversionssymmetrie des unendlich ausgedehnten Volumens gebrochen ist. Das Fehlen einer Inversionssymmetrie wiederum ist eine wichtige Voraussetzung für das Entstehen einer nichtlinearen Polarisation *gerader* Ordnung im nichtlinearen Medium. Besitzt das Medium nämlich Inversionssymmetrie, so verschwinden aus Paritätsgründen in der Multipol-Entwicklung der elektromagnetischen Felder die geraden elektrischen Multipol-Terme (Dipol, Oktupol ...), da unter einer Paritätsoperation die Felder $\vec{E}$ ihre Vorzeichen wechseln, $\vec{P}(-\vec{E}) = -\vec{P}(\vec{E})$.

In Medien mit Inversionssymmetrie (hierzu zählen fcc und bcc-Metalle, Silizium, Gase und Flüssigkeiten oder Gläser) treten also im Volumen nichtlineare Terme *ungerader* Ordnung (ab $\chi^{(3)}$) auf. Beobachtet man eine Frequenzverdopplung, so entstammt sie in Dipolnäherung Oberflächen-Beiträgen und enthält daher auch oberflächencharakteristische Informationen. Da die Hauptursache für die nichtlineare Polarisation die Entstehung eines starken Dipolfeldes an der Oberfläche ist, wird sie in den obersten Atomlagen bis in eine Tiefe von einem bis einigen Nanometern lokalisiert sein [SIP87].

Die Gesamt-Suszeptibilität der auf der Oberfläche adsorbierten Strukturen setzt sich zusammen aus der nichtlinearen Polarisierbarkeit des einzelnen Aggregats, $\alpha^{(2)}$, und der Anzahldichte der Oberflächen-Aggregate, N_S,

$$\chi_S^{(2)} = N_S \cdot \alpha^{(2)} \quad , \qquad (4.19)$$

falls über die Orientierung der Aggregate gemittelt und deren gegenseitige Wechselwirkung vernachlässigt werden kann. Ein insbesondere für Nanostrukturen sehr wichtiger Verstärkungsfaktor dieser Suszeptibilität ist der lokale Feldstärketensor **L** an der Oberfläche,

$$\chi_S^{(2)} \rightarrow \mathbf{L}(2\omega)\chi_S^{(2)}\mathbf{L}(\omega)\mathbf{L}(\omega) \quad . \tag{4.20}$$

Im Falle einer ideal glatten Oberfläche ist L gegeben durch die linearoptischen Fresnel-Faktoren $f_i(\omega, 2\omega)$ (explizite Ausdrücke für ω und 2ω finden sich z.B. in [MIZ88]). Diese Faktoren hängen im wesentlichen vom Einfallswinkel ab und mitteln über die optischen Eigenschaften bis zur Eindringtiefe δ des Lichts. Die Eindringtiefe beträgt $\delta = \lambda/2\pi Im(n)$, wo $\Im(n)$ den Imaginärteil des Brechungsindex beschreibt, der die Absorption bestimmt. Für eine rauhe Oberfläche kann die elektromagnetische Feldverstärkung sehr groß sein, insbesondere wenn morphologieabhängige kollektive Resonanzen ('Oberflächen-Plasmonen-Anregungen') auftreten.

Optische Frequenzverdopplung eröffnet die Möglichkeit, mittels des vektoriellen Charakters elektromagnetischer Strahlung elektronische Symmetrien von Oberflächen-Strukturen zu bestimmen. Da es sich beim $\chi^{(2)}$-Tensor um einen Tensor dritten Ranges handelt, können in Dipolnäherung drei- oder niedrigerzählige Oberflächensymmetrien aufgelöst werden. Die zweite Ordnung nichtlineare Komponente von Gleichung 4.18 lautet:

$$P_l(2\omega) = \sum_{m,n} \chi_{lmn}^{(2)}(-2\omega;\omega,\omega)E_m(\omega)E_n(\omega) \quad , \tag{4.21}$$

wo $\chi_{lmn}^{(2)} = |\chi_{lmn}^{(2)}|e^{i\phi_{lmn}}$ die m^{te} und n^{te} Komponente der Fundamentalen mit der l^{ten} Komponente der erzeugten nichtlinearen Polarisation verknüpft (ϕ ist die Phase). Ein mögliches Element wäre also z.B. $\chi_{\perp\perp\perp}$, d.h. alle Tensor-Komponenten stehen senkrecht zur Grenzfläche. Der $\chi^{(2)}$-Tensor hat 27 Komponenten, läßt sich aber wegen $\omega_1=\omega_2=\omega$ auf 18 Komponenten kontrahieren ('piezoelektrische Kontraktion'). Je nach Symmetrie der Oberfläche sind diese Komponenten nicht unabhängig voneinander [YAR84], so daß sich der Tensor weiter vereinfacht. Im Falle eines in der Oberflächen-Ebene symmetrischen Mediums (4mm-Symmetrie) existieren nur die drei unabhängigen Komponenten $d_{33} = 2\cdot\chi_{\perp\perp\perp}, d_{31} = 2\cdot\chi_{\perp\|\|}$ und $d_{15} = 2\cdot\chi_{\|\|\perp}$.

Um diese unabhängigen Komponenten zu bestimmen, werden SH-Messungen mit selektierten Polarisationskombinationen durchgeführt: Die Polarisations-Richtung des einfallenden Laserstrahls wird z.B. parallel ('p-polarisiert') oder senkrecht zur Einfallsebene ('s-polarisiert') oder unter einem Winkel von 45° gewählt. Auch das SH-Signal kann mittels eines Polarisators unter definierten Polarisationsrichtungen beobachtet werden.

Aus einer Messung der SH-Intensitäten für die Polarisationskombinationen sp und 45os erhält man so das Verhältnis der Beträge der Tensorkomponenten $|d_{31}|/|d_{15}|$ und kann aus der Messung der Intensität für die Kombination pp auf die d_{33}-Komponente schließen. Um aus den gemessenen Tensorkomponenten auf die mittlere Teilchenform rückschließen zu können, kann ein 'Projektionsmodell' angewandt werden [BAV91, BER93]. Voraussetzung ist, daß das Teilchen sehr viel kleiner als die Wellenlänge des beteiligten Lichts ist, also sehr viel kleiner als einige hundert Nanometer. Man erhält für ein Sphäroid mit dem Achsenverhältnis $R = a/b$ mit a der großen und b der kleinen Halbachse einen Tensor mit den

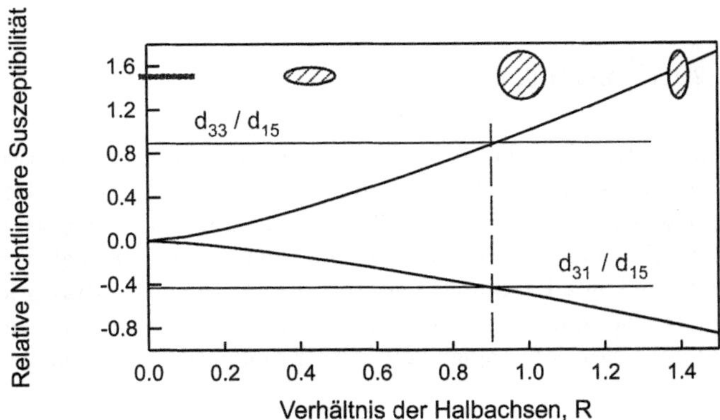

Fig. 4.37 Variation des Verhältnisses der Komponenten des nichtlinearen Suszeptibilitäts-Tensors als Funktion der Elliptizität der Nanoteilchen. Die gestrichelte senkrechte Linie verbindet gemessene Werte der relativen nichtlinearen Suszeptibilitäten.

Komponenten

$$\chi_{\perp\perp\perp} = \frac{1}{2}\chi_0\, C(R)$$

$$\chi_{\perp\|\|} = -\frac{1}{4}\chi_0\, C(R) \tag{4.22}$$

$$\chi_{\|\|\perp} = \frac{1}{2}\chi_0\, [2 - C(R)]$$

Dabei ist χ_0 die intrinsische nichtlineare Suszeptibilität pro Einheit der gekrümmten Oberfläche des Teilchens, und die Funktion $C(R)$ hängt vom Halbachsenverhältnis ab

$$C(R) = 2R^2\, \frac{R^2 - 1 - 2\ln R}{(R^2 - 1)^2} \quad . \tag{4.23}$$

In Abbildung 4.37 sind die Verhältnisse der so bestimmten Tensorkomponenten d_{33}/d_{15} und d_{31}/d_{15} als Funktion der Abplattung R aufgetragen. Für eine ebene Grenzfläche (R=0) verschwinden sowohl das Verhältnis d_{33}/d_{15} als auch d_{31}/d_{15}. Mit Zunahme von R werden die Werte dann aber rasch größer und erreichen für runde Teilchen die Werte 1 und -1/2. Die senkrechte gestrichelte Linie verbindet gemessene Werte für Natrium-Cluster auf einer Lithiumfluorid-Oberfläche bei Raumtemperatur [BAL98c]. Man erkennt, daß die Cluster in diesem Fall leicht abgeplattete Sphäroide sind.

Die Verhältnisse werden etwas komplizierter wenn sich die Nanostrukturen auf sehr dünnen Substraten (im Verhältnis zur anregenden Wellenlänge) befinden, da es an den beteiligten Grenzflächen zu Reflektionen und damit zu Interferenzeffekten kommt. Abbildung 4.38 demonstriert dies anhand einer experimentell beobachteten Änderung der SH-Intensität als Funktion des Polarwinkels für einen optisch aktiven Alkali-Film adsorbiert auf einem

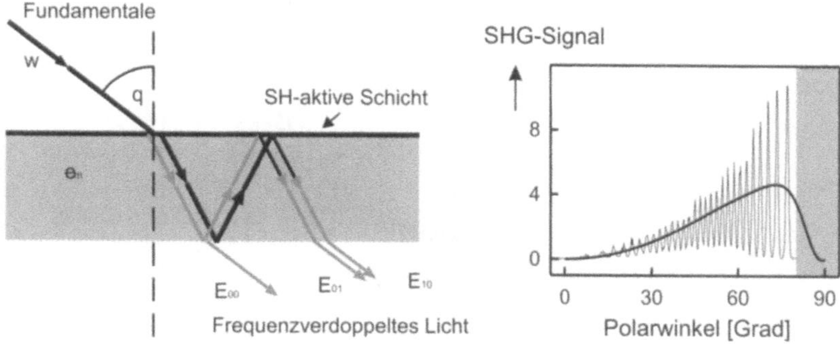

Fig. 4.38 Frequenzverdopplung an einer dünnen Oberflächen-Schicht und folgende Vielstrahlinterferenz. Rechts ist eine gemessene Polarwinkelabhängigkeit der Frequenzverdopplung in Transmission an Metall-Clustern auf einem dünnen Glimmer-Substrat gezeigt. Das einfallende Licht war s-polarisiert, das nachgewiesene frequenzverdoppelte Licht p-polarisiert.

dünnen Glimmerplättchen [BAL00]. Die durchgezogene Kurve entstammt einer Rechnung mit inkohärenter Addition von SH-Licht von der Vorder- und der Rückseite. Offenbar läßt sich die gemessene Abhängigkeit damit nur im Falle hinreichend dicker Substrate wiedergeben. Berücksichtigt man Rückseitenreflektion und addiert die entsprechenden Beiträge kohärent, so stimmen die Positionen der berechneten und gemessenen Maxima sehr gut überein (Kurve 3 in Abb. 4.39; Kurve 1 ist zum Vergleich die erwartete Winkelabhängigkeit wenn Rückseitenreflektion nicht berücksichtigt wird).

Weitere Modifikationen der SH-Intensität als Funktion des Einfallswinkels treten auf wenn sich das Signal aus räumlich getrennten Quellen zusammensetzt. Dies können z.B. verschiedene, nichtlinear optisch aktive, ultradünne Schichten sein, die wiederum zu Oszillationen als Funktion des Einfallswinkels führen.

Diese Oszillationen lassen sich durch die Dispersion des Substrats erklären, die zu einer Phasendifferenz zwischen frequenzverdoppeltem Licht von der Vorderseitenquelle (erzeugt durch die direkt auftreffende Fundamentale mit λ_ω) und SH von der Rückseitenquelle (erzeugt durch die Fundamentale, die das Substrat durchdringt) führt. Durch einen Vergleich von Messungen mit theoretischen Kurven lassen sich also Aussagen über die Morphologie von nanoskalierten Aggregaten auch in verborgenen Grenzflächen machen. Solche Informationen sind mit direkten Struktur-Untersuchungen etwa vermittels Tunnelmikroskopie nicht zugänglich.

Es sei nochmals betont, daß die durch die optische Methode ermittelten charakteristischen Strukturgrößen sehr viel kleiner als die benutzten Lichtwellenlängen sein können. Der geringe Fokusdurchmesser beugungsbegrenzten Lichts (einige μm) und die damit verbundene gute räumliche Auflösung ermöglichen auch nichtlineare Oberflächen-Mikroskopie mittels SH-Erzeugung z.B. zur Abbildung von Halbleiter Quantenpunkten [ERL00]. Von besonderem Vorteil ist hier, daß eine Verbesserung des Fokus-Durchmessers und somit eine Verbesserung der Auflösung einhergeht mit einer Erhöhung der Photonendichte und damit einer starken Signalerhöhung. Man gewinnt also an Signal mit besser werdender Auflösung. Benutzt man

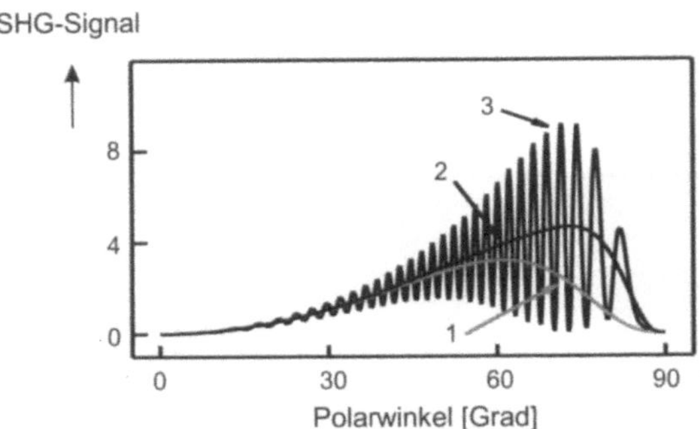

Fig. 4.39 Berechnete Polarwinkelabhängigkeit der Frequenzverdopplung unter den Bedingungen von Abb. 4.38. Die Kurven '1' und '2' entstammen inkohärenten Rechnungen ohne (1) und mit (2) Rückseitenquelle, die Kurve '3' ist die vollständige kohärente Rechnung.

zusätzlich ultrakurze Pulse, können auch Schädigungen der Probe durch thermische Effekte vermieden werden.

Vierwellen-Mischen

Die Taylor-Entwicklung der Polarisation in Gleichung 4.18 suggeriert, daß bei hinreichend hohen Feldstärken neben zweite Ordnung auch höhere Ordnung nichtlineare optische Prozesse zu beobachten sein werden. Die nächsthöhere Ordnung sind Vierwellenmisch-Prozesse mit der nichtlinearen Suszeptibilität dritter Ordnung, $\chi^{(3)}$, als Kopplungskonstante. Beispiele hierfür sind Frequenzverdreifachung und Vierwellenmischen, in seiner entarteten Form mit gleichen Frequenzen aller beteiligten Photonen DFWM ('degenerate four-wave mixing') genannt.

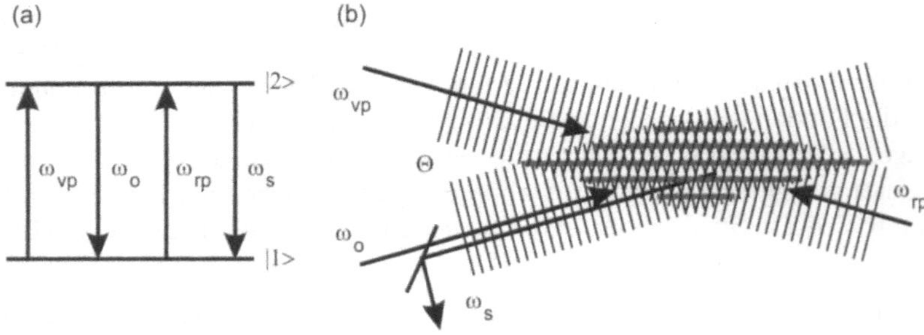

Fig. 4.40 Energie- und Impulserhaltung beim entarteten Vierwellenmischen (DFWM). a) Termschema, b) räumliche Überlagerung zweier ebener Wellen ω_{vp} und ω_o und Auslesen des entstehenden Gitters mit einer Welle ω_{rp}. Die Wellenvektoren der drei überlagerten Wellen legen die Richtung der Signalwelle ω_s fest.

DFWM [FIS83] ist eine holographische Technik: durch Überlagerung einer Objektwelle der

Frequenz ω_o mit einer Referenzwelle der Frequenz ω_{vp} wird ein Interferenzmuster erzeugt, das wegen der komplexen elektrischen Feldstärke $A\,exp(i\vec{k}\vec{r}-i\omega t)$ Amplituden- und Phasen-informationen enthält. Hier sind A die Amplitude, $\vec{k}$ der Wellenvektor, $\vec{r}$ ein Ortsvektor und t die Zeit. Um das Bild des Objekts zu rekonstruieren, wird das Interferenzmuster wiederum mit einer Referenzwelle ω_{rp} bestrahlt, so daß eine Signalwelle ω_s entsteht. In konventioneller Holographie erfolgen die Erzeugung und das Auslesen des Interferenzmusters konsekutiv. In der DFWM-Technik geschieht dies gleichzeitig. In dieser Gleichzeitigkeit liegt der große Vorteil für zeitaufgelöste Untersuchungen elektronischer Relaxationsprozesse z.B. in dünnen Filmen (siehe Kapitel 6.5).

Der Objektstrahl und der Referenzstrahl ('Vorwärts-Pump') entstammen meist dem selben Laser und werden unter einem kleinen Winkel Θ kohärent im nichtlinearen Medium überlagert (Abb. 4.40b). Die dabei im Medium gespeicherten Amplituden- und Phasen-Informationen werden durch Bragg-Streuung des dritten Strahls ('Rückwärts-Pump') ab-gefragt und erscheinen als phasenkonjugierte Signalwelle. Die Signalwelle ist zeitlich und räumlich ebenso kohärent wie die drei eingestrahlten Wellen. Sie hat also Laserstrahl-Qualitäten; ihre Richtung wird durch Impulserhaltung festgelegt. Bei einander entgegen-laufenden Vorwärts- und Rückwärts-Pumpwellen läuft sie dem Objektstrahl entgegen. Da alle vier beteiligten Photonen Übergänge zwischen zwei reellen Zuständen $|1>$ und $|2>$ induzieren (Abb. 4.40a), resultiert eine für ein dritte Ordnung nichtlineares Signal sehr hohe Intensität ('Resonanz-Überhöhung').

'Phasenkonjugiert' ist die Signalwelle, da sie die selben Wellenfronten und Phasenbeziehun-gen besitzt wie die Objektwelle. Dies läßt sich einsehen, indem man die Summe der ein-gestrahlten Wellen als Signalwelle bildet. Die elektrische Welle des Vorwärts-Pumpstrahls ist:

$$\vec{E}_{vp} \propto exp(i\vec{k}_{vp}\vec{r} - i\omega_{vp}t) \quad ; \tag{4.24}$$

diejenige des Rückwärts-Pumpstrahls

$$\vec{E}_{rp} \propto exp(i\vec{k}_{rp}\vec{r} - i\omega_{rp}t) \quad ; \tag{4.25}$$

und diejenige des Objektstrahls

$$\vec{E}_{o} \propto exp(i\vec{k}_{o}\vec{r} - i\omega_{o}t) \quad . \tag{4.26}$$

Somit folgt für das Signal

$$\begin{aligned}
\vec{E}_s \quad &\propto \quad exp(i(\vec{k}_s + \vec{k}_{vp} + \vec{k}_{rp}))\vec{r} - i(\omega_s + \omega_{vp} + \omega_{rp}))t \\
&= \quad exp(i\vec{k}_s\vec{r} + i\omega_s t,
\end{aligned} \tag{4.27}$$

da $\vec{k}_{vp} = -\vec{k}_{rp}$ und $\vec{k}_o = -\vec{k}_s$ und $\omega_{vp} + \omega_o = 0$.

Ein wesentlicher Vorteil des phasenkonjugierten Charakters des Signals ist, daß z.B. Ad-sorbate über dem nichtlinearen Medium, die phasenstörend wirken, den Informationsgehalt des Signals nicht verringern.

Bei dem erzeugten Gitter handelt es sich im Falle eines resonanten Übergangs mit Beset-zungstransfer um ein Dichtegitter. In jedem Fall bewirkt die kohärente Überlagerung der

Teilstrahlen eine Modulation des komplexen Brechungsindex des Mediums. Ohne Absorption hat man es also zumindest mit einem Polarisationsgitter zu tun. Die Signalintensität ist ein Maß für die Durchmodulation des Gitters, also die Stärke des nichtlinearen Kopplungstensors. Die Gitterkonstante Λ und damit die Anzahl der Gitterstäbe innerhalb des Überlapp-Volumens der Laserstrahlen und somit die Empfindlichkeit der Methode hängen vom Kreuzungswinkel Θ ab:

$$\Lambda = \frac{\lambda}{2sin(\Theta/2)} \quad . \tag{4.28}$$

Je kleiner also der Kreuzungswinkel gewählt werden kann, um so empfindlicher ist die Methode als optisches Nachweisverfahren.

Korrelationsspektroskopie

Als letztes Beispiel für die optische Bestimmung morphologischer Größen nanoskalierter Teilchen sei die Homodyn-Korrelationsspektroskopie genannt. Hierbei wird das Frequenzspektrum des an der Teilchen-Verteilung (z.B. in einer Flüssigkeit) gestreuten Lichts benutzt, um Informationen über die räumliche Verteilung (d.h. auch die Größenverteilung) der Teilchen zu erhalten. Dazu wird die Intensitätsverteilung des Streulichts aus der Autokorrelationsfunktion, d.h. aus dem mit einem Photoverstärker bestimmten Frequenzspektrum ermittelt. Die Intensitätsverteilung hängt nichtlinear mit der Größenverteilung der Streuer zusammen (vgl. Gleichung 4.14), so daß diese Größenverteilung recht genau festgelegt werden kann. In Abb. 4.41 wird eine derart bestimmte Verteilung mit einer mittels Elektronenmikroskopie direkt vermessenen Verteilung verglichen.

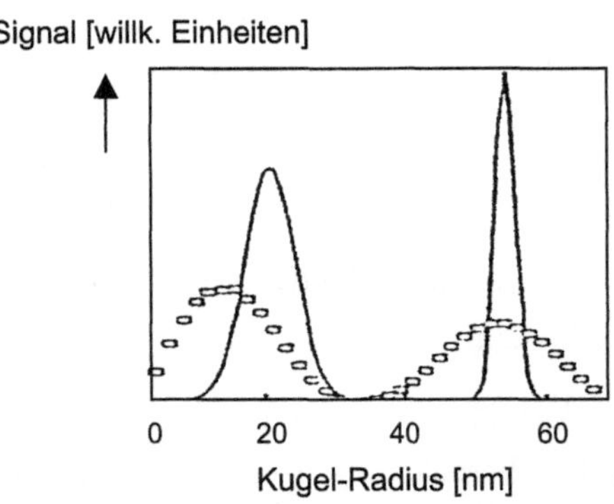

Fig. 4.41 Größenverteilungen nanoskalierter Latex-Kugeln, bestimmt mittels Elektronenmikroskopie (durchgezogene Kurve) und mittels optischer Korrelations-Spektroskopie (Quadrate) [STE83].

4.4 Beugungsmethoden

Beugung von Röntgen- oder Neutronen-Strahlen an Festkörpern liefert Informationen über die Volumen-Gitterstruktur. In analoger Weise lassen sich Informationen über die Gitterstruktur von reinen Oberflächen oder von nanoskalierten Strukturen auf Oberflächen durch Beugung von nicht-eindringenden Strahlen erzielen. Mögliche Kandidaten sind Elektronen, Ionen oder neutrale Teilchen wie Helium-Atome. Diese Informationen erscheinen im reziproken Raum als Beugungsmuster. Daher erfährt man über die lokale Struktur von Oberflächen oder Aggregaten auf Oberflächen nur falls die Struktur Periodizität besitzt.

Eine wichtige Voraussetzung für ein Bragg-Beugungsmuster ist, daß die de Broglie Wellenlänge $\lambda_{dB} = h/|\vec{p}| = h/\sqrt{2mE}$ des gestreuten Teilchenstrahls von der Größenordnung der Gitterkonstante der zu untersuchenden Oberfläche ist. Für Elektronen erhält man

$$\lambda_{dB}[\mathrm{nm}] = \sqrt{\frac{1.5}{E[\mathrm{eV}]}}, \tag{4.29}$$

also $\lambda_{dB} = 0.12$ nm für 100 eV Elektronen. Vergleicht man dies mit typischen Gitterkonstanten (Cu(100): 0.361 nm, Glimmer(0001): 0.52 nm), so zeigt sich, daß Elektronen geeignet für die Erzielung struktureller Informationen aus Beugungsexperimenten sind.

Auch Helium-Atomstrahlen mit der de Broglie Wellenlänge

$$\lambda_{dB}[\mathrm{nm}] = \sqrt{\frac{0.204}{E[\mathrm{meV}]}} \tag{4.30}$$

von ungefähr 0.1 nm bei einer Geschwindigkeit von 920 m/s erfüllen diese Bedingung.

Die Eindringtiefe niederenergetischer Elektronen von einigen zehn bis hundert Elektronenvolt beträgt etwa 0.5 – 1 nm ('low energy electron diffraction', LEED [HOV86]). LEED ist also empfindlich auf strukturelle Ordnung in den obersten zwei bis drei Monolagen, einschließlich möglicher Adsorbate. In Abb. 4.42 ist ein typischer LEED-Aufbau mit resultierendem Beugungsbild von einer Lithiumfluorid-Oberfläche dargestellt. Der niederenergetische Elektronenstrahl wird von einer Elektronenkanone erzeugt und an dem im Ultrahochvakuum auf einem verstellbaren Manipulator befestigten Kristall gebeugt.

Das Beugungsbild wird auf einen Fluoreszenzschirm abgebildet und mit einer CCD-Kamera aufgenommen. Eine nachfolgende Bildanalyse ermöglicht es, Intensitäten, Positionen und Breiten der Fluoreszenz-Punkte als Funktion der Elektronenenergie zu bestimmen. Um strukturelle Information zu erhalten und die Interpretation der Beugungsbilder zu vereinfachen, ist man nur an elastisch gebeugten Elektronen interessiert. Ein abstoßendes elektrisches Feld, das an mehrere Gitter zwischen Kristall und Fluoreszenzschirm angelegt wird, unterdrückt inelastisch gestreute Elektronen.

Innerhalb des Bereichs kohärenter räumlicher Streuung ('Transferweite') läßt sich aus Anzahl und Position der Beugungsmaxima die Periode des Oberflächengitters oder eventueller

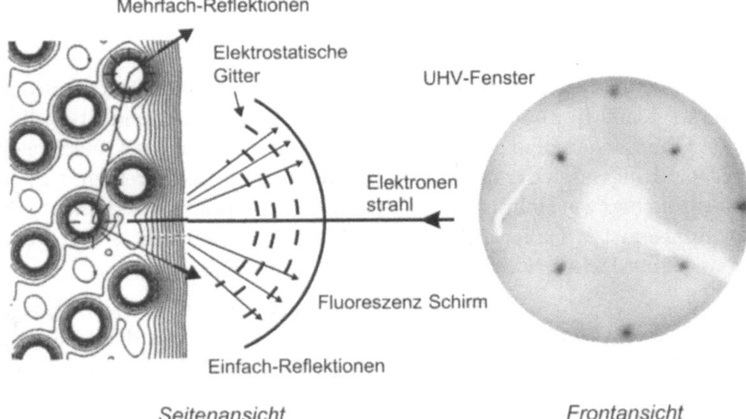

Fig. 4.42 Elektronen-Beugung an Oberflächen am Beispiel einer Lithiumfluorid-Oberfläche. Die offenen Kreise symbolisieren die Atom-Positionen, während die Linien Schnitte durch die Ebenen gleicher Elektronendichte sind. Rechts ist das resultierende LEED-Bild für eine Elektronenenergie von 140 eV gezeigt.

adsorbatinduzierter Übergitter bestimmen. Z.B. folgt aus dem LEED-Bild in Abb. 4.42 eine Gitterkonstante von 0.403 nm für die reine Lithiumfluorid-Oberfläche. Die Transferweite hängt großteils von der Monochromatizität des Elektronenstrahls ab und liegt bei 10 nm für ein konventionelles LEED und 100 nm für ein SPALEED ('spot profile analysis LEED').

Neben Informationen über die Struktur der Einheitszelle lassen sich aus der Intensität der Beugungsreflexe auch Aussagen über die Oberflächendynamik ableiten. Z.B. bestimmt die thermische Bewegung der Oberflächen-Atome den Debye-Waller-Faktor, der sich wiederum aus der gemessenen Abschwächung der Beugungsintensität als Funktion der Oberflächen-Temperatur herleiten läßt.

Eine interessante Erweiterung des klassischen LEED ist das LEEM (low-energy electron microscope), mit dem Teilchen mit minimalen Größen von 10 nm auf der Oberfläche nachgewiesen und in ihrer Bewegung verfolgt werden können [BAU62, BAU94]. Ein LEEM ist ähnlich einem klassischen Mikroskop aufgebaut: Als Beleuchtung dient eine Elektronenquelle mit einer elektrostatischen Kondensorlinse, die einen Elektronenstrahl mit 15 keV erzeugt. Der Strahl wird hinter der Kondensorlinse mit einem magnetischen 90° Ablenkfeld umgelenkt. Er wird mit einer Objektivlinse auf die Probe abgebildet, die auf einem Potential von ebenfalls etwa 15 kV liegt: dies bremst den Strahl auf einige Elektronenvolt ab. Aufgrund der Potentialdifferenz zwischen Probe und Objektivlinse werden die von der Probe gestreuten niederenergetischen Elektronen nachfolgend wieder auf 15 keV beschleunigt und innerhalb des Ablenkfeldes in die der Elektronenquelle entgegengesetzte Richtung abgelenkt. Dort werden sie von einer Okularlinse auf den Fluoreszenzschirm abgebildet.

Benutzt man durch Einbringen einer Blende in die Abbildungsoptik nur den spiegelnd reflektierten Strahl, so erhält man eine Hellfeld-Aufnahme der Proben-Oberfläche mit einer lateralen Auflösung von etwa 5 nm. Die vertikale Auflösung kann aufgrund von Interferenz-Effekten an Strukturen unterschiedlicher Höhe auf der Oberfläche wesentlich höher sein (einige Zehntel Nanometer). Selektiert man hingegen einen der Beugungspunkte, so erhält man eine Abbildung der periodischen Oberflächenstrukturen, die diesen Punkt verursacht haben - dies können z.B. Adsorbate sein, die somit selektiv nachgewiesen werden können. Eine andere interessante Anwendung ist, ein LEED-Beugungsmuster von Bereichen auf der Oberfläche zu erhalten, die nur Bruchteile eines Mikrometers durchmessen. Im Gegensatz zum konventionellen LEED, dessen Elektronenstrahl einen Durchmesser von ein bis zwei Millimetern besitzt, kann man also die unterschiedlichen Periodizitäten von benachbarten Domänen oder selektiv von nanoskalierten Aggregaten auf der Oberfläche bestimmen.

Detaillierten Einblick in die *Dynamik* der Gitterschwingungen an Oberflächen erhält man sowohl mit Elektronen via Elektronenverlust-Spektroskopie ('electron energy loss spectroscopy', EELS) [IBA82] als auch durch Beugung von Atomstrahlen. Im ersteren Fall wird das Substrat mit monoenergetischen Elektronen von einigen hundert Elektronenvolt Energie bestrahlt, und die inelastisch gestreuten Elektronen werden mit einer Auflösung von bis zu einigen Milli-Elektronenvolt nach ihrer Energie analysiert. Von Nachteil ist, daß aufgrund der endlichen Eindringtiefe der Elektronen zum Signal nicht nur die oberste sondern auch tiefer liegende Atomlagen beitragen. Zusätzliche Probleme treten im Falle von Isolatoren aufgrund von Oberflächen-Aufladungseffekten auf.

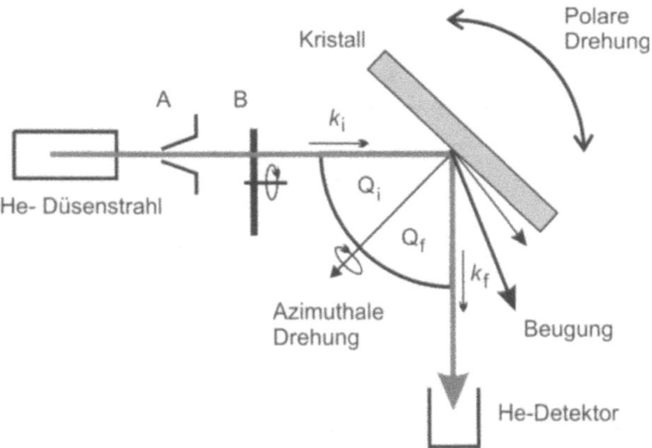

Fig. 4.43 Schema zur niederenergetischen Helium-Atomstrahl-Beugung (HAS). Der nahezu monoenergetische Helium-Strahl wird durch Expansion von Helium unter hohem Druck durch eine Düse mit kleinem Durchmesser erzeugt, mittels einer speziell geformten Blende ('Skimmer') abgeschält (A), zur Energieanalyse zerhackt (B) und an der Oberfläche eines Einkristalls gebeugt. Der Kristall kann azimuthal um das Lot auf die Oberfläche und polar senkrecht zum Lot gedreht werden.

Diese Probleme lassen sich durch Benutzung von Helium-Atomstrahlen ('helium atomic beam scattering', HAS) [KRE91, HUL92] (Abb. 4.43) vermeiden. Hierfür wird ein monoenergetischer Helium-Atomstrahl durch Expansion von Helium-Gas unter hohem Druck

($\approx$100 bar) durch eine Düse geringen Durchmessers ($\approx$10 μm) bei niedrigen Temperaturen ($\approx$100 K) in eine Vakuum-Kammer erzeugt [TOE77]. Während der Expansion wird die ungerichtete thermische Energie in Form von Translations- und (für Moleküle) Rotations- und Schwingungsfreiheitsgraden in eine gerichtete Translations-Bewegung transformiert: ein Überschall-Düsenstrahl entsteht. Der Strahl mit Einfalls-Wellenvektor $\vec{k}_i$ wird an der einkristallinen Oberfläche gestreut. Das resultierende Beugungsmuster als Funktion des Ausfalls-Wellenvektors $\vec{k}_f$ wird mit einem elektrischen oder magnetischen Massenspektrometer aufgenommen. Da sich die klassischen Umkehrpunkte der Helium-Atome etwa 0.4 nm *oberhalb* der Position der ionischen Rümpfe im Gitter befindet, erhält man Informationen über die Elektronendichte-Verteilung der Oberfläche. Die Methode ist also intrinsisch oberflächenempfindlich und gut geeignet für die Untersuchung von Wachstum und Veränderung von Adsorbaten.

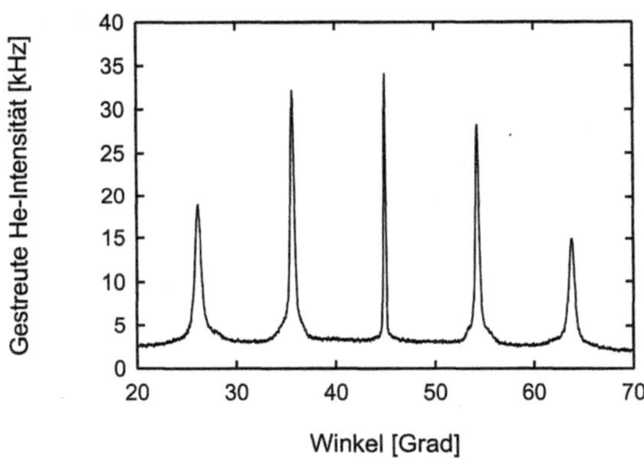

Fig. 4.44 HAS-Winkelverteilung einer imperfekten Glimmer-Oberfläche in [11$\bar{2}$] Richtung. Einfallswellenvektor des Helium-Strahls $\vec{k}_i$=6.4 Å^{-1}, Oberflächen-Temperatur 245 K.

In Abbildung 4.44 ist eine beobachtete Winkelverteilung der Beugung an einer einkristallinen Glimmer-Oberfläche dargestellt. Konstruktive Interferenz erhält man für

$$\vec{K}_f - \vec{K}_i = \vec{G} + \vec{Q} \quad , \tag{4.31}$$

wo $\vec{G}$ ein reziproker Gittervektor und $\vec{Q} = 2\pi/\lambda$ ein Phononen-Vektor sind[9]. Diese 'Laue-Bragg'-Gleichung folgt direkt aus der Impulserhaltung bei der Streuung mit der Oberfläche. Die Energie-Erhaltung führt zu

---

[9]In dieser Gleichung steht $\vec{K} = \vec{k}sin\theta$ mit θ dem Einfallswinkel bzgl. der Oberflächen-Normalen statt $\vec{k}$, weil die Parallel-Komponenten der Wellenvektoren längs der Oberfläche in dieser Streuung an einem zweidimensionalen Gitter berücksichtigt werden müssen.

$$(k_f^2 - k_i^2)\frac{\hbar^2}{2m} = \hbar\omega_Q, \qquad\qquad (4.32)$$

wo $\hbar\omega_Q$ die Energie einer angeregten Gitterschwingung (Phononen-Energie) ist. Im Falle
elastischer Streuung ist $\vec{Q}= 0$, so daß aus dem Abstand der Beugungs-Maxima direkt die
Gitterkonstante der untersuchten Kristall-Oberfläche folgt. Für Abb. 4.44 folgt $a = 0.52\;nm$
als Gitterkonstante der hexagonalen Einheitszelle von Glimmer, analog zur LEED-Messung.

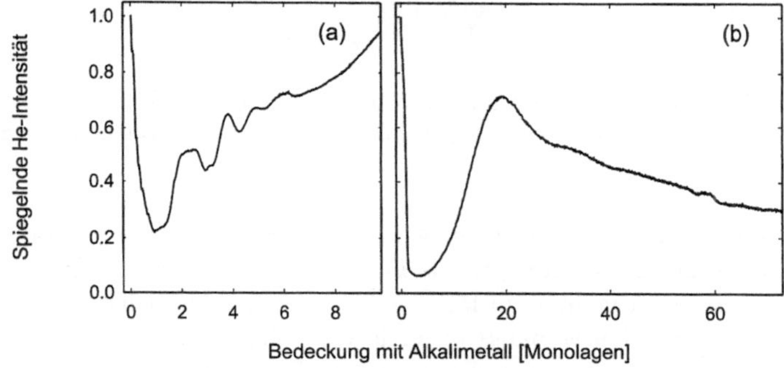

Fig. 4.45 Spiegelnde HAS-Intensität als Funktion der Bedeckung einer Isolator-Oberfläche mit
einem Alkalimetall. (a) Oberflächen-Temperatur 53 K, $k_i = 6.4\text{\AA}^{-1}$; (b) 150 K, $k_i = 7.5\text{\AA}^{-1}$.

Die geringe kinetische Energie von einigen zehn Milli-Elektronenvolt und die Monochroma-
sie des Strahls ermöglichen es, die Energie-Verteilung der gestreuten Atome via Flugzeit-
Messungen ('time of flight', TOF) zu bestimmen. Die TOF-Spektren zeigen ausgeprägte
Maxima für definierte Energie-Verluste oder -Gewinne, die aus der Erzeugung oder Ver-
nichtung von Phononen herrühren [BEN94]. Dispersionskurven können somit als Funktion
des Streuwinkels gemessen werden. Die abgeschlossenen elektronischen Schalen der ^{4}He
Atome führen dazu, daß die van der Waals Kräfte schwach sind, die Atome nicht auf der
Oberfläche eingefangen werden und sie kontaminieren, und daß die Kopplung der Atome zu
den Phononen vermittels des repulsiven Wechselwirkungs-Potentials erfolgt.

HAS erlaubt es, die Konzentration von Defekten auf der Oberfläche (Stufen, Ecken, Dislokationen) zu ermitteln. Statistisch verteilte Defekte resultieren in diffuser Streuung im
Gegensatz zur Streuung an periodisch geordneten Gitter-Atomen. Die Querschnitte für diese Streuprozesse sind von der Größenordnung der Gasphasen-Wechselwirkungs-Querschnitte
($100\;\text{\AA}^2$). Die Methode ist also nicht-zerstörerisch, besitzt jedoch eine Empfindlichkeit, die es
erlaubt, Defekt- und Adsorbat-Konzentrationen von weniger als 1% einer Monolage nachzuweisen. Die statistische Adsorption von Atomen (Volmer–Weber Wachstum, Abb. 3.7) führt

dazu, daß die spiegelnde Streuung von der geordneten Substrat-Oberfläche abnimmt, da die
Adsorbate als zufällig verteilte Defekte zu einer Zunahme der diffusen Streuung führen.

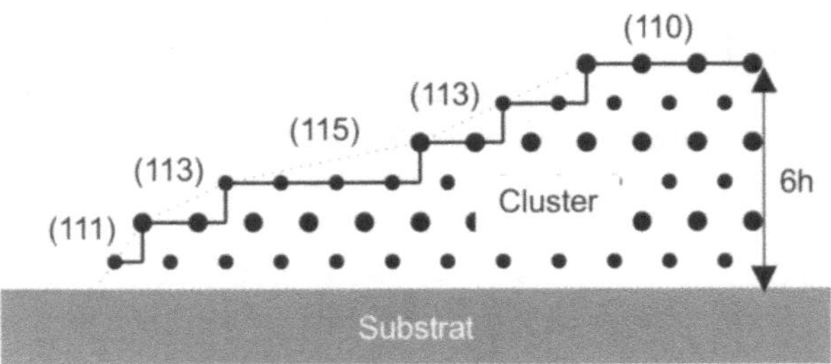

Fig. 4.46 Mikroskopische Ansicht eines großen Alkali-Clusters auf einem Substrat. Vizinale Flächen
sind eingetragen, die zur Verbreiterung der Beugungs-Spektren beitragen. Die atomare Stufenhöhe
beträgt $h=0.21$ nm).

Die Abnahme des spiegelnden Reflexes ist in Abb. 4.45 für eine Bedeckung der Glimmer-
Oberfläche mit einer Alkalischicht gezeigt. Als Funktion der Bedeckung findet man nach
der anfänglichen Intensitäts-Abnahme im folgenden wieder ein Anwachsen der Streuintensität. Der weitere Verlauf der Kurve hängt im Falle von Alkaliwachstum auf Glimmer sehr
stark von der Oberflächen-Temperatur ab. Bei niedrigen Temperaturen (Abb. 4.45a) wächst
die dicke Alkalschicht in einem statistischen Lage-für-Lage-Wachstumsmodus auf, da die
Beweglichkeit der Atome auf der Oberfläche stark eingeschränkt ist. Man beobachtet charakteristische Oszillationen: maximale Streuintensität wird beim Abschluß einer Monolage
Alkali erreicht. Für höhere Temperaturen (Abb. 4.45b) nimmt die gestreute Intensität zwar
zu, weil die Reflektivität einer Metall-Oberfläche wesentlich höher ist als diejenige einer
Glimmer-Oberfläche, aber es werden keine Oszillationen beobachtet.

Winkelverteilungen zeigen, daß jetzt nur noch ein spiegelnder Reflex auftritt, der aber stark
verbreitert ist. Die Verbreiterung entstammt dem Wachstum von Clustern auf der Oberfläche, an deren geneigten (vizinalen) Facetten Streuung stattfindet. Abbildung 4.46 zeigt
schematisch, wie man sich auf der mikroskopischen Ebene einen solchen einkristallinen Cluster vorzustellen hat. Eine typische Kraftmikroskopie-Aufnahme ist in Abb. 6.29b zu sehen.

4.5   Emissionsmethoden

Informationen über die chemische Beschaffenheit von Oberflächen-Nanostrukturen lassen sich durch Photoelektronen- oder Augerelektronen-Spektroskopie bestimmen. Im Falle
der Photoelektronen-Spektroskopie wird die Oberfläche mit tief-ultravioletten (UPS) bzw.
Röntgen-Photonen (XPS) bestrahlt. Die Atome A der Oberfläche werden dadurch aus den
Valenzbändern (UPS) oder aus den K- und L-Schalen (XPS) in das Kontinuum angeregt,

$$h\nu + A \rightarrow A^+ + e^-. \tag{4.33}$$

Die nachfolgend ausgestrahlten Elektronen werden spektrometrisch z.B. mit einem CMA ('cylindrical mirror analyzer') nach ihren Energien analysiert. Im einfachsten Aufbau besteht ein solcher Analysator aus zwei konzentrischen Zylindern, die Elektronenkanone und Ziel-Oberfläche umgeben. Die von der Oberfläche ausgesandten Elektronen treten durch eine kleine Blende in die Region zwischen den beiden Zylindern ein, werden vom äßeren Zylinder abgestoßen und verlassen schließlich auch den inneren Zylinder durch eine zweite Blende. Sie werden von einem Elektronenvervielfacher nachgewiesen, der in Sichtlinie mit der Oberfläche angebracht ist. Die Stelle, an der die Elektronen den Vervielfacher treffen, wird durch ihre kinetische Energie und die zwischen den Zylindern angelegte Spannung bestimmt. Eingangs- und Ausgangs-Blenden definieren die Transmission und damit die Auflösung des CMA. Eine Energie-Auflösung von besser als einem halben Prozent läßt sich gewöhnlich zusammen mit einer Transmission von etwa 10% erzielen.

Das vom CMA aufgenommene Spektrum enthält Informationen über die Häufigkeit spezifischer Elemente (Linienpositionen und Intensitäten), über Bindungsstärken und lokale Umgebung der Elemente (Verschiebung der Linien im Vergleich mit Photoelektronen-Linien freier Elemente), über Besetzungsdichten der benutzten Energiebänder (Linienformen) sowie über die elektronische Bandstruktur (winkelabhängige UPS-Spektren).

Die Struktur der *Nahordnung* von Oberflächenatomen kann mittels Intensitäts-Oszillationen als Funktion der eingestrahlten Photonenenergie untersucht werden (SEXAFS, 'surface extended x-ray absorption fine structure'). Die Oszillationen rühren daher, daß die von einem angeregten Oberflächen-Atom emittierten Photoelektronen kohärent an den Nachbaratomen gestreut werden. Durch die Überlagerung einer Vielzahl von gestreuten Teilwellen entstehen Interferenzmuster, die sich auch als Oszillationen im Erzeugungsquerschnitt als Funktion der Elektronen- und damit der Photonenenergie wiederspiegeln. Aus der Amplitude der Oszillationen lassen sich mittlere Atomabstände, aus ihrer Breite die mittlere Zahl wechselwirkender Nachbaratome errechnen. In der Nähe der Absorptionskante (NEXAFS, 'Near Edge EXAFS') erhält man zusätzlich zu Strukturdaten auch Informationen über elektronische Eigenschaften der Atome, da die ausgesandten Photonen z.B. wieder resonante Anregungen durchführen können.

Auch mittels Augerelektronen-Spektroskopie (AES) können Oberflächen-Adsorbate chemisch analysiert werden. Als Nebenprodukt erhält man gleichzeitig quantitative Informationen über die Reinheit der Oberfläche selber bzw. den Bedeckungsgrad mit den nanostrukturierten Adsorbaten. Um Augerelektronen zu erzeugen, werden die inneren elektronischen Schalen der zu untersuchenden Elemente (in der Regel die K-Schale) mit hochenergetischen Elektronen von einigen Kilo-Elektronenvolt ionisiert. Das entstehende Loch in der Schale wird durch einen Übergang von einem Elektron aus einer höheren Schale (z.B. der L_1-Schale) gefüllt (Abb. 4.47). Die dabei frei werdende Energie wird genutzt, um ein weiteres Elektron aus einer noch höheren Schale (z.B. L_{23}) mit einer gewissen kinetischen Überschuß-Energie E_{kin} freizusetzen:

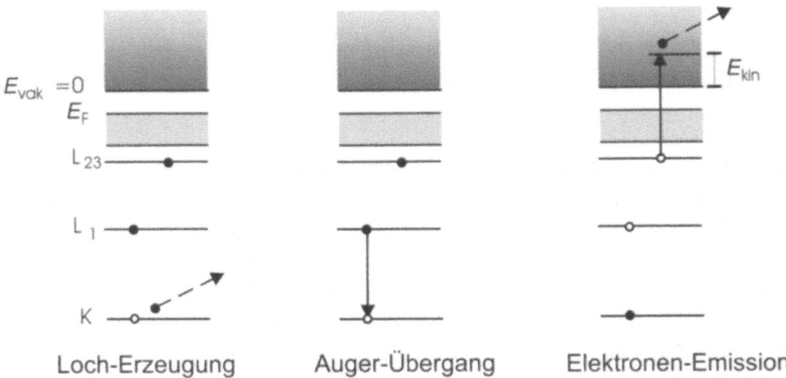

Fig. 4.47 Termschemata für ein Auger-Spektrometer. E_F ist die Fermi-Energie, also die Energie, bis zu der das Valenzband mit Elektronen gefüllt ist, E_{vak} ist die Vakuum-Energie des freien Elektrons und E_{kin} ist die kinetische Energie der Elektronen nach der Auger-Ionisation.

$$E_{kin}(KL_1L_{23}) = E_b(K) - E_b(L_1) - E_b^{eff}(L_{23}), \qquad (4.34)$$

wo E_b die Bindungsenergien der entsprechenden Schalen bedeuten. Für die höchste Schale (L_{23} in diesem Beispiel) muß im Ionisierungspotential natürlich berücksichtigt werden, daß das Atom durch den Verlust eines Innerschalen-Elektrons bereits ionisiert wurde.

Die resultierende Intensität der Auger-Linien ist gegeben durch

$$I_{KL_1L_{23}} = I_0 \cdot \sigma_K(E_0) \cdot P_{KL_1L_{23}} \cdot T(E_{kin}) \cdot D(E_{kin}), \qquad (4.35)$$

mit dem Ionisierungs-Querschnitt der K-Schale, $\sigma_K(E_0)$, der Transmissions-Funktion des CMA, $T(E_{kin})$, der Empfindlichkeit des Photoelektronen-Vervielfachers, $D(E_{kin})$ und der Auger Zerfalls-Wahrscheinlichkeit, $P_{KL_1L_{23}}$.

Die gemessenen kinetischen Energien entsprechen direkt Unterschieden zwischen elementspezifischen Bindungsenergien. Jedes Element besitzt also im Auger-Spektrum einen 'Fingerabdruck' in Form einer charakteristischen kinetischen Energie der freigesetzten Elektronen. Diese Energien haben Größenordnungen zwischen 100 eV und 2 keV. Da die Eindringtiefe der Elektronen und also auch ihre Austrittstiefe stark von ihrer Energie abhängen, wird mit AES im wesentlichen der oberflächennahe Bereich zwischen 0.5 nm und 1 nm elementspezifisch abgetastet.

Das gemessene Auger-Spektrum besteht aus einem Anteil elastisch gestreuter Elektronen (typische Anregungsenergie 1 keV) und einer breiten Verteilung inelastisch gestreuter Elektronen, die Energie in elementare Anregungen des Festkörpers verloren haben (Abbildung 4.48a). Die nach der obigen Diskussion zu erwartenden, genau definierten und elementspezifischen Maxima treten oberhalb eines breiten, strukturlosen Untergrunds aus mehrfach

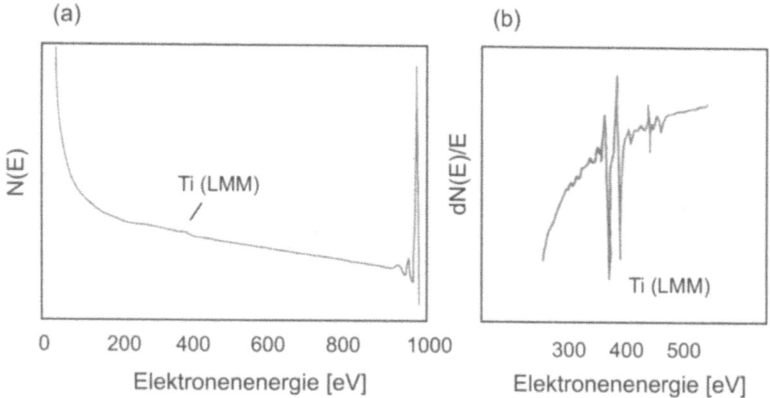

Fig. 4.48 (a) Typisches AES-Spektrum für die Titan LMM Linie, aufgenommen mit einem CMA. Die primäre Elektronenenergie beträgt 1 keV. Rechts im Bild ist ein Maximum von elastisch gestreuten Elektronen zu sehen; direkt daneben bei geringen Energieverlusten treten Plasmonen-Anregungen auf. (b) Ausschnitt aus dem Spektrum in (a) in differentieller Darstellung.

inelastisch gestreuten Elektronen auf. Um gegen diesen Untergrund zu diskriminieren, mißt man üblicherweise die Ableitung $dN(E)/E$ mittels schneller Modulation der Anregungsenergie und Benutzung eines phasengekoppelten Verstärkers (Abbildung 4.48b).

Neben einer chemischen Analyse der eigentlichen Oberfläche erlaubt AES auch eine Tiefenprofilanalyse der chemischen Zusammensetzung des Oberflächen-Bereichs eines Festkörpers. Hierzu kann man z.B. den Einfallswinkel der Primärelektronen auf die Oberfläche und damit deren effektive Eindringtiefe variieren. Dies funktioniert bis etwa 10 nm Tiefe. Für Informationen über tieferliegende Schichten muß die Oberfläche vor jeder AES-Messung durch Ionenbeschuß abgetragen werden. Besonders interessant ist die Information über Elementverteilungen in den obersten Schichten des Festkörpers für nanoskalierte Schichtsysteme wie an Abbildung 4.49 demonstriert wird. Hier wurde mittels Sputtern um jeweils 8 nm für aufeinanderfolgende Spektren eine Schichtanalyse eines Metall/Oxid/Halbleiter-Systems durchgeführt.

Man erkennt die 75 nm dicke Silberschicht an der Oberfläche, die fließend in eine nominell 25 nm dicke Kupferschicht übergeht. Offenbar ist das Kupfer während des Aufdampfens in die oxidierte Silizium-Oberfläche eingedrungen, die als Unterlage dient. Mittels solcher detaillierter Tiefen-Information lassen sich die Wachstumsprozesse ultradünner Schichten und die Definition der Schichtgrenzen verbessern.

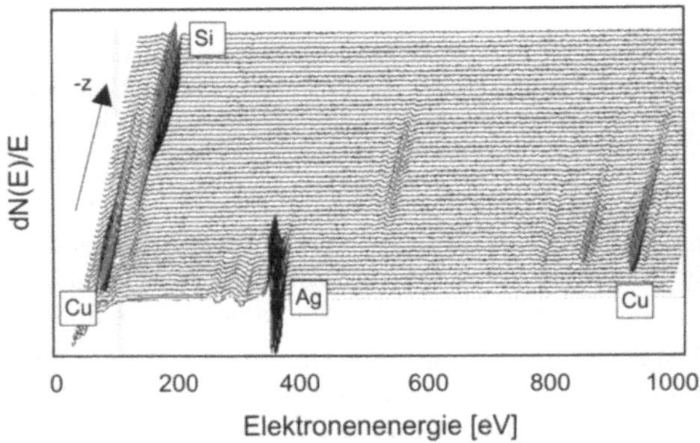

Fig. 4.49 Tiefenprofilanalyse mittels AES. Gezeigt sind Auger-Spektren für verschiedene Tiefen $-z$ in einem 75 nm Ag/25 nm Cu Schicht-System auf einer mit natürlichem Oxid bedeckten Silizium-Oberfläche. Zwischen aufeinanderfolgenden Spektren sinkt die mittlere Tiefe um $\Delta z \approx$ 8 nm [JEN02].

5 Nano-Architektur

Jede Architektur benötigt neben einem Bauplan und festen Regeln auch die Grundelemente, aus denen die späteren Bauwerke errichtet werden sollen. Vier mögliche Wege zu einer Nano-Architektur sind:

- Das LEGO-Prinzip: sehr einfache Grundelemente, elementare Regeln und ein nicht zu komplexer Bauplan. Nach dem LEGO-Prinzip können heute schon auf atomarer Ebene einzelne Atome z.B. mit dem STM verschoben und zu neuen Strukturen zusammengefügt werden. Ein Beispiel sind die Quanten-Gatter (Abb. 3.6) aus Metall-Atomen, aber auch Reihen von Atomen, die als 'Nano-Abakus' [CUB96] fungieren können, und ähnliche Arrangements. Die elementaren Regeln sind nicht unbedingt trivial, aber aus der Quantenmechanik wohl bekannt. Meist ist die Zusammenstellung nicht viel mehr als die Summe ihrer Teile. Offenbar ist das LEGO-Prinzip eine physikalische Methode der Zusammenstellung von Grundelementen, die natürlich auch mit größeren Einheiten als den Atomen funktioniert. Neben Rastertunnelmikroskopen [NYF97] läßt sich z.B. auch Elektrophorese als Darstellungsform einsetzen [GIE93].

- Cluster-Bildung. Das selbstorganisierte Zusammenwachsen atomarer oder molekularer Grundelemente führt zu nanoskalierten Strukturen mit besonderen strukturellen und elektronischen Eigenschaften. So sind etwa die in der Atmosphäre entstehenden, nur einige Nanometer durchmessenden Aerosole aus Schwefelsäure, Wasser und organischen Materialien die Kondensationskeime, an denen sich die mikrometergroßen Tropfen bilden, aus denen sich die Wolken zusammensetzen.

Schon seit langem werden Cluster mit einer Vielzahl physikalischer und chemischer Methoden untersucht, und man stößt dabei immer wieder auf Überraschungen wie z.B. die Entdeckung des äußerst stabilen C_{60}-Clusters (Kap. 6.5) oder die Lichtemission aus Silizium-Clustern, die eng mit porösem Silizium verknüpft sind. Eine allgemeine Übersicht über atomare und molekulare Cluster findet sich in [HAB94, SCH94b].

Neben ihren intrinsischen Eigenschaften sind Cluster auch als 'Käfige' von großem Interesse, in denen Reaktionen mit einer wohl definierten Verteilung von Freiheitsgraden ablaufen können oder sich Spektroskopie an sehr stark abgekühlten Teilchen durchführen läßt [LUG00]. Insbesondere große, superflüssige ^4He-Cluster, erzeugt durch Expansion von Heliumgas in eine Vakuumapparatur ähnlich wie in Kapitel 4.4 haben hier großes Anwendungspotential [TOE01]. Die Temperatur im Inneren der Cluster beträgt 0.38 K, so daß man es mit einem ultrakalten Nano-Kühlschrank zu tun hat, in dem auch hochauflösende Spektroskopie großer organischer Moleküle möglich wird [TOE98]. Sie sind die nanoskalierten Vorformen der Mikrotröpfchen, mit denen man versucht, Medikamente zielgerichteter zu applizieren.

Der nächste Schritt in der Nano-Architektur mit Clustern ist es, die Aggregate mittels leitender organischer Moleküle miteinander zu verbinden. Dies kann erreicht werden, indem selbstorganisierende Moleküle eine Hülle um den Metall-Cluster bilden (vgl.Abb. 6.31). Kann man die Cluster von ihrem elektronischen Verhalten her als metallene 'Quantenpunkte' beschreiben, so läßt sich auf diese Weise ein periodisches Übergitter mit außergewöhnlichen elektronischen Eigenschaften erzeugen, dessen Einheitszelle aus dem einzelnen Cluster und seiner organischen Molekül-Hülle besteht [AND98]. Durch geschickte Wahl der richtigen Lösungsmittel lasse sich dann auch dreidimensionale Gitterstrukturen mit z.B. abwechselnd metallischen und halbleitenden Clustern (Quantenpunkten) herstellen [SAR99].

• 'Molecular Engineering' und supramolekulare Chemie: schon auf der molekularen Ebene werden die grundlegenden Eigenschaften der späteren fertigen Gesamtstruktur programmiert. Supramolekulare Chemie [VOE92] untersucht das Zusammenwirken von Molekülen (oder Molekülteilen), die maßgeschneiderte Eigenheiten haben, die es ihnen ermöglichen, komplexe Strukturen selbstorganisiert aufzubauen. Geeignete Grundelemente für den Aufbau supramolekularer Anordnungen, 'riesiger Moleküle' oder chemischer Nanostrukturen sind stangenförmige Moleküle [SCH99b] oder Oligomere und Polymere mit genau definierter Länge und Konstruktion [BER99, TOU99], aus denen sich dann Kugeln, Doppelspiralen oder Gitterstrukturen selbständig aufbauen. Auch der weite Bereich der Bioorganik und Bioanorganik, also der Chemie von Membranen, Enzymen und Proteinen zählt zur supramolekularen Chemie. Hier finden die Reaktionen in einem Medium statt, das von Wasser, polaren Oberflächen und weniger polaren Innenflächen (etwa der Membranen) bestimmt wird.

Ein neueres Beispiel für supramolekulare Selbstorganisation sind oktohedrale Metall-Komplexe mit oktupolarer Symmetrie, die eine für nichtlinear optische Anwendungen interessante Polarisations-Unabhängigkeit der optoelektronischen Eigenschaften aufweisen [THA99]. Diese sich selbst vorfabrizierenden molekularen Einheiten werden anschließend mittels 'crystalline engineering' gepackt, wobei die Abstände der Einheiten in der jeweiligen Kristall-Ebene sowie der Ebenen-Abstand optimiert werden.

Ein weiterer erfolgversprechender Bauplan ist die Erzeugung von Dendrimeren [NEW99], die aufgrund ihrer großen Anzahl von Verzweigungen und ihrer fraktalähnlichen Struktur multifunktionale Eigenschaften besitzen. Mit ihnen läßt sich relativ einfach eine flüssigkeitslösliche, makromolekulare Architektur erzeugen, während die einzelnen Einheiten noch Größen im Nanometer-Bereich besitzen (10-20 nm). Daß solcherart Architektur zu verbesserten Eigenschaften führt wurde kürzlich durch direkten Vergleich von Dendrimeren mit konventionellen linearen Polymeren gezeigt. Die Polymere wurden aus den selben Einheiten zusammengestellt wie die Dendrimere, zeigten aber deutlich geringere nichtlinear optische Aktivität [LEB01].

• Selbstorganisierte chemische 'Supra'-Wechselwirkungen[1]: Hierzu zählt z.B. der Aufbau von Kristallen aus Einzelschicht-Nanoröhren (SWNT, vgl. Kapitel 6.5) [SCH01]. Dazu wird eine Mischung aus C_{60} und Nickel (als Katalysator) durch eine Maske mit 300 nm durchmessenden Löcher geleitet. Die Maske kann lateral mit einer Genauigkeit von 1 nm positioniert werden, so daß die durch die Löcher gedampfte Materialmischung und damit auch die im

---

[1]Das erste Symposium über *Nanoarchitectonics Using Suprainteractions (NASI 1)* wurde im November 2000 in Japan abgehalten.

folgenden entstehenden Nanoröhren sehr genau auf wohl definierten Bindungsplätzen einer darunter befindlichen Oberfläche plaziert werden können. Man dampft nun aufeinanderfolgende Schichten von C_{60} und Nickel auf und heizt das Ganze im folgenden innerhalb eines Magnetfeldes auf. Die C_{60}-Moleküle verbinden sich dann zu perfekt ausgerichteten Nanoröhren in der Form eines Nanoröhren-Kristalls. Die Maske und ein geeignetes Substrat verhindern laterale Diffusion während des Aufheizens, während das magnetische Feld zu einer guten Ausrichtung der Röhren führt.

5.1 Schichtsysteme

Dreidimensional nanoskalierte Strukturen lassen sich auch durch das Aufeinanderfügen zweidimensional nanoskalierter Schichten unterschiedlicher Materialien erzeugen. Je größer hierbei der Strukturierungsgrad ist, d.h. je dünner die gewünschten Schichtdicken sind, um so höher sind die Anforderungen an das mikroskopisch wohldefinierte (epitaktische) Wachstum der Schichten. Es stellt sich heraus, daß die optischen und elektronischen Eigenschaften der neuen, nanoskalierten Materialien in hohem Maße von der mikroskopischen Ordnung innerhalb und zwischen den individuellen Schichten abhängen.

Für die Mikro- und Nanoelektronik wichtige Schichtsysteme basieren meist auf Halbleitern als Basismaterial (z.B. Silizium), auf denen weitere Halbleiter oder Metalle und isolierende Zwischenschichten aufgedampft werden. Mittels lithographischer Techniken werden dann lateral Strukturen in diese Schicht-Systeme geätzt. Während die minimale laterale Strukturgröße durch Benutzung z.B. kürzerer Wellenlängen in der Photolithographie bis in den Bereich einiger zehn Nanometer verbessert worden ist, stößt man in der vertikalen Strukturierung durch die intrinsische Rauhigkeit und die Defektdichte der aufgedampften Schichten an Grenzen. Es besteht daher ein großer Bedarf an verbesserten (d.h. glatteren und defektlosen) Isolatorschichten.

Insbesondere die Oxidation und Passivierung der Silizium-Oberfläche ist ein sehr wichtiger Teil des Schicht-Aufbaus in der modernen Halbleiter-Technologie [CHA01], und gerade hier sind grundlegende Schritte der Molekül-Adsorption, -Dissoziation und Reaktion unverstanden [DAB00]. Es stellt sich die Frage, ob es überhaupt möglich ist, eine hinreichend dünne, kontinuierliche Siliziumoxid-Schicht herzustellen, um den Dimensionsansprüchen der Nanotechnologie zu genügen.

Ein neuer Ansatz zur Erzeugung ultradünner Oxidschichten auf Silizium-Einkristallen (eine Monolage Dicke) besteht in dissoziativer Adsorption von Sauerstoff bei Raumtemperatur mit folgendem kurzen Erwärmen des Systems [MOR02b]. Bildungsmechanismen sind in [MOR01] diskutiert. Die MOS (Metall-Oxid-Halbleiter)-Eigenschaften der ultradünnen Silizium-Oxid-Schichten wurden durch Aufdampfen eines dünnen Silberfilms und Synchrotron-induzierte Photoemission bestimmt [MOR02]. Insbesondere der Tunnelwiderstand der Schichten und die Defekt-Zustandsdichten sind wesentliche Parameter, die die Benutzbarkeit der Methode in der Mikro- und Nanoelektronik definieren.

Neue Perspektiven für photovoltaische Anwendungen verspricht die Kombination von Polymeren mit C_{60}-Molekülen ('molekulare Plastik-Solarzellen' [SHA01]) . In diesen Photozellen wird der photoelektrische Effekt nicht in kostspieligen Silizium-Elementen erzielt [GOE97], sondern mittels halbleitender Polymere. Die Methode basiert prinzipiell auf Solarzellen, die durch den Einbau von Farbstoffen sensibilisiert wurden [KAY94, HAG95]. Als sehr effizient hat sich hierbei die Verbindung von konjugierten Polymeren[2] mit Kohlenstoff-Nanoclustern (insbesondere C_{60}, siehe 6.5) herausgestellt. Vorteile organischer Solarzellen neben dem potentiell niedrigen Preis sind das sehr geringe Gewicht, die chemische Inertheit und die mechanische Flexibilität. Nachteilig war bislang die relativ geringe Konversionseffizienz (deutlich unter 1 %) für Sonnenlicht. Mit einkristallinen Silizium-Solarzellen erzielt man bis zu 24 % Effizienz, und auch im großtechnischen Maßstab noch etwa 15 %.

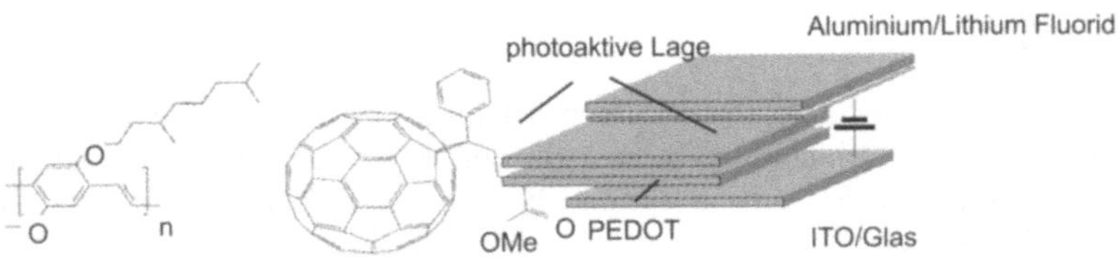

Fig. 5.1 Schematischer Aufbau einer 'molekularen Plastik-Solarzelle'. Eine 80 nm dicke Aluminium-Schicht ist auf eine 0.6 nm dicke Lithiumfluorid-Schicht als obere Elektrode aufgedampft. Zwischen der unteren ITO ('indium tin oxide')-Elektrode und der aktiven Lage (Dicke 100 nm) befindet sich eine 80 nm dicke Polymer-Schicht. Die chemische Zusammensetzung der aktiven Lage mit C_{60}-Molekülen ist links angedeutet. Nachgedruckt mit Genehmigung aus [SHA01]. Copyright 2001 American Institute of Physics.

Allerdings kann die Optimierung der mikroskopischen Struktur der beteiligten Komponenten zu sehr deutlichen Effizienz-Steigerungen der molekularen Plastik-Solarzellen führen. Bild 5.1 zeigt einen solchen Plastik-Solarzellen-Aufbau, der eine totale Konversions-Effizienz $\eta_{AM1.5}$ von 2.5 % erzielt. Die Konversions-Effizienz ist definiert als

$$\eta = \frac{P_{elektrisch}}{P_{Licht}} = \frac{V_m I_m}{P_{Licht}} = \frac{V_{oc} I_{sc} FF}{P_{Licht}} \quad . \tag{5.1}$$

Hier bedeutet $P_{elektrisch}$ die elektrische Leistung bei optimaler Leistungsentnahme. Die optimale Leistungsentnahme ergibt sich aus der Leistungsentnahme mit angepaßtem Arbeitswiderstand (maximale Spannung V_m und Strom I_m) modulo des 'Füllfaktors' FF, der angibt, wie weit Leerlaufspannung V_{oc} und Kurzschlußstrom I_{sc} vom optimalen Wert abweichen. Für die eingestrahlte Leistung P_{Licht} wird meist 'AM1.5' benutzt: Der Intensitätsverlauf der Labor-Lichtquelle entspricht dann Sonnenlicht, das durch eine gegenüber dem senkrechten Einfall 1.5fach größere Luftmasse eingestrahlt wird (die Sonne steht 41.8 Grad über dem Horizont).

Die relativ niedrige Effizienz der Plastik-Solarzelle ist wesentlich in diesem sonnenähnlichen Spektrum begründet. Für eine bestimmte Wellenlänge kann die Effizienz der Solarzelle durchaus bis zu 100 % erreichen.

---

[2]Der photoaktive Polymer in Abb. 5.1 ist Methoxy-Dimethyloctyloxy-poly-p-Phenylen-Vinylen; MDMO-PPV.

Generell hängt die Effizienz von Systemen mit organischen Bestandteilen sehr stark von der molekularen Morphologie ab, da diese die Beweglichkeit der Ladungsträger bestimmt. Insbesondere müssen i) die Phasensegregation der mit C_{60} dotierten Moleküle in Cluster verhindert werden; ii) möglichst glatte Grenzschichten zu den Elektroden erzeugt werden; und iii) die Wechselwirkung zwischen den konjugierten Polymer-Strängen maximiert werden. Alles dies läßt sich durch Aufbringen der Schichten mittels 'spin casting'[3] und Zugabe eines geeigneten Lösungsmittels erreichen [SHA01].

5.2 Kolloidale Lösungen und Kristalle

Kolloidale Lösungen mit einige Nanometer durchmessenden Gold- und Silber-Teilchen sind schon von römischen Künstlern verwendet worden [SCH94b], um Gläsern unterschiedliche Farben im Gegenlicht und in der Reflexion zu verleihen. Auch die Brillianz der Kirchengläser des Mittelalters ist eingelagerten Nanopartikeln mit ihrem extrem hohen Streuquerschnitt für einfallendes Licht zuzuschreiben. Man findet in genaueren Untersuchungen zur Farbentwicklung, daß mit wachsender Teilchengröße die Farbe von Lösungen aus Silber-Nanopartikeln von Gelb zu Rot variiert, während sie sich für Silber-Nanopartikel von Rot zu Blau verändert. Auch die Aggregation der Teilchen in der Lösung beeinflußt die effektive Farbe: für Silberteilchen ändert sich die Farbe mit wachsender Aggregation von Gelb zu Rot, und selbst Grün kann erreicht werden.

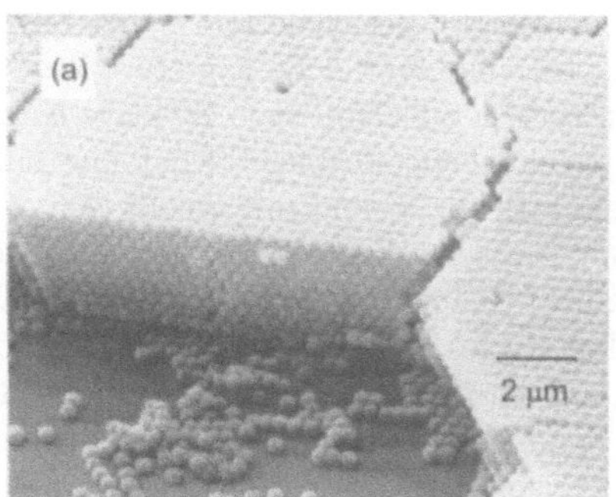

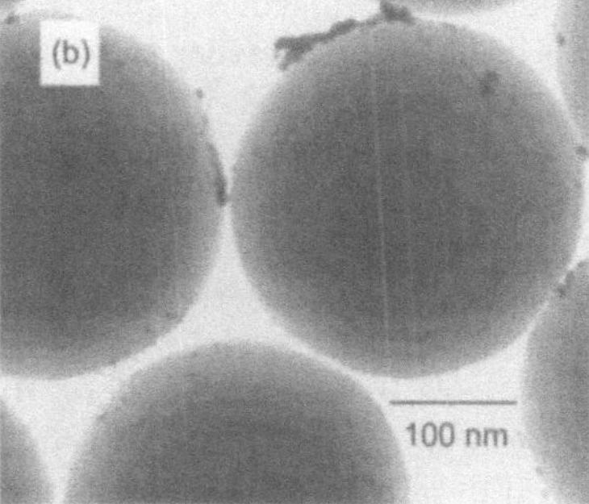

Fig. 5.2 Darstellung makroporöser Materialien aus kolloidalen Schablonen. (a) SEM-Aufnahme einer dreidimensionalen Schablone aus kolloidalen Glas-Kugeln. (b) TEM-Aufnahme einzelner Glaskugeln mit Gold-Nanokristallen, die mittels Thiol-Gruppen chemisch an die Glaskugeln gebunden wurden. Nachgedruckt mit Genehmigung aus [KUL00]. Copyright 2000 John Wiley and Sons.

Durch Sedimentation oder Filtrierung oder auch einfach durch Aufheizen kolloidaler Lösungen können in einem Selbstorganisations-Prozeß unter geeigneten Bedingungen dreidimensional geordnete, dichtgepackte Anordnungen von Glas- oder Polymer-Kugeln erzeugt werden (Abb. 5.2a). Diese Anordnungen zeigen Ordnung über einige Zentimeter hinweg, besitzen eine gleichförmige Dicke und zeigen bei Bestrahlung mit sichtbarem Licht charakteri-

---

[3]Als 'spin casting' oder 'spin coating' wird das Aufsprühen auf ein rotierendes Substrat bezeichnet.

stische Beugungs-Erscheinungen [JIA99]. Darüber hinaus sind sie geeignete Schablonen für das Wachstum makroporöser Metalle (Abb. 5.2b [KUL00].)

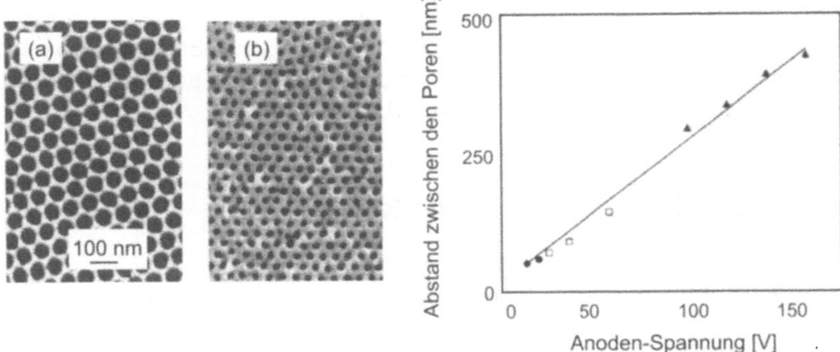

Fig. 5.3 Hexagonale Anordnungen von Poren in Aluminium. (a) Mittlerer Porenabstand 95 nm, (b) mittlerer Porenabstand 60 nm. (c) Lineare Abhängigkeit zwischen Poren-Abstand und Anodenspannung. Die Symbole stehen für die Behandlung mit unterschiedlichen Säuren während der Anodisierung. Nachgedruckt mit Genehmigung aus [LI98]. Copyright 1998 American Institute of Physics.

Unter makroporösen Materialien werden Materialien mit Porengrößen zwischen 200 und 1000 nm verstanden. Aufgrund ihrer großen effektiven Oberfläche (ein 1 cm durchmessender, 0.5 mm dicker makroporöser Goldfilm besitzt eine Oberfläche von etwa 5 m^2) und der nanokristallinen Struktur z.B. eines makroporösen Metalls sind sehr effektive Katalysator-Eigenschaften zu erwarten. Um aus der ursprünglichen Glaskugel-Schablone ein makroporöses Metall zu erzeugen, werden die Kugeln z.B. in Lösung mit einem Mercapto-Silan behandelt, so daß die Oberfläche der Glaskugeln mit schwefligen Endgruppen (Thiolen) bedeckt ist. Nach der Kristallisation auf einem Substrat in der Form eines kolloiden Kristalls werden wiederum in Lösung Gold-Nanokristalle (etwa 5 nm Durchmesser) an die Thiole gebunden. Die starke, gerichtete Au-Thiol-Bindung wird etwa bei der Selbstorganisation monomolekularer organischer Filme ausgenutzt (siehe Kapitel 3.2.2). Diese Gold-Nanokristalle dienen als Katalysator für das weitere Wachstum von nanokristallinem Gold durch Anlegen einer Spannung in einem Säurebad. Zum Schluß werden die ursprünglichen Glaskugeln mit Flußsäure entfernt. Die effektive Porengröße ist bei dieser Methode durch den Durchmesser der Glaskugeln vorgegeben.

Materialien mit Porengrößen geringer als 50 nm werden als 'mesoporös' bezeichnet. Mesoporöse Materialien können als ultrafeine Siebe dienen oder in der Nanooptik als photonische Kristalle.

5.3   Gitter aus Licht

Bei der Wechselwirkung von Licht mit Materie treten Kräfte auf, die zu einer Bewegungsänderung führen können. Durch den Strahlungsdruck des Lichts werden z.B. die Staub- und Eis-Teilchen eines Kometenschweifs von der Sonne weggeblasen wie Kepler schon 1619 erkannte. Im Wellenbild läßt sich der Effekt einfach einsehen: Das elektrische Wechselfeld $\vec{E}$ des Lichts erzeugt eine Kraft $e \cdot \vec{E}$ auf die Elektronen des Materials, die sich somit im gleichzeitig vorhandenen Magnetfeld der elektromagnetischen Welle mit der Geschwindigkeit $\vec{v}$ bewegen. Auf bewegte Elektronen im Magnetfeld wirkt die Lorentz-Kraft $-e \cdot \vec{v} \times \vec{B}$, die senkrecht zur Bewegung der Elektronen gerichtet ist. Somit wird ein mittlerer Strahlungsdruck $\bar{P}$ in Richtung des Lichts erzeugt, der gleich der Energiedichte der elektromagnetischen Welle ist. Für ein vollständig absorbierendes Medium folgt

$$\bar{P} = \frac{I}{c} \qquad [N/m^2] \tag{5.2}$$

wo $I = (c\epsilon_0/2)E_0^2$ die Intensität der Welle mit der elektrischen Feld-Amplitude E_0 ist[4]. Im Photonenbild kann jedem Photon ein Impuls

$$p = \frac{h}{\lambda} = \hbar k \tag{5.3}$$

zugeordnet werden. Der gesamte Strahlungsdruck ergibt sich dann aus der Integration aller Photonen, die auf eine gegebene Fläche eingestrahlt werden.

Im Falle thermischen Lichts und makroskopischer Körper ist der Strahlungsdruck sehr gering. Es sei versucht, mittels fokussierten Sonnenlichts eine absorbierende Kugel von 12 μm Durchmesser und einer Masse von etwa 10^{-12} kg zu bewegen. Die Solarkonstante[5] ist 137 mW/cm^2, so daß der Strahlungsdruck 4.5 $\mu N/m^2$ beträgt. Daraus folgt eine Beschleunigung der Kugel von etwa 0.1 Promille der Erdbeschleunigung.

Für Laserlicht mit seinen sehr großen Photonendichten und/oder für Objekte mit nanoskalierten Maßen (dazu zählen z.B. auch die Teilchen, die einen Kometenschweif bilden) kann der Strahlungsdruck allerdings eine wichtige Rolle spielen. Die selbe absorbierende Kugel wie im obigen Beispiel sei nun mit einem Laserstrahl von 19 mW, fokussiert auf 6 μm, bestrahlt[6]. Der Strahlungsdruck ist nun 1 N/m^2, die Kugel wird mit dem dreizehnfachen der Gravitationskonstante beschleunigt.

Neben einer lichtinduzierten Bewegung der Kugel sollte es ohne weiteres auch möglich sein, mittels der durch Fokussierung von Laserstrahlen entstehenden Lichtkräfte mikrometergroße dielektrische Objekte einzufangen und in wässrigen Lösungen oder entgegen der

---

[4]Im Falle eines total reflektierenden Mediums ist der Strahlungsdruck doppelt so hoch.
[5]Die Irradianz durch die Sonne ist nicht wirklich konstant. Von 136.3 mW/cm^2 im Jahre 1600 ist sie auf 136.7 mW/cm^2 heutzutage angewachsen.
[6]Die beugungsbegrenzte minimale Fokusfläche ist etwa gleich dem Quadrat der Laser-Wellenlänge.

Schwerkraft zu bewegen [ASH70]. Diese 'Licht-Pinzetten' (light-tweezer) spielen eine zunehmend größere Rolle in der physikalischen und biophysikalischen Forschung. Z.B. wurden neben dielektrischen Kugeln [ASH86] und Gold-Clustern [SVO94] auch Viren und Bakterien [ASH87], lebende Zellen [ASH87b] und DNA-Teile [CHU91] eingefangen und manipuliert. Entwicklungen in neuerer Zeit beinhalten das Anheben mikroskopischer Objekte gegen die Gravitationskraft mittels fokussierten Lichts aus Lichtleitern [TAG00] oder der Antrieb von einige Mikrometer durchmessenden 'Licht-Windmühlen' [GAL01] (siehe Abb. 6.44).

Das Einfangen ('trapping') der dielektrischen Teilchen geschieht in der Nähe des Laserfokus aufgrund des Strahlungsdrucks der reflektierten und gebeugten Strahlen. In Abbildung 5.4 sind die resultierenden Kräfte auf eine dielektrische Kugel in der abfallenden Flanke eines Laserfokus für einen exemplarischen Teilstrahl oberhalb des Kugelzentrums dargestellt.

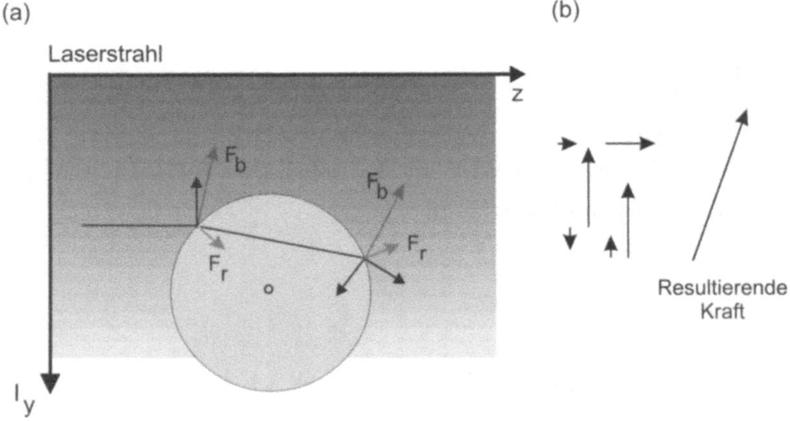

Fig. 5.4 a) Laserinduzierte Kräfte auf eine dielektrische Kugel mit einem Brechungsindex, der größer als derjenige der Kugel-Umgebung ist [ASH70]. Die Kugel befindet sich im exponentiell abfallenden elektrischen Feld eines Laserstrahls, der von links nach rechts propagiert. b) Resultierende Kräfte auf die Kugel.

Ein Teil des Laserlichts wird von der Kugel reflektiert und führt zu einer auf das Zentrum der Kugel gerichteten Kraft F_r mit einer Komponente in z-Richtung und einer Komponente in y-Richtung von der Mitte des Laserstrahls weggerichtet. Der Rest wird in die Kugel gebrochen (F_b) und führt zu einer Kraft-Komponente in Richtung des Laserstrahlzentrums und einer Komponente in z-Richtung. Beim Austritt teilt sich der gebeugte Strahl wieder in einen reflektierten und einen gebrochenen Strahl. Die Kraftkomponenten für den austretenden gebrochenen Strahl gleichen denjenigen für den einfallenden Strahl. Der innerhalb der Kugel reflektierte Strahl jedoch besitzt neben der Kraftkomponente in z-Richtung eine Komponente, die von der Laserstrahlmitte weggerichtet ist und die zur Strahlmitte hingerichtete Kraft-Komponente des einfallend-reflektierten Lichts kompensiert. In der Summe resultiert also eine Kraft in z-Richtung auf die maximale Intensität des Laserstrahls hingerichtet.

Für einen Teilstrahl unterhalb des Kugelzentrums ergibt die Summe eine Kraft-Komponente in z-Richtung, allerdings vom Intensitäts-Maximum weggerichtet. Auf eine Kugel direkt im Strahlfokus wirkt also nur eine Netto-Kraft längs des Strahls. Außerhalb der Strahlmitte wird die Kugel in den Strahlfokus hineingezogen. Befindet sich die Kugel in einem viskosen Medium, so wird die vom laser-Strahlungsdruck induzierte Beschleunigung durch die Stokes'sche Reibungskraft begrenzt. Man findet für die Endgeschwindigkeit einer Kugel des Radius $R < w_0$, die von einem Laser mit der Leistung P_L und einem Radius w_0 in einem Medium mit der Viskosität η bestrahlt wird [ASH70]:

$$v_f = \frac{0.12 P_L R}{3\pi c \eta w_0^2} \quad .$$
(5.4)

Dies ergibt für Wasser als Medium ($\eta = 10^{-3}\ Nsm^{-2}$ bei Raumtemperatur) und einer 1 μm durchmessenden Kugel nach Bestrahlung mit einem 1 W Laser, fokussiert auf 10 μ, eine Geschwindigkeit von knapp einem Millimeter pro Sekunde. In Abb. 6.44 ist eine Mikromaschine dargestellt, die durch Lichtkraft betrieben wird.

Es sei angemerkt, daß für Objekte in gasförmiger oder flüssiger Umgebung immer auch 'Photophorese' [EHR51] auftritt, also eine ungleichförmige Erwärmung des Objekts, die zu einem Netto-Impuls vom Strahlmaximum weg führt. Der Grad der Erwärmung hängt vom Absorptionsvermögen des Objekts ab, so daß letzlich der komplexe Brechungsindex des Systems bestimmt, welcher Effekt dominieren wird.

Auf der mikroskopischen Ebene läßt sich das Einfangen von Atomen durch Laserlicht mittels induzierter Dipol-Kräfte und mittels des isotropen Charakters der Fluoreszenzstrahlung verstehen. Der Strahlfokus eines Lasers ist ein Gebiet mit inhomogener Feldstärke-Verteilung, so daß auf ein Atom mit Polarisierbarkeit α eine Kraft

$$\vec{F}_D = -\vec{p} \cdot \nabla \vec{E}$$
(5.5)

wirkt, wo $\vec{p} = \alpha \cdot \vec{E}$ das induzierte Dipolmoment des Atoms ist und $\nabla \vec{E}$ den Gradienten oder die räumliche Variation des elektrischen Feldes beschreibt. Die über einen optischen Zyklus gemittelte Kraft ist dann

$$< F_D > = -\frac{1}{2}\alpha \nabla (E^2) \quad .$$
(5.6)

Nach einigem Umformen [DEM98] findet man als Funktion des Gradienten der Laser-Intensität $I = \epsilon_0 c E^2$ unter Berücksichtigung der Frequenzabhängigkeit der Polarisierbarkeit:

$$< F_D > \propto -\Delta\omega \nabla I \quad .$$
(5.7)

Bewegt sich das Atom mit einer Geschwindigkeit $\vec{v}$, so ist $\Delta\omega = \omega - (\omega_0 + \vec{k}\vec{v})$, wo ω die Frequenz des Laserfeldes ist und ω_0 die Resonanzfrequenz des Atoms. Die räumliche Intensitätsverteilung im Fokus eines Lasers ist meist gaußförmig:

$$I(r) = I_0 exp(-\frac{2r^2}{w^2}) \quad , \tag{5.8}$$

wo w die Strahltaille ist. Das bedeutet, daß $\nabla I \propto -\vec{r}I(r)$ radial nach außen gerichtet ist. Für negative (rot) Verstimmung des Lasers bzgl. der Resonanzfrequenz erhält man also eine radiale Kraft, die in Richtung $r = 0$ zeigt: ebenso wie im weiter oben beschriebenen makroskopischen Fall stellt die Laser-Strahlachse ein Potential-Minimum dar, in das die Atome hineingezogen werden.

Die Tiefe dieses Minimums ist gering: Bei einer Intensität von $10^9 W/m^2$ sieht ein Natrium-Atom eine Falle mit einem Minimum von 0.5 μeV. Befinden sich die Atome im thermischen Gleichgewicht bei einer Temperatur von nur 5 mK, so können sie aufgrund ihrer thermischen Bewegungen dieser Falle entkommen. Möchte man die Atome in solchen Potentialminima einfangen und vielleicht sogar eine künstliche Gitterstruktur aus gefangenen Atomen erzeugen, so muß man zuerst dafür sorgen, daß die Temperatur der Atome unterhalb 5 mK liegt. Ein grundlegender Weg, Atome mittels optischer Absorptions-Emissions-Zyklen zu kühlen, nämlich Dopplerkühlen, wird in Kapitel 6.3 besprochen. Der Kühlmechanismus basiert auf dem anisotropen Austausch von Photonenimpulsquanten, so daß die minimale Temperatur durch 'statistisches Heizen' gegeben ist, also von der Größenordnung der homogenen Linienbreite Γ des benutzten Übergangs ist: $T_{min} = \frac{\hbar\Gamma}{2k_B} \approx 0.25 \; mK$ für Natrium.

Überlagert man nun zwei polarisierte Lichtwellen mit fester Phasenbeziehung in einer Ansammlung gekühlter Atome, so entstehen stehende Wellen mit Gebieten maximaler und minimaler elektromagnetischer Felddichte. In den Gebieten maximaler Dichte wirken Dipolkräfte, die die Atome an diese Gebiete binden können. Prinzipiell sollten daher regelmäßige, kristallähnliche Strukturen in einem atomaren Gas durch eine solche Überlagerung von Lichtwellen erzeugt werden können [LET77]. Zweidimensionale Kristallisation von Rubidium-Atomen ist durch Überlagerung zweier senkrecht zueinander linear polarisierter, stehender Lichtwellen in einer magnetooptischen Falle realisiert worden [HEM93]. Die Temperatur der Atome in der Falle beträgt etwa 4 μK, so daß die optische Potentialtopftiefe ausreichend ist. Das Schema läßt sich auf drei Dimensionen erweitern, indem man einen weiteren, sorgfältig in der Phase kontrollierten Laserstrahl benutzt. Die Periodizität des entstandenen Kristalls ist durch Bragg-Beugung eines Probe-Strahls belegt worden [WEI95].

Ein 'lichtgebundener' Kristall hat Ähnlichkeit mit einem ultrakalten atomaren Gas sehr hoher Phasenraum-Dichte, in dem es z.B. zur 'Bose-Einstein-Kondensation' (BEC) kommen könnte. BEC [AND95, DAV95, DAL99, MAR00] tritt ein, wenn die Teilchendichte so hoch und die Temperatur der Bosonen so niedrig ist, daß sie alle den selben Grundzustand besetzen. Im Wellenbild, in dem man dem Materie-Teilchen der Masse m und der Geschwindigkeit v eine Materiewelle mit der deBroglie-Wellenlänge $\lambda_{dB} = h/mv$ zuordnen kann hat man es dann an Stelle einer Überlagerung unterscheidbarer individueller Teilchen mit ihren individuellen Wellenfunktionen mit einer einzigen, 'makroskopischen' Wellenfunktion zu tun. Das optische Analog ist der kohärente elektromagnetische Wellenzug, der in einem Laser entsteht. Es ist daher nicht sehr verwunderlich, daß es kürzlich gelungen ist, einen 'Atom-Laserstrahl' [HAG01] zu erzeugen.

BEC ist allerdings nicht durch Benutzung eines Lichtgitters gelungen, da in den bislang realisierten Lichtgittern etwa 90 % der Gitterplätze unbesetzt sind und damit die Phasenraumdichte nicht hoch genug ist. Stattdessen wurde die notwendige Dichte für den Phasenübergang durch optisches Kühlen in einer magneto-optischen Falle ('magnetoopical trap', MOT) mit folgendem Verdampfungs-Kühlen ('evaporative cooling') erzielt. In der MOT werden die anziehenden Kräfte eines inhomogenen elektrischen Feldes (erzeugt durch den Laser) mit den durch ein inhomogenes magnetisches Feld erzeugten Kräften kombiniert. Aufgrund der Zeeman-Verschiebung (Rotverschiebung) der energetischen Niveaus entsteht für Atome, die die Falle verlassen wollen, eine starke rücktreibende Kraft, die mit wachsendem Abstand von der Falle an Stärke zunimmt. Dies komprimiert die Atome im Zentrum der Falle. Durch geschickte zeitliche Variation der magnetischen Felder wird im folgenden den hochenergetischen Atomen erlaubt, die Falle zu verlassen, während die niederenergetischen gefangen bleiben (evaporative cooling). Auf diese erniedrigt man die Temperatur des Ensembles unter die für BEC notwendige Grenztemperatur bei hinreichend hoher Dichte der Atome.

Lichtgitter sind jedoch an und für sich sehr interessante Systeme sowohl in der Grundlagenforschung (Statistik in Vielkörper-Systemen) als auch hinsichtlich möglicher Anwendungen z.B. in der Nano-Lithographie mit ultrakalten Atomen [PRE93].

5.4 Coulomb-Kristalle

Fängt man Ionen in einer elektrischen Paul-Falle[GHO95] (siehe auch Kapitel 6.3) ein, so wird es auf Grund der Coulomb-Wechselwirkung unter geeigneten Bedingungen zu einer Stabilisierung des System in eine kristallähnliche Struktur kommen ('Coulomb-Kristall'). Molekulardynamische Simulationen haben gezeigt, daß der entscheidende Faktor das Verhältnis aus Coulomb-Energie zwischen benachbarten Ionen und der mittleren kinetischen Energie der Ionen ist. Ist dieses Verhältnis größer als 170, sind die Ionen also weit genug abgekühlt, so findet ein Phasenübergang in die feste Phase statt, die Ionen 'kristallisieren'.

In Abbildung 5.5 sind solche Coulomb-Kristalle aus abzählbar vielen Ionen dargestellt. Ionendichten von $10^8 cm^{-3}$ und Temperaturen von einigen milli-Kelvin in der Paul-Falle sind für die Herstellung solcher Strukturen notwendig. Mit wachsender Dichte steigt die Coulomb-Anziehung, so daß die Kristalle auch bei höheren Temperaturen existieren können. Man vermutet, daß im Innern dichter Sterne ('Weißer Zwerge') bei Temperaturen um 100 K Coulomb-Kristalle gebildet werden. Im irdischen Labor sind diese spezielle Art von künstlichen Kristallen ideale Spielwiesen für grundlegende Experimente zur Wechselwirkung von niederenergetischen Teilchen und zu Phasenübergängen in Systemen mit abzählbar vielen Teilchen.

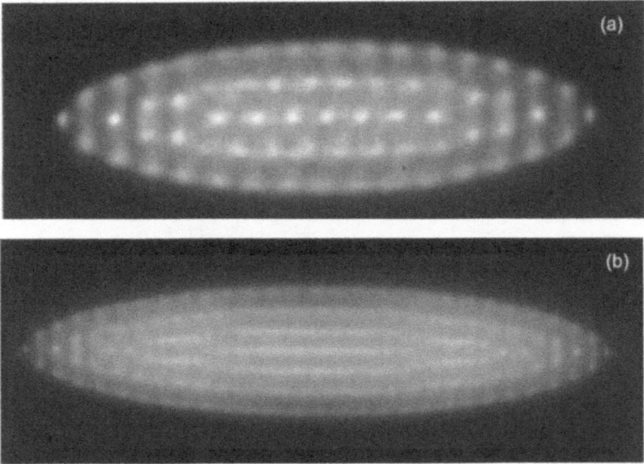

Fig. 5.5 Coulomb-Kristalle, hergestellt aus 200 (a) und 1000 (b) Ionen [DRE03]. Nachgedruckt mit
Genehmigung.

6 Anwendungen

6.1 Optik

6.1.1 Integrierte Optik, Nanooptik und nichtlineare Optik

Um integrierte Optik im Submikrometer-Maßstab erfolgreich anwenden zu können, bedarf
es nanoskalierter Lichtquellen (i) , Detektoren (ii) sowie nanoskalierter Schaltelemente und
optischer Leiter (iii). Im Idealfall sollten diese Elemente auf photonischen Chips mit weiteren
nanoskalierten elektronischen oder optischen Komponenten kombiniert werden können, um
in der Nanophotonik eingesetzt werden zu können.

Im folgenden sollen drei grundlegende Komponenten an bereits realisierten Elementen ver-
anschaulicht werden. Auf das weite Gebiet der optischen Mikrokavitäten [YAM93], aus
denen eine Reihe von Mikrolaser-Konzepten hervorgegangen sind, und ebenso auf die damit verknüpfte Hohlraum-Quantenelektrodynamik [BER94] wird nicht weiter eingegangen.
Grundlagen und Anwendungen optischer Phänomene, die speziell im Zusammenhang mit
nanostrukturierten Materialien auftreten (lokale Feldeffekte, photonische Materialien, optische Nichtlinearitäten, Quantendrähte und Quantenpunkte), werden ausführlich in [MAR01]
diskutiert.

i) Lichtquellen

Maximale Dichte der optischen Informationsübertragung läßt sich mit kohärenten Lichtquellen erzielen. 'Nanolaser' sind daher äußerst wünschenswert als primäre nanophotoni-
sche Komponenten. Abbildung 6.1 zeigt eine mögliche Realisierung. Die 'Nanolaser' haben
Querschnitte von der Größenordnung 100 nm. Kommerzielle Mikrolaser aus GaAs oder GaN
besitzen Querschnitte von einigen Mikrometern. Das laseraktive Material der Nanolaser ist
Zinkoxid (ZnO), das epitaktisch als Kristallit auf einer Saphir-Unterlage aufgewachsen wurde.

Zinkoxid ist ein Halbleiter mit einer weiten Bandlücke (3.37 eV bei Raumtemperatur), der
nach Anregung mit UV-Licht mit Photonenenergien oberhalb der Bandlücke Photolumi-
neszenz und in Form dünner Filme und Mikrostrukturen auch Inversion und Laseraktivität
zeigt [HUA01]. Das Kristallwachstum auf Saphir kann unter geeigneten Umständen zu sehr
langen, einkristallinen Nadeln führen (Durchmesser 100 nm, Länge einige Mikrometer), die
wohldefinierte hexagonale Endflächen besitzen (Abb. 6.1). Diese Endflächen wirken als Spiegel für die durch gepulste Laseranregung in der ZnO-Nadel erzeugten Photonen, so daß ein

intrinsischer Resonator entsteht, der zu Modenselektion und stimulierter Emission führt[1].

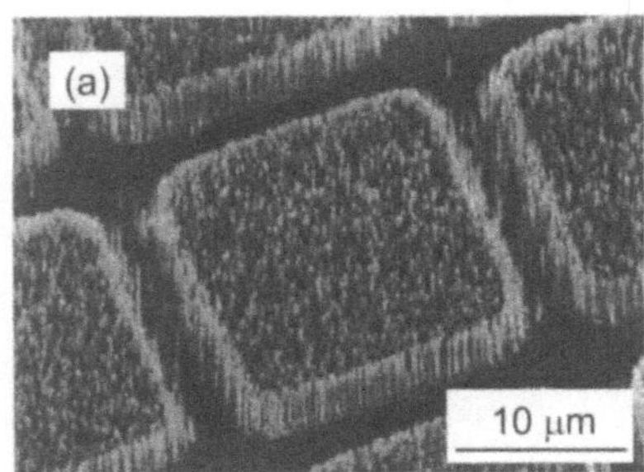
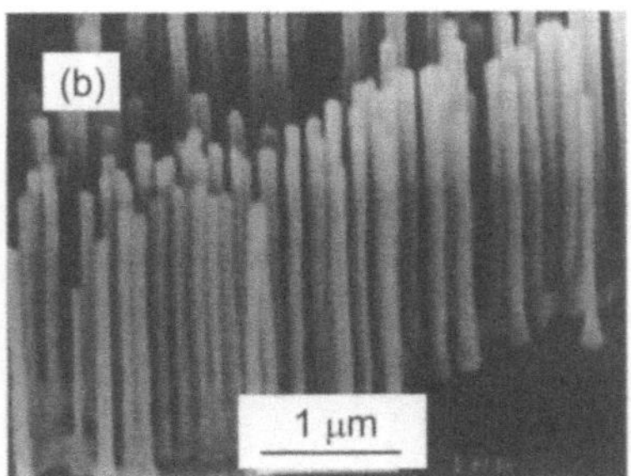

Fig. 6.1 Nanolaser. a) SEM-Aufnahme einer epitaktisch gewachsenen Verteilung von ZnO-Nadeln. b) SEM-Aufnahme mit stärkerer Vergrößerung. Die individuellen Nadeln funktionieren als nanoskalierte Laser. Nachgedruckt mit Genehmigung aus [JOH01]. Copyright 2001 American Chemical Society.

Für die in Abb. 6.1 vorgestellten Verteilungen von ZnO-Nadeln ist Laseraktivität allerdings nur für wenige Prozent der Nadeln mit Hilfe eines Raster-Nahfeld-Mikroskops beobachtet worden. Dies liegt daran, daß die Reflektionseigenschaften der zweiten, auf der Saphir-Oberfläche verankerten Endfläche der Nadeln sehr wesentlich von der Unterlage beeinflußt werden. Selbst im günstigsten Fall ist damit die maximale Zahl der Resonatorumläufe für die Photonen auf etwa drei beschränkt, was einen negativen Einfluß auf das Modenspektrum und speziell die Divergenz des austretenden Laserlichts hat. Vor einer potentiellen Anwendung in der Nanophotonik muß zudem geklärt werden, ob die Laseraktivität auch durch Anlegen einer elektrischen Spannung erzielt werden kann.

Deutlich weiter fortgeschritten sind die selbstorganisierten Quantenpunkt-Laser [KLI01], die bottom-up-Variante der quantum well-Diodenlaser.

ii) Detektoren

Empfindliche, nanoskalierte Photodetektoren lassen sich mit biologischen Materialien erzeugen. Die DNA-Base deoxyGuanosin z.B. ist ein Halbleiter, der in der Form eines selbstorganisierten Films eine Bandlücke von etwa 3.2 eV besitzt. In Kombination mit lithographisch strukturierten Nanoelektroden läßt sich mit diesem Detektor-Material ein biologisch-metallischer Hybrid-Photodetektor herstellen (Abb. 6.2).

Hierzu werden mittels Elektronenstrahl-Lithographie zwei Au/Cr-Elektroden in einem Abstand von etwa 100 nm auf einem SiO_2-Substrat hergestellt. Das DNA-Molekül wird in Chloroform gelöst und als Tropfen auf die strukturierte Oberfläche gegeben. Während des Verdunstens des Chloroforms bilden sich Molekül-Stränge zwischen den beiden Elektroden, die halbleitende Eigenschaften besitzen. Bestrahlung mit Licht führt zur Emission von Elektronen mit einer Empfindlichkeit von bis zu 1 A/W.

---

[1] Man hat es also bis in etliche Details mit einer Nano-Version des von Maiman 1960 vorgestellten ersten realen Lasers (eines Rubin-Lasers) zu tun.

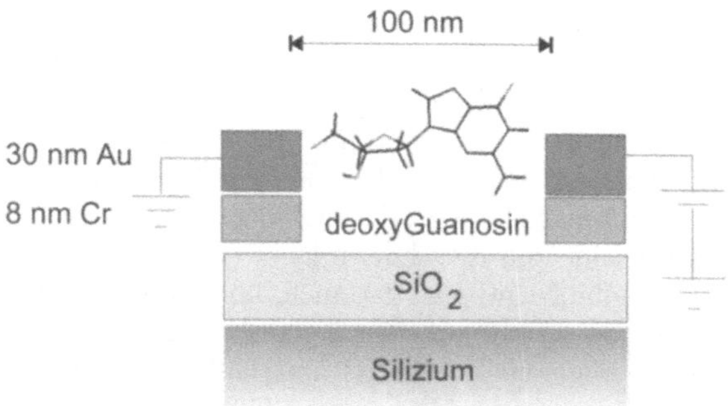

Fig. 6.2 Biomolekularer Hybrid-Photodetektor [RIN01].

Der große Vorteil dieser biomolekularen Hybrid-Detektoren im Vergleich zu voluminöseren Halbleiter-Produkten liegt darin, daß das photoaktive Material sehr einfach z.B. mit einem Farbstrahl-Drucker auf lithographisch im Submikrometer-Bereich vorstrukturierte Oberflächen aufgetragen werden kann[2].

iii) Schaltelemente und Wellenleiter

Organische Filme sind prinzipiell von großem Interesse für integrierte nanooptische Anwendungen aufgrund ihrer potentiell sehr hohen nichtlinear optischen Aktivität. Diese resultiert hauptsächlich aus den stark polarisierbaren konjugierten Π-Elektron-Systemen der Kohlenwasserstoffe, die meist einen Schwanzteil mit Elektronakzeptor -Eigenschaften mit einem Kopfteil mit Elektron-Donor-Eigenschaften verbinden. Für spezielle Farbstoff-dotierte Filme können Werte der zweite Ordnung nichtlinear optischen Polarisierbarkeit bis zu 10^{-13} esu [MAR88] erzielt werden. Zusammen mit Dünnschicht-Wellenleitern sollten so lichtleitende Frequenzverdoppler mit mikroskopischen [NEU94] oder sogar atomaren Dimensionen und hohen Konversions-Effizienzen hergestellt werden können.

Problematisch ist allerdings die gegenseitige Wechselwirkung der einzelnen nanoskalierten Verdoppler-Elemente. Im Gegensatz zu makroskopischen Frequenzverdopplern, die groß gegenüber der Wellenlänge des verdoppelten Lichts sind, sind hier die einzelnen Elemente und auch ihre gegenseitigen Abstände klein gegenüber der einfallenden und frequenzverdoppelten Strahlung. Dies führt zu Interferenzphänomenen, die in einer Überhöhung des erwünschten Effekts aber auch in einer Auslöschung resultieren können. Hinzu kommt, daß elektrostatische Wechselwirkungen die mögliche optimale gegenseitige Ausrichtung der Elemente hinsichtlich einer hohen makroskopischen nichtlinearen Polarisierbarkeit begrenzen. Dies ist z.B. für 'gepolte' Polymer-Stangen aus nichtlinear optisch aktivem Material beobachtet worden und hat dort dazu geführt, daß die erwartete sehr hohe makroskopische Nichtlinearität nicht erreicht wurde [DAL97].

---

[2]Nanoskalierte Photodetektoren auf der Basis von Halbleiter-Quantenpunkten sind ebenfalls entwickelt worden [SHI01]; ihre Funktion ist allerdings nur bei niedrigen Temperaturen (77 K) gewährleistet.

Im Gegensatz zu konventionellen Halbleiter-Elementen, die resonante Schaltzeiten von Nano- oder Pikosekunden besitzen können in organischen Filmen transiente Schalter auf der Femtosekunden-Zeitskala realisiert werden [YAR85]. Zum Beispiel ließe sich mit einem Schaltpuls eine Brechungsindex-Änderung in einem organischen Film induzieren, die als Phasen-Modulation einem nachfolgenden Puls aufgeprägt wird. Oder man schreibt ein Beugungs-Gitter in ein organisches Material, das den folgenden Puls räumlich zwischen zwei nachfolgenden Wellenleitern hin- und herschalten kann (nichtlinearer optischer Richtkoppler). Schließlich erlaubt die hohe Nichtlinearität auch, holographische Beugungsphänomene ('Vierwellenmischen', siehe Kapitel 4.3) auf einer Zeitskala von Femtosekunden auszunutzen. Man könnte einen phasenkonjugierenden Spiegel innerhalb eines ultradünnen Films erzeugen, der wiederum für die Korrektur von Dispersions-Effekten in optischen Datenleitungen genutzt werden kann [FUC91].

Zuschneiden der optischen Eigenschaften

Periodische Teilchen-Anordnungen wie sie in Kap. 3.1.1 und Kap. 5.2 diskutiert werden, lokalisieren das Nahfeld und verstärken unter geeigneten Bedingungen die Wahrscheinlichkeit für Raman-Streuung [KAH98] und optische Frequenzverdopplung (Y.Fainman). Sie ermöglichen es, die optischen Eigenschaften[3] wie z.B. die Extinktionsspektren [GOT96b] oder das durch die Anregung von Oberflächenplasmonen verstärkte Nahfeld zurechtzuschneiden [KRE97]. Besonders die letztere Anwendung ist sehr interessant hinsichtlich möglicher Anwendungen in der Nanooptik. Abbildung 6.3 zeigt eine mit einem Photonentunnel-Mikroskop (PSTM) gewonnene Aufnahme einer Kette von Gold-Clustern auf einer Indium-Zinkoxid (ITO) Oberfläche. Die Cluster mit typischen Dimensionen von 100 x 100 x 40 nm^3 wurden durch Elektronenstrahl-Lithographie erzeugt. Der Abstand zwischen individuellen Clustern beträgt etwa 100 nm, ist also deutlich geringer als die Beleuchtungs-Wellenlänge (633.8 nm). Das PSTM mißt mittels einer Lichtleiter-Spitze die ausgesandte Licht-Intensität nach Beleuchtung der Objekte in der evaneszenten Welle. Es ist also empfindlich auf das optische Nahfeld.

Ein Vergleich mit einer numerischen Simulation (Abb. 6.3c) zeigt, daß die Maximalintensität nicht an der Stelle der Cluster, sondern zwischen ihnen auftritt. Aufgrund der gegenseitigen Wechselwirkung (Plasmonen-Kopplung) wird also eine Eigenschwingung der gesamten Kette von Clustern angeregt, die zu einer Lokalisierung ('squeezing') des optischen Feldes führt: der beobachtete Austrittsfleck des Lichts ist deutlich kleiner (85 nm Durchmesser) als für einen individuellen Cluster (250 nm). In der Tat würde man ohne diesen 'squeezing'-Effekt die individuellen Cluster in der Kette gar nicht auflösen können.

6.1.2   Optische und magnetische Datenspeicherung

Ein Großteil der Datenspeicherung geschieht heutzutage nach wie vor auf magnetischen Medien mit ständig wachsenden Speicherdichten, obwohl RAMs (random access memories) üblicherweise auf Halbleiter-Basis arbeiten (DRAM, dynamic RAM). Mit der Erzeugung

---

[3]Die Größenabhängigkeit der optischen Eigenschaften kann natürlich auch ausgenutzt werden, um mit Laserlicht Teilchen bestimmter Größe anzuregen und z.B. zu desorbieren; siehe [BOS99].

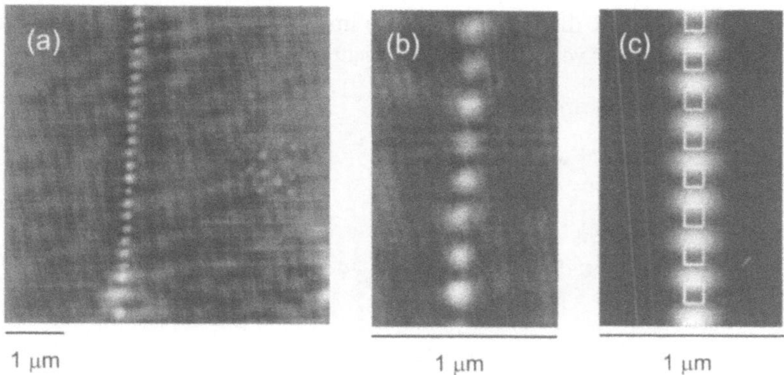

Fig. 6.3 (a) Lineare Kette von Gold-Nanopartikeln auf einer ITO-Oberfläche. (b) Vergrößerung von (a); (b) numerische Simulation. Die Position der Cluster ist mit weißen Quadraten dargestellt. Nachgedruckt mit Genehmigung aus [KRE99]. Copyright 1999 The American Physical Society.

nanoskalierter periodischer magnetischer Strukturen (vgl. Kapitel 3.1.1) könnte es in naher Zukunft möglich werden, MRAMs (magnetic RAM) an Stelle der DRAMs einzusetzen, mit verbesserter Speicherkapazität, stromloser Speicherung und geringerem Energieverbrauch. Hierzu müssen die magnetischen Quantenpunkte im periodischen Raster individuell angesprochen, ausgelesen und die Magnetisierungs-Richtung verändert werden. Dies ist augenblicklich noch schwierig, da die Raster in der Regel keine Rotationssymmetrie besitzen, während die hohe Lese- und Schreibgeschwindigkeit heutiger Festplattenspeicher gerade auf ihrer Rotationsgeschwindigkeit beruht. Prinzipiell steht jedoch der Erzeugung rotationssymmetrischer selbstorganisierter Muster aus magnetischen Quantenpunkten nichts im Wege.

An dieser Stelle soll nicht näher auf die vielfältigen Aspekte magnetischer Datenspeicherung und nanoskalierter magnetischer Effekte eingegangen werden. Es sei auf [NAL02] für einen neueren Überblick verwiesen und erwähnt, daß die Erzeugung ultradünner magnetischer Filme und die damit verbundenen neuen magnetischen Effekte z.B. aufgrund der Tatsache, daß die Schichtdicken von der Größenordnung der mittleren freien Weglänge der Leitungsbandelektronen sind, einen außerodentlich großen Einfluß auf die gegenwärtige Computertechnologie gehabt haben. Ein Beispiel ist die dramatische Änderung des elektrischen Widerstands in Film-Systemen aus einer ferromagnetischen (z.B. 2 nm Kobald), einer nichtmagnetischen (z.B. 2 nm Kupfer) und einer durch eine antiferromagnetische Schicht (Nickeloxid) gebundenen ferromagnetischen Schicht (2 nm Kobald) bei Anlegen eines äußeren Magnetfeldes (GMR, 'giant magnetoresistance' [BAI88, GRU01]). In den meisten der heutzutage verwendeten Leseköpfe für Festplatten werden solche GMR-Dünnschicht-Sensoren mit Ausleseraten von etwa 10^8 Hz verwendet. Durch Austausch der leitenden nichtmagnetischen Schicht mit einer Isolatorschicht sollten sich die Empfindlichkeit und damit die mögliche Ausleserate nochmals verbessern lassen (TMR, tunneling magnetoresistance).

Neben magnetischen Speichermedien sind laserstrukturierte Medien (CDs und DVDs) weit verbreitet. Eine interessante Möglichkeit, die Flächen-Datendichte auf einem solchen Spei-

chermedium zu erhöhen, ist die Datenaufnahme im Nahfeld (NFR, 'near field recording').
Abb. 6.4 zeigt einen hierfür verwendeten Datenschreibkopf.

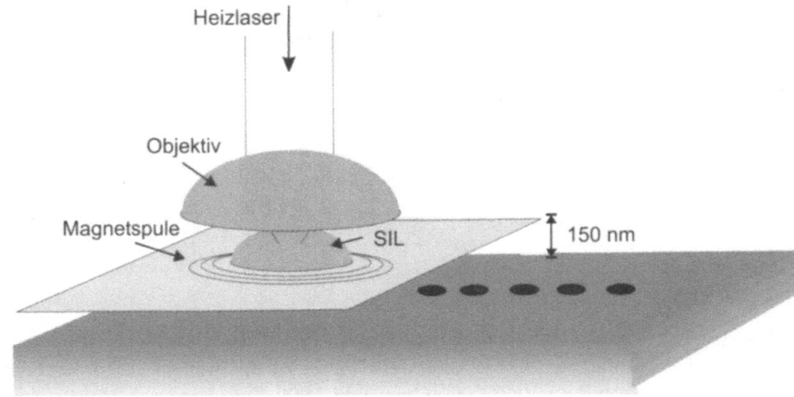

Fig. 6.4 NFR-Datenschreibkopf ('flying head') .

Der Schreibprozeß geschieht dadurch, daß ein Laserstrahl die Oberfläche an einem beugungsbegrenzten Punkt mit hoher Heizrate von einigen 10^{11}K/s auf einige hundert Grad
Celsius aufheizt, so daß mit einem vergleichsweise kleinen, gepulsten magnetischen Feld ein
geichtete magnetisierter Punkt erzeugt werden kann. Da sich die für das Feld verwendete
Spule im Schreibkopf selber befindet, kann die Magnetisierung auf einer sehr kurzen Zeitskala geändert werden ('direct overwrite'). Die mögliche Datendichte ist nur durch die Größe
des beugungsbegrenzten Laser-Fokus-Durchmessers gegeben, der das magnetisierte Gebiet
lokalisiert. Dieser Durchmesser hängt von der numerischen Apertur (NA) des abbildenden
Objektivs ab (vgl. Gleichung 4.5).

In der Mikroskopie erhöht man die NA z.B. durch Verwendung eines Immersionsmittels,
also durch Ausnutzung von Totalreflektion (Abb. 4.4). Im NFR-Datenschreibkopf wird dies
durch eine halbierte Linse aus einem Material mit hohen Brechungsindex n_{SIL} erreicht (SIL:
'solid immersion lens'), die sich im optischen Nahfeld der Oberfläche bzgl. der verwendeten
Laser-Wellenlänge befindet (typisch etwa 150 nm). Dieser geringe Abstand zwischen Datenschreibkopf und Medium wird durch ein Luftkissen erzeugt. Aus Gleichung 4.5 ersieht
man sofort, daß für $n_{SIL}=2$ eine Reduktion des Fleck-Durchmessers um einen Faktor 2
erreicht werden kann. Eine zusätzliche Erhöhung der Datendichte kann durch Benutzung
kürzerer Wellenlängen (z.B. eines blauen Schreiblasers) und durch spezielle Schreibverfahren
(überlappende Muster) erreicht werden [TER99].

6.1.3   Photonische Kristalle

Halbleiter haben sich deswegen als so nützliche Materialien für die Elektronik-Industrie
herausgestellt, weil sich in ihnen auf Grund ihrer Bandlücke der Transport von Leitungs-
Elektronen kontrollieren läßt. Die Bandlücke zwischen Valenz- und Leitungsband deckt

einen Energiebereich ab, innerhalb dessen Elektronen sich nicht durch den Festkörper bewegen können. Ist die Elektronen-Energie allerdings hoch genug, um die Lücke zu überwinden, können die Elektronen nahezu ungehindert im Leitungsband propagieren.

Ein ähnlicher Effekt läßt sich mit Licht erzielen wenn es gelingt, eine 'photonische Bandlücke' in einem dielektrischen Material zu erzeugen. Durch das Einbringen einer geeigneten dreidimensionalen periodischen Anordnung von makroskopisch gleichförmig verteilten Streuern ('künstlichen Atomen' eines neu geschaffenen Materials) entsteht innerhalb des Materials eine Bandstruktur für auftreffende Photonen. Es gibt also einen oder mehrere Frequenzbereiche $\nu \cdot a/c = f$ (a ist die Gitterkonstante), wo $f < 1$, innerhalb derer es Photonen - unabhängig von ihrer Richtung - nicht möglich ist, sich auszubreiten. Das einfallende Licht wird in seiner Propagation und seinem Frequenzspektrum moduliert. Im allgemeinen werden solche Materialien als 'photonische Kristalle' (photonic crystals) bezeichnet [JOA95, JOA97, JOA97a, SIG01].

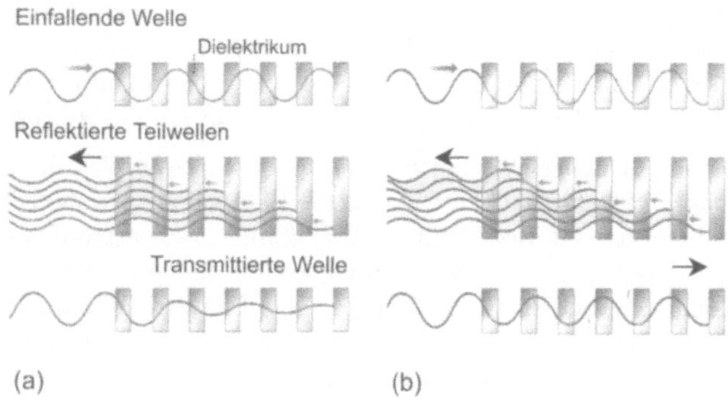

Fig. 6.5 Wirkungsweise einer eindimensionalen photonischen Bandlücke [YAB01]: (a) einfallendes Licht wird innerhalb der Bandlücke phasenrichtig reflektiert und löscht das transmittierte Licht. (b) Außerhalb der Bandlücke erfolgt die Reflektion phasenverschoben, so daß nur eine geringfügige Abschwächung des transmittierten Lichts auftritt.

Daß die Idee funktionieren kann, läßt sich an evolutionär optimierten natürlichen Strukturen wie z.B. Schmetterlingsflügeln ablesen (Kap. 6.4). Die Flügel bestehen aus periodischen Anordnungen von Quer- und Längs-Stegen in fcc-Struktur mit typischen Dimensionen im Submikrometer-Bereich. Hierdurch werden Lichttransmission und -reflexion modifiziert, und der Schmetterlingsflügel schillert unter bestimmten Winkeln in allen Regenbogenfarben. Die Winkelabhängigkeit resultiert daraus, daß die photonische Bandlücke unvollständig ist. Um eine vollständige photonische Bandlücke zu erhalten muß das Licht für einen gewissen Wellenlängen-Bereich perfekt und unabhängig von der Ausbreitungs-Richtung im Kristall reflektiert werden.

Wie man am Beispiel des Schmetterlingsflügels sieht, kann prinzipiell jedes Material, dessen Brechungsindex sich periodisch auf einer typischen Skala von einer halben Wellenlänge ändert, als photonischer Kristall wirken. Allerdings sind für die Erzeugung einer vollständigen Bandlücke die Anforderungen an die kristallographische Struktur des künstlich veränderten Dielektrikums nicht-trivial. Es hat sich herausgestellt, daß sich mit der Diamant-Struktur (tetrahedral) die besten Ergebnisse erzielen lassen. Ein Beispiel für eine dreidimensionale periodische dielektrische Struktur mit einer solchen *vollständigen* photonischen Bandlücke ist in Abb. 6.6 gezeigt [JOH00]. Die Struktur besteht aus einer Anordnung von periodischen dielektrischen Röhren in Luft sowie Luftzylindern in einem Dielektrikum, die einem in (111) Richtung orientierten, flächenzentriert kubischen (fcc) Gitter von niedrigindiziertem Material innerhalb eines hochindizierten Materials entspricht. Die Luftzylinder haben Radien von 0.293 a (a ist die fcc Gitterkonstante) und Höhen von 0.93 a.

Licht kann sich auch innerhalb der Bandlücke des photonischen Kristalls ausbreiten, wenn es eine Störstelle gibt, die Symmetrie also gebrochen ist. Ein Punkt-Defekt wirkt dann wie ein Hohlraum ('cavity'), in dem das Photon lokalisiert werden kann, ein Liniendefekt wie ein Wellenleiter und ein planarer Defekt wie ein perfekter Spiegel. Da das periodische Gitter hinsichtlich Struktur und Material vollständig künstlich hergestellt wurde (z.B. durch Einbringen eines nanoskopischen Lochrasters), lassen sich natürlich auch die Defekte vollständig manipulieren, was in einer uniformen und perfekten Abstimmbarkeit der Photonen-Eigenschaften resultiert. Z.B. läßt sich mit dem Punkt-Defekt in einem dünnen, epitaktisch gewachsenen Film ein nanoskalierter Laser-Resonator mit einem typischen Volumen von $(\lambda/2)^3$ herstellen. Das entspricht einigen zehntel Kubik-Mikrometern.

Die Erzeugung photonisch nutzbarer, periodischer Strukturen erfolgt in der Regel mit mikromechanischen oder lithographischen Techniken. Eine sehr elegante Alternative ist die Ausnutzung von Selbstorganisations-Effekten. Z.B. können Wassertropfen als Schablone für eine dreidimensionale Lochmaske in einem Polymer-Film dienen [SRI01]. Die Methode ist ähnlich der Schablonen-Methoden, die geordnete Anordnungen kolloidaler Teilchen (meist Polystyrol- oder Glas-Kugeln) ausnutzen (siehe Kap. 5.2): in einem Selbstorganisations-Prozeß entsteht eine geordnete Struktur von Kugeln mit Nanometer-Größe; der Zwischenraum zwischen den Kugeln wird mit einer Flüssigkeit ausgefüllt, die sich verfestigt; nach chemischer Entfernung der ursprünglichen Kugeln bleibt ein Skelett übrig, das das gewünschte zwei- oder dreidimensionale Lochraster mit Submikrometer-Dimensionen besitzt. In der in [SRI01] beschriebenen neuen Methode kann auf den chemischen Ätz-Prozeß verzichtet werden, da das geordnete Lochraster durch Wassertropfen aus einem Strom feuchter Luft erzeugt wird, der das Polymer trifft. Nach Verdampfen der Wasserblasen bleibt im festen Polymer ein geordnetes Lochraster zurück (Abb. 6.7). Die Größe der Löcher can mittels der Geschwindigkeit des Luftstroms zwischen 200 nm und 20 μm variiert werden. Im gezeigten Bild beträgt der Lochdurchmesser etwa 2 μm.

Fährt man die Fokusebene eines konventionellen Lichtmikroskops durch eine solche dreidimensionale Struktur (Abb. 6.7a - h), so läßt sich die dreidimensionale Ordnung nachweisen. Z.B. veschwindet der in Bild 6.7b sichtbare Defekt in der Mitte des Bildes für tiefere Schichten unterhalb 10 μm und macht einer wiederum geordneten Strukur Platz.

Mit Durchmessern von 2 Mikrometern sind die 'künstlichen Atome' des photonischen Kristalls aus Abb. 6.7 zwar mikroskopisch, aber nicht im eigentlichen Sinne nanoskopisch. Der im Sinne dieses Begriffs optimale Fall wäre das periodische Einfangen isolierter Atome in einem vorgegeben Gitterabstand von der Größenordnung der Wellenlänge des zu manipulierenden Lichts. Dies gelingt mittels dreidimensionaler Lichtgitter, die ultrakalte Atome binden (Abschnitt 5.3).

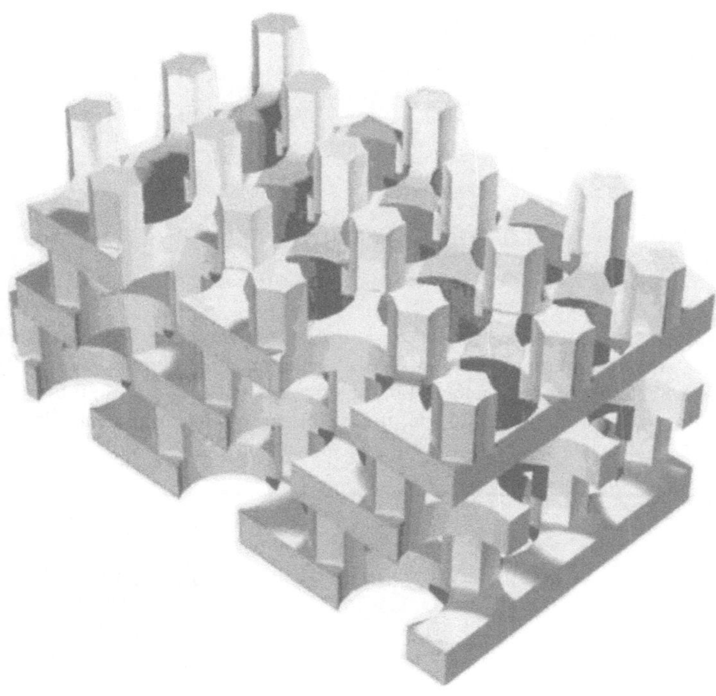

Fig. 6.6 3D photonischer Kristall (Computer-Simulation). Der Kristall besteht aus einem fcc Gitter von Luftlöchern in einem Dielektrikum. Nachgedruckt mit Genehmigung aus [JOH00]. Copyright 2000 American Institute of Physics.

Photonische Kristalle können genutzt werden, um z.B. effizientere LEDs, nanoskalierte Laser in zweidimensionalen Bandlücken-Materialien, effiziente Kreuzungen in Wellenleitern, sehr selektive optische Filter, ultraschnelle optische Schalter und integrierte photonische Schaltungen sowie neuartige optische Fasern ('photonic crystal fiber', PCF) herzustellen. Die PCF [KNI96, KNI01] (Abb. 6.8) ist im Grunde kein dreidimensionaler photonischer Kristall, sondern eine gestreckte zweidimensionale photonische Struktur. Sie besteht typisch aus einer hexagonalen Anordnung von submikrometer-großen Löchern, die parallel über die gesamte Faserlänge verlaufen und das geführte Licht auf den zentralen Glaskern innerhalb der dreieckigen Anordnung konzentrieren. Man modifiziert also die innere Totalreflektion, die die Lichtleitung in einer konventionellen optischen Faser bestimmt, durch ein verstärktes optisches 'confinement' in der speziellen Lochanordnung im Fasermantel ('cladding'). Der effektive Brechungsindex des Mantels wird durch das Einfügen von 'Luftlöchern' (Bild 6.8) erhöht. In Abb. 6.8b sind die Nahfeld- und in 6.8c die Fernfeld-Intensitätsverteilungen des transmittierten Lichts gezeigt. Aus der Stabilität und Symmetrie der Intensitätsverteilung folgt, daß die photonische Faser Einmoden-Charakter besitzt.

Fig. 6.7 Photonische Struktur durch Selbstorganisation von Wasser-Tropfen. Rechts ist eine Hellfeld-Aufnahme der hexagonal geordneten Loch-Verteilung im Polymer gezeigt. Teilbilder (a) bis (h) sind optische Schnitte durch Vielfach-Loch-Lagen mit (a: -2.55 μm, b: 0 μm, c: 2.55 μm, d: 5.10 μm, e: 7.65 μm, f: 10.20 μm, g: 12.75 μm, h: 15.30 μm). Nachgedruckt mit Genehmigung aus [SRI01]. Copyright 2001 Science.

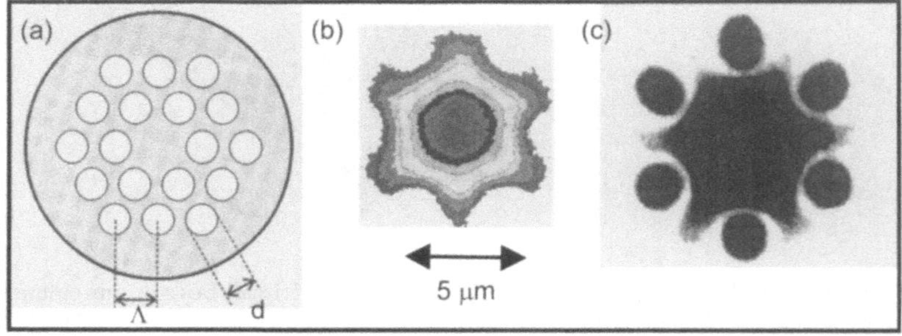

Fig. 6.8 (a) Querschnitt durch eine photonische Faser. (b) Nahfeld- und (c) Fernfeld-Intensitäts-verteilungen transmittierten Laserlichts. Nachgedruckt mit Genehmigung aus [KNI01]. Copyright 2001 John Wiley and Sons.

Sorgt man dafür, daß sich das geführte Licht durch ein zentrales Loch innerhalb eines Mantels aus photonischem Bandlücken-Material fortpflanzt, so ist ein offensichtlicher Vorteil dieser Art von Lichtfasern, daß sie sehr hohe Lichtintensitäten transportieren können. In konventionellen Fasern begrenzen nichtlineare Effekte im inneren Glaskern die maximal möglichen Intensitäten. Für viele Anwendungen in der ultrapräzisen Metrologie oder in der Ultrakurzzeit-Optik sind allerdings optische Fasern mit sehr hohen Nichtlinearitäten auch gerade erwünscht. Hier lassen sich PCF's wie diejenige in Bild 6.8 einsetzen. Der geringe Kerndurchmesser führt zu verstärkter nichtlinearer Wechselwirkung in Form von Selbstphasen-Modulation, während die Gruppengeschwindigkeits-Dispersion durch die Anordnung der Löcher im Mantel reduziert wird. Daher können sich sehr kurze optische Pulse weiter in dieser Art Fasern ausbreiten als in konventionellen Fasern, so daß die nichtlineare Wechselwirkung mit dem Glaskern maximiert wird [RAN00, WAD00]. Im Endergebnis erhält man stark verbreiterte Spektren, die für die weitere zeitliche Kompression der kurzen

Pulse genutzt werden können (vergleiche das folgende Kapitel).

6.1.4 Kurzzeit-Dynamik in Nanostrukturen

Ultrakurze Laserpulse (Piko- oder Femtosekunden, 10^{-12} or 10^{-15} s) lassen sich seit gut zehn Jahren ohne großen Aufwand benutzen, um Oberflächen auf einer Mikro- oder Nanometerskala zu strukturieren oder dynamische Prozesse auf diesen Oberflächen mit extrem hoher Zeitauflösung zu studieren [DIE96, BON00]. Hauptverdienst an diesen neuen Möglichkeiten hat die Entwicklung robuster, relativ einfacher 'table top' Femtosekunden-Laser-Systeme, die auf der Basis von 'Selbst-Modenkopplung' (*self-locking*, meist *Kerr lens mode-locking*, KLM) funktionieren [RUL98].

Die Absorption ultrakurzer Laserpulse in Festkörpern resultiert in extrem hohen elektronischen Anregungsraten, so daß aus den möglichen Relaxationsprozessen die schnellsten selektiert werden. Das sind in der Regel rein elektronische Prozesse (z.B. Elektron-Elektron-Streuung), die auf einer Femto- oder Subfemtosekunden-Zeitskala ablaufen. Kopplung an Gitterschwingungen (Elektron-Phonon-Kopplung) und die nachfolgende thermische Relaxation kann auf diese Weise *während* des Laserpulses vermieden werden. Vielleicht noch bedeutender ist, daß sich neue Anregungskanäle durch Mehrphotonen-Absorption im Hochleistungs-Regime auftun wo das elektrische Feld des Lasers die Schwelle zu optischem Durchbruch ('optical breakdown') überschreitet und ablatiertes Material auf einer ultraschnellen Zeitskala in ein Plasma transformiert wird. Auf diese Weise können die charakteristischen Zeitskalen für Ablationsprozesse signifikant verkürzt werden, die andernfalls durch Impulserhaltung aufgrund der relativ großen Masse der ablatierten Partikel beschränkt werden.

Für die Charakterisierung von Prozessen auf der Femtosekunden-Zeitskala bieten sich Pump/Probe- oder Korrelations-Techniken an. In einem Autokorrelations-Experiment werden zwei Laserpulse mit der zeitlichen Verzögerung $\Delta\tau$ in einem nichtlinear optisch aktiven Kristall frequenzverdoppelt [DEM91]. Ein Michelson-Interferometer dient dazu, den ursprünglichen Puls der Frequenz ω in zwei Pulse aufzuspalten, von denen einer bzgl. des anderen zeitlich durch Änderung seines optischen Weges verzögert wird. Der Kristall wird so ausgerichtet, daß die Phasenanpassungs-Bedingung für Frequenzverdopplung nur erfüllt ist falls zwei Photonen von beiden Strahlen (getrennt durch einen kleinen Winkel) auf den Kristall auftreffen. Hinter einem Farbfilter wird Licht der Frequenz 2ω als Funktion der Verzögerungszeit $\Delta\tau$ zwischen den beiden Pulsen beobachtet. Da die Intensität des frequenzverdoppelten Lichts proportional zum Quadrat der einfallenden Licht-Intensität ist, ist die beobachtete Signalintensität gegeben durch

$$I_{2\omega} \quad \propto \quad \int |[E_0(t)\exp(i(\omega t + \phi)) +$$
$$E_0(t - \tau)\exp(i(\omega(t - \tau) + \phi(t - \tau)))]^2|^2 \mathrm{d}t. \tag{6.1}$$

Neben dem frequenzverdoppelten Signal, das durch jeden der beiden Pulse einzeln erzeugt wird, findet man noch ein zeitkorreliertes Signal, das sein Maximum erreicht wenn die

Verzögerung zwischen den beiden Pulsen gegen Null geht. Eine typische Messung für einen 51 fs Puls ist in Bild 6.9 gezeigt.

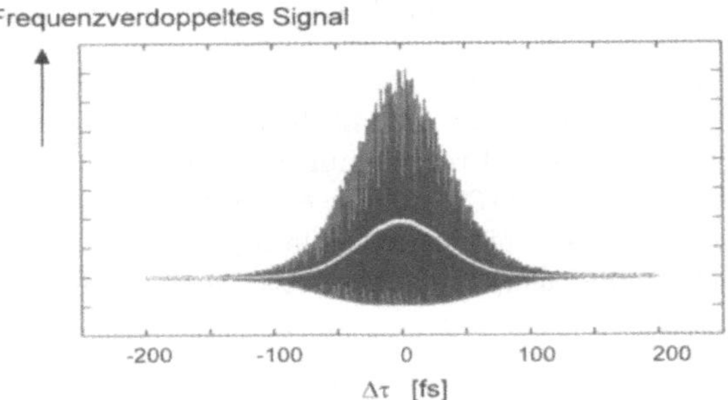

Fig. 6.9 Interferometrisch gemessene Autokorrelations-Funktion zweiten Grades, durch Frequenzverdopplung eines 51 fs langen Laserpulses gewonnen. Mittlung über die Oszillationen resultiert in der durchgezogenen hellen Kurve, die einem sech^2 zeitlichen Puls-Verlauf entspricht [KLE97].

Im Falle einer instantanen nichtlinear optischen Antwort des Kristalls läßt sich in dieser Art Autokorrelator durch Änderung der optischen Weglänge die zeitliche Pulsform des Lasers bestimmen. Für Fourier-limitierte Gauß-Pulse ist dies $\tau_{\mathrm{laser}} = \tau_{\mathrm{ac}}/\sqrt{2}$, wo τ_{ac} die gemessene Halbwertsbreite des Pulses bezeichnet. Falls auf der anderen Seite die Pulsbreite des Lasers gut bekannt ist, erhält man mit einer Messung dieser Art charakteristische Zeitkonstanten für die Erzeugung des nichtlinear optischen Signals. Allerdings muß insbesondere bei der Messung ultraschneller Prozesse mit Zeitkonstanten unter 100 fs die Propagation des Lichtpulses durch die verschiedenen optischen Elemente des Aufbaus sehr sorgfältig berücksichtigt werden. Im Verlauf einer solchen Propagation kann ein 'chirp'[4] entstehen, der kompensiert werden muß bevor Schlußfolgerungen über den physikalischen Ursprung beobachteter Pulsverbreiterungen oder -verschmälerungen gezogen werden können. Sehr nützlich zur Beurteilung der zeitlichen und spektralen Qualität des ultrakurzen Pulses ist die *gleichzeitige* Messung von zeitlichen ($\Delta\tau_{\mathrm{laser}}$) und Frequenz-Spektren ($\Delta\omega$) . Im Falle eines Bandbreiten-limitierten Pulses mit einem sech^2 zeitlichen Intensitäts-Verlauf ohne Chirp ist das Produkt der spektralen Breiten $\Delta\omega \times \Delta\tau_{\mathrm{laser}}$=1.978 [DIE85]. Abweichungen von diesem Wert deuten auf einen 'chirp' hin.

Im Falle von Pump/Probe-Experimenten erhält man ähnliche Resultate, muß aber auch die gleiche Sorgfalt bei der Vermeidung von Pulslängen-Veränderungen in optischen Elementen an den Tag legen. Üblicherweise haben die Laserpulse hier verschiedene Frequenzen, so daß ein Puls zur Anregung des Systems genutzt werden kann, während der zweite die zeitliche Entwicklung des erzeugten Nichtgleichgewichts-Zustandes probt. Um Kohärenz zu erhalten, sollten Pulse mit unterschiedlichen Frequenzen durch zusätzliche optische Elemente (etwa nichtlinear optisch aktive Kristalle) aus der selben Laserquelle gewonnen werden.

---

[4]Als 'chirp' wird eine zeitliche Verbreiterung des Pulses bezeichnet. Im Falle normaler Dispersion ($dn/d\lambda <$ 0) werden hierbei die Hochfrequenz-Komponenten zeitlich verzögert und die Niedrigfrequenz-Komponenten beschleunigt.

Elektronische Relaxation an Oberflächen und in ultradünnen Filmen

Neben fundamentalem Interesse an einem Verständnis der Dynamik in Systemen mit einge-
schränkten Dimensionen sind die Hauptziele zeitaufgelöster Untersuchungen an ultradünnen
Filmen mögliche Anwendungen als optoelektronische Elemente. Sehr viel der verfügbaren
Literatur konzentriert sich auf die dynamischen Eigenschaften von metallischen Filmen,
insbesondere von Gold- oder Silberfilmen.

Die Absorption von Laserlicht in dünnen metallischen Filmen resultiert häufig in einer kollektiven elektronischen Anregung falls die Filme aus Inseln bestehen oder die Anregungs-
bedingungen so gewählt werden, daß Oberflächen-Plasmonen angeregt werden können. Für
den letzteren Fall ist am Beispiel eines 45 nm dicken Silberfilms auf einem Glas-Prisma
die Impuls-Lebensdauer von nicht-lokalisierten (propagierenden) Oberflächenplasmonen an
Hand der räumlichen Abklingkurve zu 48 ± 3 fs bestimmt worden [EXT88]. Für einen 40 nm
dicken Gold-Film betrug sie sogar nur 20 fs [KRO95]. Im Falle eines 70 nm dicken Silberfilms auf einer Gitterstruktur haben zeitaufgelöste Messungen in der ATR-Geometrie [5] eine
Lebensdauer von weniger als 10 fs ergeben [KRO88]. Die Impuls-Zerfallszeiten kohärent
vielfach gestreuter Oberflächen Plasmon-Polaritonen in 35 nm dicken Gold-Filmen wurden
ebenfalls mittels zeitaufgelöster ATR-Messungen zu 56 fs bestimmt, wobei wachsende Oberflächen-Rauhigkeit zu einem deutlichen Anwachsen der Dämpfungsrate führte [WAN96].
Falls der Film diskontinuierlich ist, also aus isolierten Inseln oder 'Clustern' besteht, sollten die Lebensdauern der lokalisierten Oberflächen-Plasmonen aufgrund eines zusätzlichen
Dämpfungsterms (nämlich der Streuung und Dephasierung an der Cluster-Oberfläche) noch
kürzer sein.

Der Zerfall von Oberflächen-Plasmonen bedeutet, daß der kohärente Charakter der Anregung verloren geht, wogegen die Verteilung hoch angeregter, 'heisser' Elektronen wei-
terhin existiert. Die Dynamik dieser Elektronen ist mit einer Vielzahl transienter Techniken unter Benutzung ultrakurzer Pulse untersucht worden. Neben Messungen der linearen
transienten Reflektivität haben sich insbesondere Messungen mittels nichtlinearer Techniken (z.B. transienter Oberflächen Frequenzverdopplung (SHG)) als besonders nützlich
erwiesen. Mit Photonen-Energien nahe der Schwelle zu Interband-Übergängen (2.4 eV in
Gold) erwartet man, daß das SH-Signal sehr empfindlich auf transiente Änderungen in der
Elektronen-Temperatur ist [HOH96, LUC97]. Im Gegensatz zu linearen Thermoreflekti-
vitäts-Messungen wo Reflektivitätsänderungen von 10^{-3} oder weniger [SUN94] beobachtet
wurden, ändern sich die nichtlinearen Reflektivitäten im Prozent-Bereich. Zwei mögliche
experimentelle Anordnungen für solche Messungen sind in Abbildung 6.10 dargestellt.

Generell hängt die Änderung in der Oberflächen-Reflektivität von der transienten Änderung der dielektrischen Funktion des beobachteten Metall-Films ab, die wiederum von der
Zustandsdichte und somit der lokalen Elektronen-Temperatur abhängt. Daher kann die Reflektivität eines durch ein Pump-Photon angeregten Metall-Films vergrößert oder auch verringert werden, abhängig davon ob die Energie des Probe-Photons größer oder geringer als
die Interband-Übergangs-Energie ist [SUN94]. Im ersteren Fall wird die Absorptivität verringert, da die Elektronenbesetzung oberhalb des Fermin-Niveaus durch den Laer vergrößert
wurde. Lineare Pump/Probe Messungen an dünnen Edelmetall-Filmen deuten darauf hin,

---

[5]'ATR' steht für 'attenuated total reflection', siehe Kapitel 4.3.

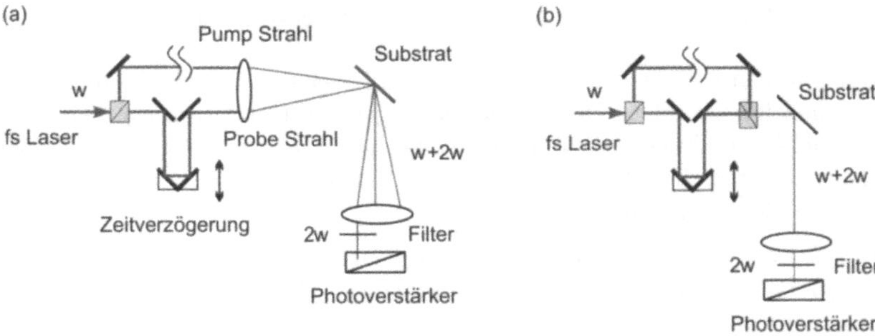

Fig. 6.10 Aufbau für zeitaufgelöste Messungen linearer und nichtlinearer Reflektivitäten von Oberflächen. (a) Pump/Probe Anordnung. Der Detektor nimmt das zweite Harmonische Signal 2ω, induziert durch einen Probe-Puls auf, während der Zeitpunkt des Pump-Pulses hinsichtlich des Probe-Pulses durch Ändern der optischen Weglänge im μm-Bereich variiert wird. (b) Im Anschluß an eine zeitliche Verzögerung werden Probe- und Pump-Puls wieder zusammengeführt, um eine kollineare Autokorrelations-Funktion auf dem zu untersuchenden Substrat zu messen.

daß eine verzögerte Thermalisierung des Elektronengases mit einer typischen Zeitkonstante von 500 fs auftritt. Diese Zeitkonstante wächst bis in den Pikosekunden-Bereich nahe der Fermi-Energie aufgrund der Tatsache, daß die für die Relaxation nutzbaren freien Zustände nach und nach aufgefüllt werden [SUN94].

Ein interessanter Aspekt insbesondere für nanoskalierte, ultradünne Filme ist die Abhängigkeit der transienten Reflektivität [BRO87, HOH97] und der Elektron-Phonon-Kopplungszeit von der Filmdicke. Man findet, daß die Elektronen-Temperatur von Filmen, die dünner als 100 nm sind, homogen ist, d.h. daß ballistischer Elektronentransport dominiert. Die Elektron-Phonon-Kopplungszeitkonstante nimmt mit geringer werdender Filmdicke zu (Abb. 6.11).

Für 'ultradünne' Filme (Dicken unterhalb 16 nm für Gold auf Glimmer)[6] hängt der genaue Wert der Relaxations-Zeitkonstanten von der Morphologie des Films ab, also von der Form und Größe der diskontinuierlichen Verteilung von Metall-Clustern auf der Oberfläche (siehe weiter unten).

Eine weitere, in den letzten Jahren entwickelte spektroskopische Möglichkeit, ultraschnelle Phänomene in dünnen Filmen oder auf Oberflächen zu untersuchen, ist zeitaufgelöste Bildpotential-Spektroskopie, oder allgemeiner Zwei-Photonen Photoemission (two-photon photoemission, TPPE) [RUD77, SCH88, FAU95]. Die Idee ist, mittels eines kurzen Laserpulses $h\nu_1$ ein Elektron aus dem Leitungsband des Festkörpers anzuregen, das eine Polarisationsladung im Metall und damit einen Coulomb-Potentialtopf induziert. Dieser 'Bildzustand' hat diskrete mögliche Bindungsenergien

---

[6]Ein Maß für 'ulradünn' im Sinne von 'diskontinuierlich' ist die Tatsache, daß für nominelle Massendicken unterhalb 16 nm die Gold-Filme durch Beschuß mit niederenergetischen Elektronen (z.B. in einem LEED) aufgeladen werden, die Elektronen also nicht mittels Leitung durch den Metallfilm abtransportiert werden können.

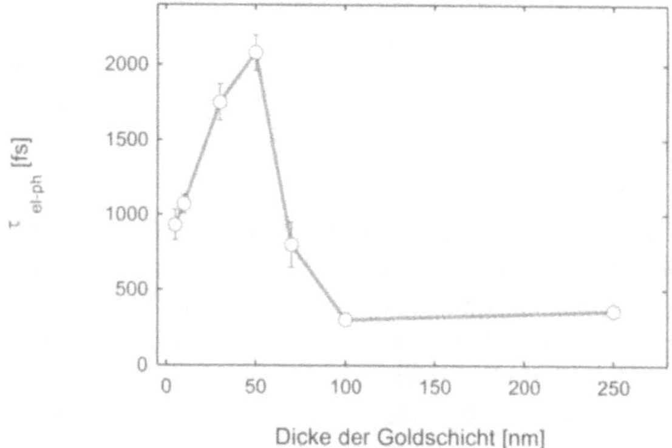

Fig. 6.11 Gemessene Elektron-Phonon Zerfallszeiten τ_{el-ph} für Goldfilme unterschiedlicher Dicken. Kraftmikroskop-Bilder einiger ausgewählter Filme sind in Abbildung 6.12 zu sehen.

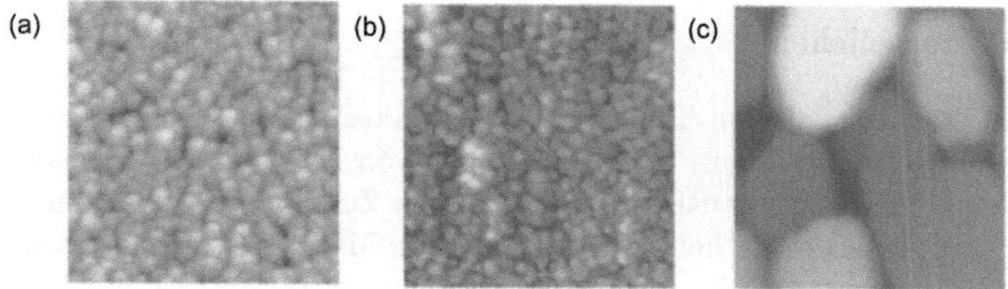

Fig. 6.12 AFM-Bilder (1 × 1 μm) von Goldfilmen, aufgedampft auf Glimmer. Die statistische Rauhigkeit des 5 nm dicken Films (a) beträgt δ=2.49 nm, diejenige des 10 nm dicken Films (b) δ=3.0 nm und die des 50 nm dicken Films (c) δ=16.03 nm.

$$E_B = \frac{-0.85}{n^2}[eV] \tag{6.2}$$

bzgl. des Vakuum-Niveaus V_0 entsprechend einer Rydbergreihe mit Quantenzahl n. Die entsprechenden Wellenfunktionen haben Maxima bei $3.17n^2$ außerhalb der Oberfläche. Der mit dem ersten Laser erzeugte Bildpotentialzustand wird mit einem zweiten Laserpuls $h\nu_2$ durch Erzeugung von Photoelektronen nachgewiesen. Da Bildpotentialzustände aufgrund ihres Rydberg-Charakters lange Lebensdauern und somit eine geringe Linienbreite von einigen zehn meV besitzen, sind hochauflösende spektroskopische Methoden wie z.B. die Zwei-Photonen-Photoemission notwendig, um spektrale Verschiebungen durch die Anwesenheit von Adsorbaten nachzuweisen.

Durch Bildpotential-Spektroskopie können elektronische Änderungen in verborgenen Grenz-

schichten oder Elektron-Transfer-Reaktionen zwischen Oberfläche und Adsorbaten direkt
untersucht werden. Benutzt man intensive Laserpulse für den ersten Anregungsschritt, so
werden hohe Besetzungs-Dichten von Bildpotential-Zuständen erzeugt. Dieses 'zweidimensionale Elektronengas' hat im defektfreien Fall (also auf einer idealen Oberfläche) ideal
freie Beweglichkeit, kann aber durch gezielte Adsorption von Adsorbaten lokalisiert werden
[LIN94, GE98].

Kurzpuls-Laser mit Pulslängen unterhalb 100 fs ermöglichen es, elementare Schritte
in der Oberflächen-Dynamik zu untersuchen [WOL97]. Darunter fallen strahlungslose
Energierelaxations-Prozesse von Elektronen nahe metallischen Oberflächen [FAN92, LIN96],
'Heiße Elektronen'-Dynamik ('hot electrons') [SCH94, HER96, PET97, BAU97, KNO98],
Polarisations-Dynamik auf Metall-Oberflächen unter Ausnutzung interferometrischer Zwei-
Photonen Photoemission [OGA97], Elektron-Tunnelprozesse zwischen Tunnelmikroskop-
Spitzen und auf Metall-Oberflächen adsorbierten Molekülen [BAR98] oder sogar elementare
Schritte in Oberflächenreaktionen [BAU01]. Die kohärente Kopplung zwischen bestrahl-
ter Oberfläche und Laserpuls (d.h. die Manipulation der Phase) kann für die kohärente
Kontrolle ('coherent control') [SHA97] z.B. von Photoströmen [DRI97] oder Verteilungen
photo-angeregter Elektronen [PET97a] ausgenutzt werden.[7]

Relaxation in Nanoteilchen

Seit langer Zeit ist die Optik von Teilchen mit charakteristischen Dimensionen im Nano-
meterbereich von großem Interesse. Speziell im Falle von Halbleiter-Nanoteilchen liegt das
daran, daß sich mit der Größe auch die elektronische Zustandsdichte dramatisch ändert,
resultierend in sehr großen optischen Nichtlinearitäten. Man benötigt nicht sehr viel Phan-
tasie, um sich vorzustellen, daß die größenabhängigen elektronischen Bandlücken in diesen
Teilchen dazu ausgenutzt werden können, z.B. optische Laser-Dioden oder nichtlineare optische Elemente mit frei einstellbaren Spektren herzustellen.

Die Verfügbarkeit ultrakurzer Laserpulse hat auch die ultraschnelle Relaxationsdynamik in
diesen Teilchen zugänglich gemacht [SHA96]. Ebenso wie im Falle dünner Filme auf Oberflächen zielt das Interesse auf die Exzitonen-Dynamik (in Halbleitern), die kollektive und
Einzel-Elektronen-Dynamik (in Metallen) sowie die Elektron-Phonon-Dynamik [VOI01].
Die Phononen-Dynamik von Nanoteilchen und Halbleiter-Quantentöpfen wurde vielfach mit
Ramanstreuung untersucht. Neuere Ansätze im Gebiet der Clusterphysik hinsichtlich der
phononischen Eigenschaften großer Cluster [SCH97] könnten ebenfalls allgemeinere zukünftige Anwendungen finden.

Als Beispiel für *nichtlineare* optische Untersuchungen seien Vierwellenmisch-Studien an
Cadmium-Schwefel-Selenid (CdSSe) Mikrokristalliten genannt, die in Gläser eingelagert
wurden. Diese Arbeiten haben gezeigt, daß die Zeitkonstante für die Erzeugung des
Vierwellenmisch-Signals mit wachsender Cluster-Größe wächst, wohingegen der große Quer-
schnitt für diesen Prozeß selbst (≥ 1 Å^2) nahezu unabhängig von der Größe ist [SHI92].
Für kleine Cluster (Radius 1 nm) sind Oberflächen-Rekombinationsprozesse wichtiger als
Volumen-Rekombination, da das Oberflächen-zu-Volumen-Verhältnis invers proportional

---

[7]Man beachte jedoch, daß starke homogene Linienverbreiterungen (Lebensdauer-Quenching) coherent control von Kernbewegungen auf Oberflächen nahezu unmöglich machen [JIA96].

dem Radius ist. Da man die CdSSe Cluster-Größen-Verteilung über einen weiten Bereich variieren kann, läßt sich ein extrem stark nichtlinear optisch aktives Material aus Clustern kleinen Radius herstellen, dessen effektive Zerfalls-Zeitkonstante (gegeben durch die Rekombinations-Zeit der Ladungsträger) nur etwa 2 ps beträgt.

Ultrakurzzeit-Untersuchungen metallischer Nanoteilchen haben sich auf die dynamische Antwort von Teilchen in Gläsern (z.B. [INO98]) oder in kolloidalen Lösungen konzentriert. Im folgenden Abschnitt werden auf Oberflächen deponierte Aggregate diskutiert. Spektroskopie und ultraschnelle Dynamik kolloidaler Silber-Teilchen wird etwa in [HOD98] besprochen.

Metall-Cluster auf Oberflächen

Aus den besonderen Eigenschaften individueller Cluster folgt auch, daß diskontinuierliche Metall-Filme von großem Interesse für optoelektronische und chemische Anwendungen sein können. Eine Kontrolle der Polarisation in der einhüllenden Schicht eines Wellenleiters sollte z.B. möglich werden, da die optischen Eigenschaften der rauhen Filme - ähnlich wie im Falle von Metall-Kolloiden - sehr stark von der Größenverteilung und der mittleren Teilchengröße der sie bildenden Cluster abhängen.

Um Cluster-Verteilungen auf einer Oberfläche zu erzeugen, werden die Agrgegate entweder in einer Clusteraggregations-Quelle in der Gasphase hergestellt und dann auf der Oberfläche deponiert (vgl. Abschnitt 3.2.3) oder man erzeugt sie direkt auf der Oberfläche mittels thermischen Aufdampfens von Atomen; siehe Kapitel 3.2). Für gegebene Clustergröße wird als Funktion der Anregungsenergie ein Maximum in der Absorptions-Wahrscheinlichkeit für eingestrahltes Licht beobachtet. Im klassischen elektrodynamischen Bild fungieren die Cluster als 'Nanoantennen' mit größenabhängigen Resonanzfrequenzen und einer Kombination von Empfangs- (Absorption) und Transmissions- (Streuung) Eigenschaften. Als Folge einer Bestrahlung der Nanoantenne mit einer elektromagnetischen Welle (Licht) werden Ladungen auf der Oberfläche induziert, die in einer rücktreibenden Kraft und somit Schwingungen der Leitungsband-Elektronen resultieren.

Beschreibt man das Verhalten der angeregten Elektronen für den einfachsten Fall im 'jellium'-Modell unter der Annahme, daß die Ionen-Kerne durch eine homogene, positive Hintergrundladung repräsentiert werden können, so kann die dielektrische Antwort des Festkörpers (Clusters) durch die Drude-Gleichung beschrieben werden

$$\epsilon_2(\omega) = 1 - \frac{\omega_p^2}{\omega(\omega + i\Gamma)} \tag{6.3}$$

mit der Volumen-Dämpfungskonstante Γ und der Volumen-Plasmonen-Frequenz ω_p,

$$\omega_p = \sqrt{\frac{N_e e^2}{m_e \epsilon_0}}, \tag{6.4}$$

wo e die Elektronenladung bedeutet und m_e die Elektronenmasse. Die Plasmonenfrequenz wächst mit wachsender Dichte N_e der Leitungsband-Elektronen, da die durch die Elektronen erzeugte Raumladung die Schwingung antreibt. Im Falle des Clusters erzeugt das externe Feld $E(\omega)$ auch eine Oberflächenladung

$$\sigma(\omega) = \left(\frac{\epsilon(\omega) - 1}{\epsilon(\omega) + 1}\right) \frac{E(\omega)}{2\pi} \tag{6.5}$$

im Metall im Vakuum. Offensichtlich divergiert $\sigma(\omega)$ für $\epsilon(\omega)=-1$. Zusammen mit Gleichung (6.3) bedeutet das, daß $\omega_{sp} = \omega_p/\sqrt{2}$ eine Resonanz in der Oberflächenladung darstellt.

Diese 'Oberflächenplasmonen-Resonanz' geht einher mit einer Verstärkung der elektromagnetischen Feldstärke an der Oberfläche der Cluster. Abbildung 6.13 illustriert das mit einer Rechnung auf der Basis von klassischer 'Mie'-Theorie. Im Rahmen der Mie-Theorie wird der totale Lichtabschächungs- ('Extinktions')-Querschnitt in elektromagnetischen Multipolanregungen entwickelt [MIE08]. Die Entwicklungskoeffizienten hängen nur von der Größe der kugelförmigen Teilchen und dem relativen Brechungsindex des Teilchens bzgl. des einbettenden Mediums ab.

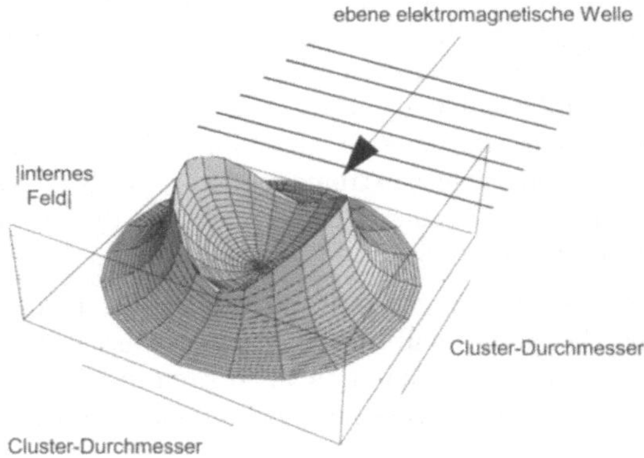

Fig. 6.13 Mittels klassischer elektrodynamischer Streu-Theorie berechnete Verteilung des Betrags des elektrischen Feldes um einen kugelförmigen Cluster, erzeugt durch eine ebene, linear polarisierte elektromagnetische Welle mit einer Wellenlänge nahe der Oberflächen-Plasmonen-Resonanz. Man beachte die Feldverstärkung an der Oberfläche des Clusters.

Breite und spektrale Position der Plasmonen-Resonanz ändern sich als Funktion der Cluster-Größe. Für Cluster mit einem Radius kleiner als 1 nm (mittlere Zahl der Atome pro Cluster ungefähr 100) verschiebt sich die Resonanz mit kleiner werdendem Radius zu größeren Wellenlängen [KRE95].[8] Der Grund für diese Verschiebung ist, daß die Leitungsband-Elektronen

---

[8]Man beobachtet dieses Verhalten für Metalle mit quasi-freien Elektronen wie z.B. Natrium und für Anregungsenergien unterhalb der Interband-Übergangs-Schwelle.

mit kleiner werdendem Radius weniger stark an die ionischen Rümpfe gebunden sind. Der
'spill-out' (Abb. 6.14) der Elektronendichte-Verteilung über den 'Rand' des Clusters wächst
also, und damit nimmt die Polarisierbarkeit zu. Offensichtlich wird dieser Effekt vom Material bestimmt, aus dem der Cluster gemacht ist, also der größenabhängigen Dielektrizitätsfunktion. Das ist in Abb. 6.14 zu erkennen, wo Elektronendichte-Verteilungsfunktionen für
Materialien mit Wigner-Seitz-Radien von r_S=2 au (entsprechend etwa Aluminium) und
r_S=6 au (entsprechend einem Erdalkali, etwa Cäsium) gezeigt sind. Die Elektronendichte
ist in Einheiten der mittleren Dichte $< n >$ angegeben, die mit dem Wigner-Seitz-Radius
über

$$r_S = (\frac{3}{4\pi < n >})^{1/3} \tag{6 6}$$

verknüpft ist. Der Abstand z von der Oberfläche ist in Einheiten der Fermi-Wellenlänge

$$\lambda_F = \frac{2\pi}{k_F} = 2(\frac{\pi}{3 < n >})^{1/3} \tag{6.7}$$

angegeben.

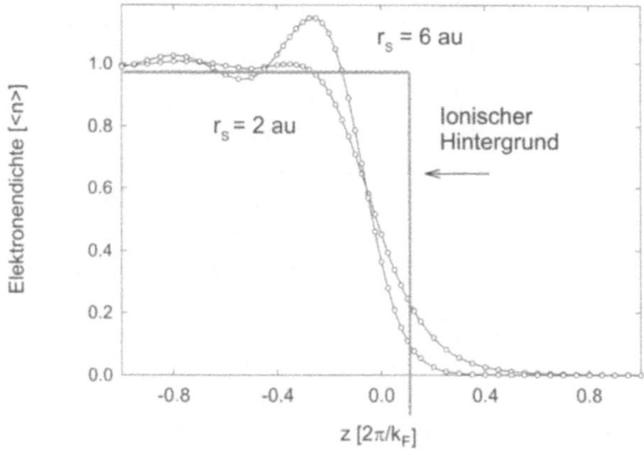

Fig. 6.14 Zum 'spill-out' am Rand eines Clusters. Gerechnete Elektronendichte-Verteilungen (in
Einheiten einer mittleren Dichte $< n >$) als Funktion des auf die Fermiwellenlänge normierten
Abstandes z von der Oberfläche für r_S=2 au und r_S=6 au [LAN70].

Mit *wachsender* Clustergröße sind die Elektronen stärker an die Ionenrümpfe gebunden.
Die optischen Eigenschaften können dann innerhalb eines Größenbereichs von etwa 1 bis
10 nm für metallische Cluster wie Na_n (vgl. Abb. 2.3) sehr gut in Dipol-Näherung mittels
klassischer Elektrodynamik beschrieben werden [BOH83]. In diesen Größen-Bereich ist die
spektrale Position der Dipol-Resonanz unabhängig von der Cluster-Größe.

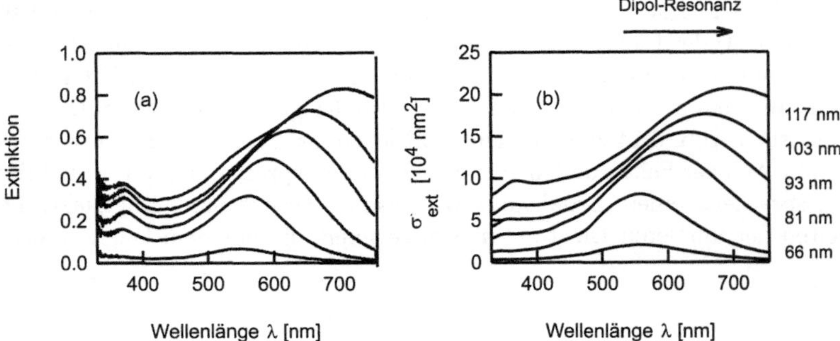

Fig. 6.15 Gemessene (a) und berechnete (b) Extinktions-Spektren für Natrium-Cluster, adsorbiert auf Glimmer. Die adsorbierte Natrium-Menge wurde zwischen den einzelnen Kurven um einen konstanten Betrag erhöht. Die Kurven wurden unter der Annahme oblater Cluster berechnet mit einer Elliptizität $R = a/b = 0.5$. Werte für die großen Halbachsen a sind auf der rechten Seite des Bildes vermerkt. Die kleine Halbachse ist mit b bezeichnet. Die angenommene Cluster-Dichte beträgt zwischen $0.8{\times}10^8$ cm^{-2} und $4{\times}10^8$ cm^{-2}, wachsend mit wachsender Bedeckung.

Im Falle sehr großer Alkali-Cluster mit Radien größer als 10 nm[9] beobachtet man wieder eine Rot-Verschiebung der Plasmonen-Resonanz. In diesem Bereich dominieren elektrodynamische Effekte wie Retardation und Anregung von Multipol-Plasmon-Resonanzen die spektrale Lage. Solcherart Effekte lassen sich sehr genau mit den größenunabhängigen optischen Konstanten des Volumen-Materials und klassischer Mie-Theorie berechnen.

Auf Oberflächen adsorbierte Cluster sind allerdings nicht kugelförmig, sondern haben meist eine ellipsoidale Form (vgl. Abb. 6.29). Dies hat einen dramatischen Einfluß auf die Position der Dipolresonanz, wie Abbildung 6.16a zeigt. Falls man die Elliptizität der Cluster mit berücksichtigen möchte, wählt man eine Erweiterung der Mie-Theorie, nämlich 'T-Matrix'-Theorie [BAR90]. Die Transfer (T)-Matrix verknüpft die Entwicklungskoeffizienten des einfallenden mit denjenigen des gestreuten elektrischen Feldes und hängt (wie in klassischer Mie-Theorie) nur vom relativen Brechungsindex und von der Größe und Form des Teilchens ab. In Erweiterung klassischer Mie-Theorie kann nun aber die Elliptizität des Teilchens berücksichtigt werden, indem die Berechnungen der Felder innerhalb einer in das wahre Teilchen eingeschriebenen Kugel mit Radius r_{min} und außerhalb einer das wahre Teilchen umhüllenden Kugel r_{max} durchgeführt werden (Abb. 6.16b). Wie gut die Methode funktioniert, ist in Abb. 6.15 demonstriert, wo gemessene (a) und gerechnete (b) Extinktions-Spektren von Natrium-Clustern auf Glimmer-Oberflächen miteinander verglichen werden. Eine klare Rot-Verschiebung der Dipol-Resonanz ist ebenfalls zu sehen.

Um die Berechnungen durchzuführen, muß eine Größen-Verteilung der Cluster auf der Oberfläche angenommen werden. Transmissions-Elektronen-Mikroskopie-Messungen an kalt aufgedampften Lithium-Filmen [RAS76] sowie Gold-Dekorations-Messungen auf Isolatoren [SCH70, SCH74] suggerieren den Ansatz

---

[9]Dieser 'Ionen-Radius' r entspricht etwa $N=10^5$ Atomen, da $N \approx (r/r_S)^3$; $r_S =2.12$ Å dem Wigner–Seitz Radius von Natrium.

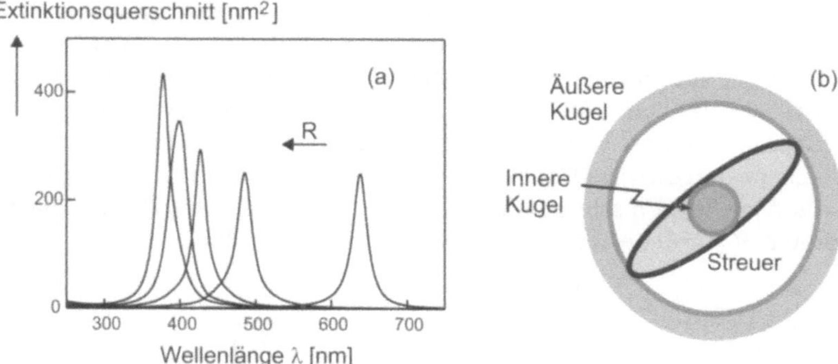

Fig. 6.16 a) Mit T-Matrix-Theorie berechnete Extinktionsspektren oblater Natrium-Cluster. Die große Halbachse beträgt jeweils 5 nm, die Elliptizität R fällt in Schritten von 0.2 von 1 bis 0.2 von kleinen zu großen Wellenlängen. b) Zur T-Matrix-Theorie [BAL98c].

$$f_{\pm}(a, a_0) \propto \exp\left[-\frac{(a - a_0)^2}{2\sigma_{\pm}^2}\right], \qquad (6.8)$$

mit den beiden Breiten σ_- und σ_+, die durch $\sigma_- = \sqrt{2}\sigma_+$ miteinander verknüpft sind. Dies ist eine typische Verteilung für das Wachstum durch Nukleation und Diffusion von Monomeren auf der Oberfläche. Die Indizes '+' und '—' stehen für Cluster-Halbachsen a, die den Ungleichungen $a > a_0$ und $a \leq a_0$ gehorchen. Diese asymmetrische Verteilung ist durch eine Halbwertsbreite FWHM von 50% des mittleren Cluster-Radius a_0 gekennzeichnet (Abb. 6.17).

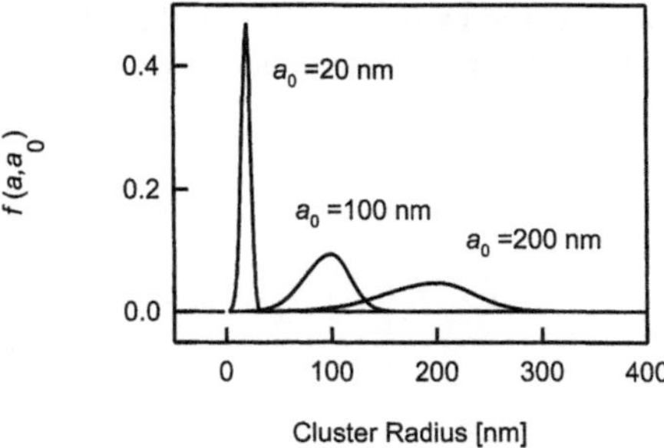

Fig. 6.17 Gerechnete Cluster-Größen-Verteilung (FWHM 50% von a_0), unter Verwendung von Gleichung 6.8 und für wachsende Werte von a_0. Da die Verteilung unsymmetrisch ist, gibt es relativ mehr Cluster mit geringem als mit großem Radius.

Genauere Behandlungen der optischen Eigenschaften rauher Cluster-Filme berücksichtigen die Wechselwirkung der Cluster mit ihren Spiegelbildern in den unterliegenden Sub-

straten [ROY89], Cluster-Cluster Wechselwirkungen [SIN95] und genauere Beschreibungen der Verteilungsfunktionen von Cluster-Größen und Elliptizitäten [BAL98]. Als Beispiel
zeigt Abb. 4.33a die mit einem AFM gemessene Verteilung von NaOH-Clustern auf einer
Glimmer-Oberfläche. In Abb. 6.18 und Abb. 6.19 sind die hieraus gewonnenen Verteilungsfunktionen für kleine und große Halbachsen sowie Elliptizitäten parallel und senkrecht zur
Oberflächen-Ebene dargestellt. Offenbar ist die Morphologie von thermisch auf einer Oberfläche gewachsenen Clustern sehr komplex. Z.B. hat sich herausgestellt, daß die beobachteten Elliptizitäten $R = a/b$ besser mit einer Log-Normal-Verteilung

$$f(R, < R >) \propto \exp\left[-(1/2) \left(\frac{ln(R) - ln(< R >)}{\sigma} \right)^2 \right], \tag{6.9}$$

an Stelle der Verteilung nach Glng. 6.8 wiedergegeben werden. Die fehlende Übereinstimmung zwischen klassisch elektrodynamisch berechneten und gemessenen Mie-
Resonanzpositionen kann sogar als Hilfsmittel benutzt werden, um spezifische physikalische
und chemische Grenzflächen-Eigenschaften zu ermitteln [KRE97a, KRE97b].

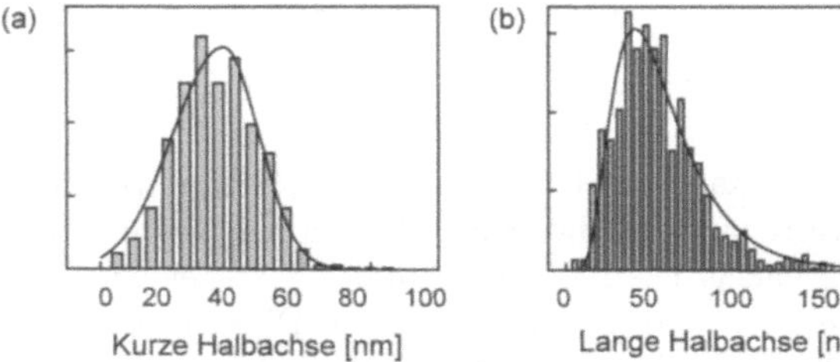

Fig. 6.18 Größenverteilungen für das in Abb. 4.33a gezeigte AFM-Bild von NaOH-Clustern auf einer
Glimmer-Oberfläche. (a) Kleine, (b) große Halbachsen parallel zur Oberfläche. und Verteilungen
der Elliptizitäten parallel (c) und senkrecht (d) zur Oberfläche. Die durchgezogenen Linien sind
Fits an die gemessenen Verteilungen unter der Annahme einer Verteilung nach Glng. 6.8 (a) bzw.
einer Log-Normal-Verteilung (b).

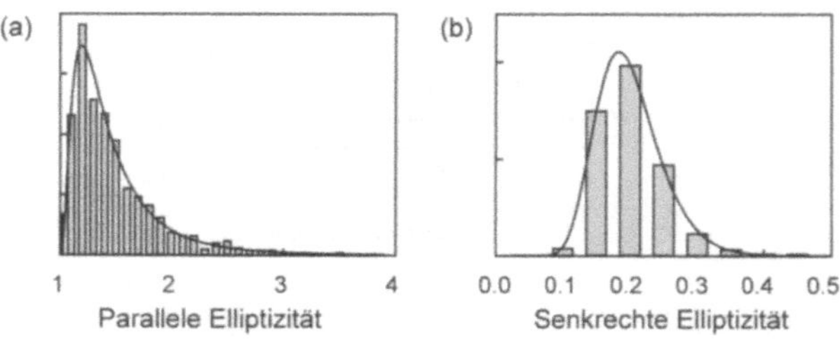

Fig. 6.19 Wie Bild 6.18, aber Verteilungen der Elliptizitäten parallel (a) und senkrecht (b) zur
Oberfläche. Die durchgezogenen Linien sind Fits unter der Annahme von Log-Normal-Verteilungen.

Eine detaillierte Charakterisierung der Morphologie rauher Cluster-Filme erlaubt es, die

Elektron-Relaxations-Zeiten als Funktion der mittleren Cluster-Größe zu bestimmen. Wie schematisch in Abbildung 6.20 gezeigt ist, laufen als Folge resonanter Laser-Anregung mit einem ultrakurzen Laserpuls Prozesse auf einer Femtosekunden- (ursprüngliche elektronische Relaxation), Pikosekunden- (Kopplung an das Gitter) und sogar Nanosekunden-Zeitskala ab (Bindungsbrüche zwischen den Atomen).

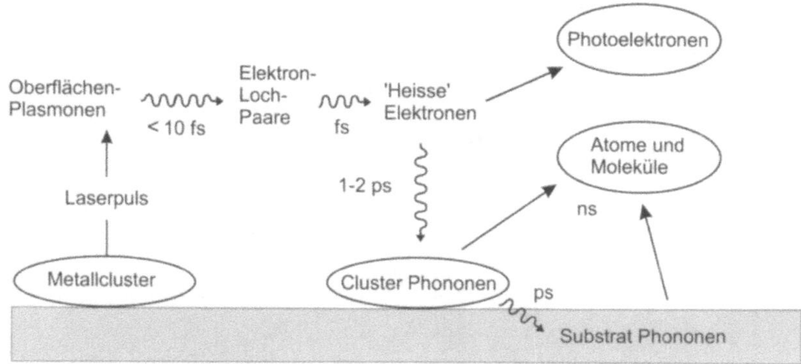

Fig. 6.20 Vereinfachte Darstellung typischer Relaxations-Prozesse in rauhen Metall-Filmen auf nichtleitenden Oberflächen nach Anregung mit einem ultrakurzen Laserpuls. Die Ordinate entspricht der elektronischen Energie E_{electron}, während die Abszisse typische Relaxationszeiten für den Zerfall kollektiver elektronischer, isolierter elektronischer und phononischer Anregung zeigt.

Die Oberflächenplasmonen-Lebensdauer ist sehr kurz (Femtosekunden) und größenabhängig. Für Cluster mit Radien a_0, die kleiner sind als die mittlere freie Weglänge der Elektronen im Volumen (für Natrium $\bar{l}$=34 nm) ist Oberflächen-Streuung neben der Volumen- ('Drude') Dämpfung der dominierende Dämpfungsmechanismus. Da das Verhältnis der Oberflächen-Streuwahrscheinlichkeit (proportional zur Cluster-Fläche) zur Zahl der streuenden Elektronen (proportional zum Volumen) mit $1/a_0$ skaliert, sollte die Plasmonen-Lebensdauer sich verhalten wie[KRE95]

$$\tau_{\text{sp}} = \left(\frac{v_{\text{F}}}{\bar{l}} + \frac{A v_{\text{F}}}{a_0} \right)^{-1}, \tag{6.10}$$

wo der erste Term Drude-Dämpfung wiedergibt und der zweite Oberflächen-Streuung. In dieser Gleichung bedeuten v_{F} die Fermi-Geschwindigkeit des Volumen Cluster-Materials, und A ist ein Größen-Parameter, der elektronische Abschirmung ('screening') und Oberflächen-Rauhigkeit berücksichtigt. A variiert zwischen 0.38 und $4/\pi$ [KRE95]. Für größe Cluster erwartet man, daß Retardations-Effekte (Strahlungs-Dämpfung, Anregung von Multipol-Plasmonen) die Plasmonen-Resonanzen verbreitern, d.h. die Lebensdauer der Anregung mit wachsendem a_0 verkürzen ('extrinsische' oder elektrodynamische Größen-Effekte). Die gesamte Dämpfungsrate ist dann

$$\Gamma_{\text{sp}} = \Gamma_{\text{Drude}} + \Gamma_{\text{surface}} + \Gamma_{\text{Mie}}. \tag{6.11}$$

Der zusätzliche Term zur Größenabhängigkeit der Lebensdauer der Dipol-Resonanz läßt
sich durch klassische Mie-Theorie berechnen. Er schließt mögliche Effekte durch Interband-
Übergänge schon ein, falls man die experimentell bestimmte Dielektrizitätsfunktion für die
Berechnungen benutzt.

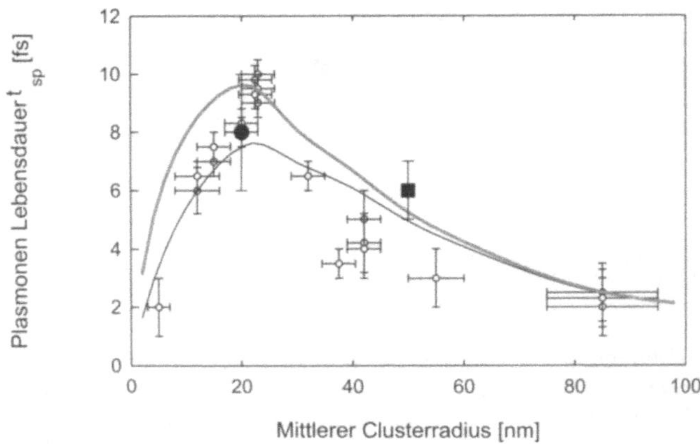

Fig. 6.21 Mittels ultrakurzer Pulse gemessene Lebensdauern der kollektiven elektronischen Anregung in großen Natrium-Clustern (offene Kreise [KLE98]). Die ausgefüllten Symbole entstammen
Messungen an Edelmetall-Clustern: Silber (Kreis) [SCH01b] und Gold (Quadrat) [LAM99]. Die
durchgezogenen Linien repräsentieren den klassischen Größen-Effekt entsprechend Gleichung (6.11)
für Natrium-Cluster und $A = 1$ (obere Kurve) sowie $A = 0.45$ (untere Kurve).

In Abb. 6.21 sind gemessene [KLE98, LAM99, SCH01b] und für Natrium-Cluster berechnete Plasmonen-Lebensdauern als Funktion der Cluster-Größe gezeigt ('klassischer Größen-
Effekt'). Intrinsische und extrinsische Dämpfungsmechanismen sind ebenso berücksichtigt
wie verschiedene A-Werte, nämlich $A=0.45$ (obere, graue Kurve, aus Dichtefunktional-
Rechnungen für Na-Kugeln [APE83]) und $A=1$ (untere Kurve). Neuere Rechnungen suggerieren $A=0.58$ [YAN98]. Für sehr kleine Cluster sind diese Rechnungen sicherlich inadäquat
[HAL86] und eine quantenmechanische Behandlung ist notwendig [YAN93, HUA94]. Man
beachte, daß es sich hier auch von der optischen Seite her um eine sehr vereinfachte Darstellung des Wechselwirkungsmechanismus zwischen ultrakurzen Lichtpulsen und nanoskalierten Teilchen handelt. Rechnungen [ULL98, BER00] und Messungen [SCH98d, LEH00]
zeigen, daß die ursprüngliche Wechselwirkung kohärente Multiplasmonen-Anregung ein-
schließt, und daß auch der Zerfall durch Kopplung an mehrfache Einzelteilchen-Anregungen
bestimmt werden kann. Die Emission von Elektronen erlaubt es, zeitaufgelöste Zweiphoto-
nen Photoemission zum Nachweis der Zerfallsdynamik einzusetzen [LEH00, SCH01b].

Experimentelle Information über den absoluten Wert der Zerfallszeit der ursprünglichen kollektiven Anregung in Oberflächen-Clustern kann sowohl auf der Frequenz-Skala durch die Linienbreite der Plasmonen-Resonanz als auch direkt auf der Zeitskala gewonnen werden. Die spektroskopische Methode resultiert in einer Oberflächen-Plasmonen-Lebensdauer von z.B. 7 fs für $Na_{n=125}$ Cluster, adsorbiert auf Bornitrid [PAR89]. Allerdings wird die Breite der Oberflächen-Plasmonen-Resonanz durch verschiedene homogene und inhomogene Verbreiterungs-Effekte bestimmt, darunter etwa die Cluster-Größen-Verteilung, gegenseitige Wechselwirkungen der Cluster, chemische Grenzflächen-Dämpfung [HOE93] usw. Daher muß besondere Vorsicht bei der Zuordnung von Lebensdauern zu gemessenen Linienbreiten gewahrt werden.

Fortschritte in der Nahfeld-Mikroskopie haben es kürzlich erlaubt, die homogene Linienform *einzelner* Gold-Nanoteilchen von etwa 20 nm Radius zu messen [KLA98]. Aus der Linienbreite kann auf eine Lebensdauer der Plasmonen-Anregung von etwa 4 fs geschlossen werden.

Plasmonen in selektierten Metallclustern lassen sich auch durch die Spitze eines Rastertunnelmikroskops anregen. Aus der spektralen Charakteristik der folgenden Emission von Photonen nach dem Strahlungszerfall ergeben sich Lebensdauern zwischen 2.2 und 4.7 fs für Silber-Cluster von 1 bis 6 nm Radius auf einem dünnen Oxidfilm [NIL00b] und 2.4 fs für Gold-Cluster (3.5 nm Radius, Höhe 4 nm) auf TiO_2. Dieser Wert entspricht in etwa dem erwarteten Wert für Gold-Cluster im Vakuum [NIL01].

Um die Plasmonen-Lebensdauer von größeren Nanoteilchen zu untersuchen, wurden in einem weiteren Experiment Gold-Teilchen mit 68 - 260 nm Durchmesser lithographisch so präpariert, daß sie einen wechselseitigen Abstand von 10 μm besitzen [SOE00]. Plasmonen wurden dann in den lithographisch in einem transparenten Zinnoxid-Film erzeugten Gold-inseln in der evaneszenten Welle auf einer Prismen-Kathete angeregt (vgl. Kapitel 4.3). Der strahlende Zerfall der Plasmonen wurde mit einem Mikroskop-Objektiv beobachtet, das auf isolierte Teilchen fokussiert werden konnte. Das spektral aufgelöste Licht zeigte deutlich ausgeprägte Plasmonenresonanzen. Aus deren voller Linienbreite Γ ergibt sich die Plasmonen-Zerfallszeit $\tau_{sp} = T_2/2 = \hbar/\Gamma$ (T_2 ist die Dephasierungs-Zeit). Mit wachsender Teilchengröße verschiebt sich die Resonanz aufgrund der wachsenden Strahlungsdämpfung in den roten Spektralbereich. Gleichzeitig fällt die Zerfallszeit von 3.6 fs auf 2 fs.

Das evaneszente-Wellen-Experiment ist aufgrund von Streulicht an Oberflächen-Rauhigkeiten auf Teilchen beschränkt, die größer als 10 nm sind. Es hat jedoch den Vorteil, zerstörungsfrei zu arbeiten, keine Laserlichtquelle zu verlangen und auch in Flüssigkeiten zu arbeiten. Wie üblich in der evaneszente-Wellen oder ATR-Spektroskopie sind die Plasmonen-Anregungen sehr empfindlich auf Änderungen in der dielektrischen Umgebung der Teilchen, so daß die Gold-Teilchen als nanoskalierte Sensoren z.B. auch chemischer oder biologischer Prozesse dienen können.

Für zeitaufgelöste Messungen der Plasmonen-Lebensdauer von Oberflächen-Clustern lassen sich Korrelationsmessungen auf der Basis nichtlinearer optischer Techniken wie optischer Frequenzverdopplung [STE92, LAM97, KLE98, LAM99] oder Zwei-Photonen Photoemission [SCH01b] ausnutzen. Auch hier hat man sorgfältig mögliche Effekte durch inhomogene Verbreiterungsmechanismen zu berücksichtigen [LAM99b]. Man findet für dreieckige Silber-Cluster (Radius 200 nm) auf einer ITO (Indium-Zinn-Oxid) Oberfläche eine Lebensdauer der lokalisierten Oberflächen-Plasmonen von 10 fs [LAM97]. Ein Grund für die starke Dämpfung ist Elektron-Oberflächen-Streuung.

Da das von den adsorbierten Cluster erzeugte SH-Signal durch Feldverstärkung bestimmt wird [SIM75], die wiederum durch die resonante Oberflächen-Plasmonen-Anregung erzeugt wird, bietet die Dauer des SH-Signals ein direktes Maß für die Plasmonen-Lebensdauer. D.h. daß die laser-induzierten Plasma-Schwingungen durch einen gedämpften, erzwungenen harmonischen Oszillator beschrieben werden können, der durch das Femtosekunden-Laserfeld angetrieben wird. Eine auf dem Cluster-Film gemessene kollineare Autokorrelations-Funktion (Abb. 6.10) entspricht dann der Intensitäts-Autokorrelation der Überlagerung des zeitlichen Verlaufs des Laserpulses (gegeben durch eine sech^2-Funktion; Abb. 6.9) mit dem exponentiellen Zerfall der Plasmonen-Anregung. Auf diese Weise wurden ür Natrium-Cluster des mittleren Radius 20 nm nach resonanter Anregung Plasmonen-Lebensdauern von 8 fs gefunden [KLE98]. Vergleichsmessungen in dünnen Gold-Filmen zeigten keine Verbreiterung, da hier die SH-Erzeugung in Reflektion instantan erfolgt [PAP97].

Als Funktion der mittleren Cluster-Größe zeigt das Experiment ein Maximum in der Lebensdauer für Cluster mit mittlerem Radius 22 nm. Für kleinere und größere Cluster nimmt die Lebensdauer ab, wie man es nach dem klassischen Größen-Effekt erwarten würde (Abb. 6.21). Abweichungen zwischen Experiment und Theorie tauchen für sehr große Cluster ($a_0 \geq 34$ nm) auf, da hier z.B. Cluster-Cluster-Wechselwirkungen für zusätzliche Dämpfung sorgen. Wechselwirkungen dieser Art beeinflussen die lokalen Felder für einen gegebenen Cluster falls der Abstand zum Nachbarn weniger als der vierfache Radius ist [CRU89, SIN95].

Der Zerfall der angeregten Oberflächen-Plasmonen resultiert in einer Verteilung 'heisser' Elektronen. Die Thermalisierungs-Konstante dieser Verteilung kann als Elektron-Elektron Stoß-Zeitkonstante abgeschätzt werden, welche wiederum mittels Fermi-Flüssigkeits-Theorie berechnet werden kann [PIN66]

$$\tau_{\mathrm{ee}} = \frac{128}{\pi^2\sqrt{3}} \left(\frac{E_{\mathrm{F}}}{E_{\mathrm{laser}} - E_{\mathrm{F}}} \right)^2 \frac{1}{\omega_{\mathrm{p}}}. \tag{6.12}$$

Mit $\hbar\omega_{\mathrm{p}}$=5.6 eV und E_{F}=3.12 eV für Volumen-Natrium erhält man $\tau_{\mathrm{ee}} \approx 10$ fs.[10] Daher wird sich selbst während eines ultrakurzen Laserpulses von einigen zehn Femtosekunden länge ein lokales elektronisches Gleichgewicht einstellen. Die folgende Thermalisierung des Gitters, τ_{ph}, wird durch das Verhältnis aus mittlerer freier Weglänge der Phononen und Schallgeschwindigkeit im Volumen-Metall bestimmt. Man erhält für Natrium $\lambda_{\mathrm{ph}} \approx$ 1500 Å für einen Gitter-Temperatur von 150 K unter Benutzung der Gitterkonstante 4.28 Å und c_{s}=4340 m/s. Daraus folgt $\tau_{\mathrm{ph}} \approx 35$ ps, also drei Größenordnungen größer als die Thermalisierungs-Zeit der Elektronen und einen Faktor 20 größer als die Elektron-

---

[10]Diese sehr kurze Zeitkonstante für Stöße zwischen Elektronen wird durch die hohen Frequenzen verursacht, die von der starken Laser-Anregung erzeugt werden. Für die übliche thermische Anregung ist die Elektron-Elektron Relaxations-Zeit länger als die Elektron-Phonon-Relaxationszeit. Allerdings wurde vor kurzem festgestellt, daß selbst im Fall einer Laser-Anregung τ_{ee} aufgrund kaskadierender heisser Elektronen anwachsen kann [HER96].

Phonon Zerfallszeit, die weiter unten besprochen wird. Damit ist das Gitter während der gesamten Messung *nicht* im Gleichgewichts-Zustand.

Die nachfolgende Pikosekunden-Dynamik der hoch angeregten Cluster kann mittels zeitaufgelöster Pump/Probe-Messungen ebenso wie im Fall ultradünner Metall-Filme untersucht werden (vgl. Kapitel 6.1.4). Die elektronische Anregung durch einen ersten (Pump) Laserpuls und der daraus resultierende Anstieg in der Elektronen-Temperatur resultiert in unbesetzten Zuständen unterhalb der Fermikante und verstärkt die Absorptivität des Systems für den zweiten (Probe) Laserpuls. Daher nimmt die SHG vom Probepuls ab (Abb. 6.22).

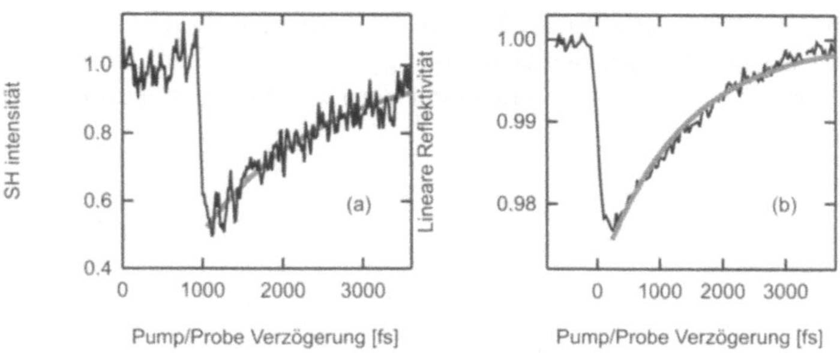

Fig. 6.22 Nichtlineare (a) und lineare (b) Reflektivitätsänderungen als Funktion der Pump/Probe-Verzögerung. (a) Na/Lithiumfluorid, τ=1.1(1) ps. (b) 10 nm Gold/Glimmer, τ=1.07(6) ps.

Die Änderung in der Elektronendichte aufgrund des Femtosekunden-Pulses und die Ausschmierung der Fermikante, die mit der Heizung der Leitungsband-Elektronen einhergeht, beeinflußt sowohl die zweite-Ordnung nichtlineare Suszeptibilität als auch die lineare dielektrische Funktion vermittels der Fresnel-Faktoren bei den Frequenzen ω und 2ω. Sowohl aus Experimenten an polykristallinen Silber- und Gold-Oberflächen [HOH96] als auch aus einer phänomenologischen Theorie [LUC97] kann man schließen, daß die Abhängigkeit von $\chi^{(2)}_{zzz}$ von der Elektronen-Temperatur das zeitliche Verhalten im Pikosekunden-Bereich bestimmt. Für Alkali-Cluster-Filme erwartet man ein ähnliches Verhalten.

Die Intensität des SHG-Signals vom Probe-Puls wächst wieder an während die Verteilung heisser Elektronen durch Wechselwirkung mit den Gitterschwingungen abkühlt. Daher läßt sich durch Beobachtung des durch den Probe-Strahl induzierten SH-Signals als Funktion der Pump/Probe-Verzögerung die Elektron-Phonon-Kopplungskonstanten des Cluster-Films direkt bestimmen. Für Na-Cluster mit Radien zwischen 30 nm und 50 nm, adsorbiert auf Lithiumfluorid findet man $\tau_{ep} \approx 1$ ps [RUB97, KLE99] (Fig. 6.22), ähnlich zu Werten, die für dünne Edelmetall-Filme gefunden wurden (Fig. 6.11) [ELS93].

Ein genauerer Blick auf Abb. 6.22 zeigt, daß auch für sehr lange Verzögerungszeiten von einigen zehn Pikosekunden das SH-Signal und auch die lineare Reflektivität die ursprüngliche Signalhöhe nicht wieder erreichen. Dies ist erst nach einigen hundert Pikosekunden der Fall. Offenbar gibt es eine Rückkopplung zwischen angeregten Phononen und Elektronen, die dazu führt, daß die Elektronen-Temperatur länger hoch bleibt als mit einfacher Elektron-Phonon-Wechselwirkung zu erwarten wäre. Der Anteil der Phononen, die an diesem Effekt teilhaben, wurde größenordnungsmäßig zu 10^{-3} abgeschätzt [SUA95].

Pikosekunden-Elektronen-Beugung

Ein quantitatives Verständnis der im Nanometer-Bereich z.B. auf Oberflächen nach Anregung mit einem ultrakurzen Puls ablaufenden Vorgänge kann nur erwartet werden, wenn Änderungen in der mikroskopischen Struktur in Realzeit beobachtet werden können. Ein Weg hierin führt über die Verbesserung der zeitlichen Auflösung konventioneller Verfahren zur Bestimmung der Oberflächen-Struktur wie z.B. LEED. Während zeitaufgelöste Elektronen-Beugung Informationen über ultraschnelle Änderungen der Oberflächen-Periodizität vermitteln kann, erlauben im Prinzip Realraum-Methoden wie Rastertunnel-Mikroskopie direkte Beobachtungen der Schwingung von Oberflächen-Atomen, der behinderten Rotation adsorbierter Moleküle [STI98] oder der Evolution elementarer Oberflächen-Reaktions-Schritte.

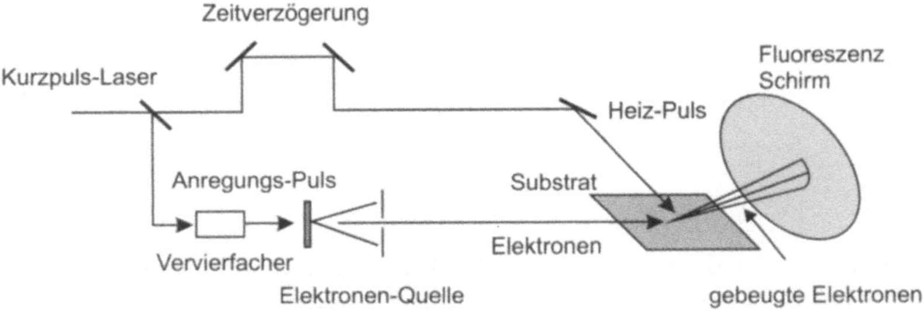

Fig. 6.23 Aufbau für zeitaufgelöste Messungen von Oberflächen-Struktur-Veränderungen via Reflektions-Elektronen-Beugung.

Realraum-Methoden, die ultrakurze Laserpulse und STM kombinieren, z.B. CORSTM, 'correlated optical reactivity and STM' [FEL96, FEL98], werden gerade entwickelt,[11] während Streumethoden eine lange Geschichte haben.

Eine suggestive Idee für die Realisierung von Pikosekunden-Elektronen-Beugung ist, eine Streak-Kamera zu benutzen [MOU82], die nach Beleuchtung der Photokathode mit einem ultrakurzen Laserpuls ein Photoelektronen-Replikat des Pulses erzeugt, das eine zeitliche Breite von Pikosekunden und eine räumliche Auflösung von einigen zehn Mikrometern besitzt [AES95]. Durch Synchronisation des Elektron-Pulses mit dem Puls eines Heiz-Lasers kann die zeitliche Wärme-Entwicklung längs einer Oberfläche mittels des transienten Obeflächen Debye-Waller-Effekts (Änderungen der RHEED-Intensitäten) untersucht werden [ELS90, AES95]. Ein typischer Aufbau ist in Abb. 6.23 dargestellt.

Erste   zeitaufgelösten   Struktur-Untersuchungen   wurden   an   Modell-Oberflächen (Pb(110), Pb(111) und Pb(100)) durchgeführt, an denen in der Vergan-

---

[11]Falls man an makroskopischer Struktur-Information über laserinduzierte Morphologie-Änderungen interessiert ist, kann eine Kombination von konventioneller Licht-Mikroskopie mit ultrakurzen Pump/Probe-Techniken nützlich sein, siehe [LIN97].

genheit Oberflächen-Schmelz-Prozesse intensiv untersucht worden sind. Die Oberfläche schmilzt durch Bildung einer ungeordneten, mehrere atomare Lagen dicken Schicht bei Temperaturen deutlich unterhalb der Volumen-Schmelz-Temperatur [FRE85]. Für Pb(110) geschieht diese Oberflächen-Unordnung auf einer Zeitskala unterhalb 180 ps, und der Prozeß ist reversibel, d.h. kristalline Ordnung stellt sich im Verlaufe der Abkühlphase wieder ein [HER92]. Im Gegensatz dazu erlauben die hohen Heiz- und Kühlraten (10^{11} K/s) auf der dichter gepackten Pb(111)-Oberfläche eine Überhitzung ('superheating') bis 120 K bevor das Schmelzen beginnt [HER92b]. In diesem Fall liegt die Temperatur für Unordnung also sogar *oberhalb* der Volumen-Temperatur. Im Falle von Pb(100) schließlich wird ein nicht-vollständiges Oberflächen-Schmelzen festgestellt mit einer endlichen Dicke der ungeordneten Schicht und einer Rest-Ordnung bis zur Volumen-Schmelz-Temperatur und darüber [HER93].

Diese Arbeiten zeigen einerseits wie wichtig die kristallographische Ordnung für das Ablaufen elementarer Oberflächen-Veränderungs-Prozesse ist und andererseits, daß es eine starke Wechselwirkung zwischen Oberflächen-Schmelzen und Oberflächen-Rauhigkeit gibt. Reversibles oder irreversibles Aufrauhen der Oberfläche spielt für das Wachstum ultradünner Schichten aber auch für die Anwendbarkeit von Standard-Methoden zur Glättung gesputterter Oberflächen (thermisches Annealen) eine sehr wichtige Rolle.

Neuere Arbeiten mit 100 ps Zeitauflösung suggerieren, daß für die Ge(111)-c(2x8) - (1x1) Rekonstruktion im Falle von Laser-Heizen Unordnung (also der Beginn des Phasen-Übergangs) erst bei 584 K auftritt, während dies für thermisches Heizen bei 510 K der Fall ist [ZEN99]. Für den Hochtemperatur-Phasenübergang oberhalb 1000 K tritt im Falle von Laser-Heizung eine Überhitzung der obersten Doppel-Lage auf, und der PhasenÜbergang läuft bei etwa 60 K höherer Temperatur ab als im Falle von thermischem Heizen [ZEN99b]. Dabei expandiert die oberste Doppel-Lage senkrecht zur Ge(111)-Oberfläche etwa 11 mal mehr als das Volumen im Temperatur-Bereich zwischen 300 K und 600 K [ZEN99c].

Augenblicklich wird die Pikosekunden-RHEED-Methode auch benutzt, um Informationen über ultraschnelle Veränderungen in den strukturellen Eigenschaften von Gasphasen-Teilchen zu erlangen [WIL97] oder sogar gleichzeitig in Realzeit Struktur und Dynamik von Molekülen während einer Reaktion zu beobachten [IHE01].

6.2 Elektronik

6.2.1 Optoelektronik

Durch das Anbringen funktionalisierter Gruppen an selbstorganisierte oder mittels Langmuir-Blodgett-Technik aufgebrachte ultradünne organische Filme (siehe Kapitel 3.2.2) lassen sich prinzipiell eine Vielzahl möglicher, nanoskalierter optoelektronischer Elemente herstellen. Zum Beispiel kann ein variabler Grad an optischer Anisotropie durch das Anbringen funktionalisierter Seitengruppen erzeugt werden, so daß die Filme als solches doppelbrechend werden. Auf diese Weise erhält man einen linearen optischen Filter mit Eigenschaften, die durch das Anlegen eines elektrischen Feldes geändert werden können, das die Seitengruppen orientiert.

Benutzt man organische Moleküle mit delokalisierten Pi-Elektronen, die auch ohne weitere chemische Modifikation optisch aktiv sind (z.B. die in Kapitel 4.2.2 vorgestellten Phenylen-Oligomere), so lassen sich hiermit prinzipiell nanoskalierte Verbindungen zwischen opto-elektronischen Elementen auf Oberflächen erzeugen. Dabei kann man ausnutzen, daß das Wachstum organischer Aggregate etwa auf dielektrischen Oberflächen bevorzugt an Defekten stattfindet, da hier die Bindungsenergien am stärksten sind. So dekorieren Phenylen-Oligomer-Nadeln z.B. die Kanten und Ecken eines Spaltkristalls wie KCl (Abb. 6.24).

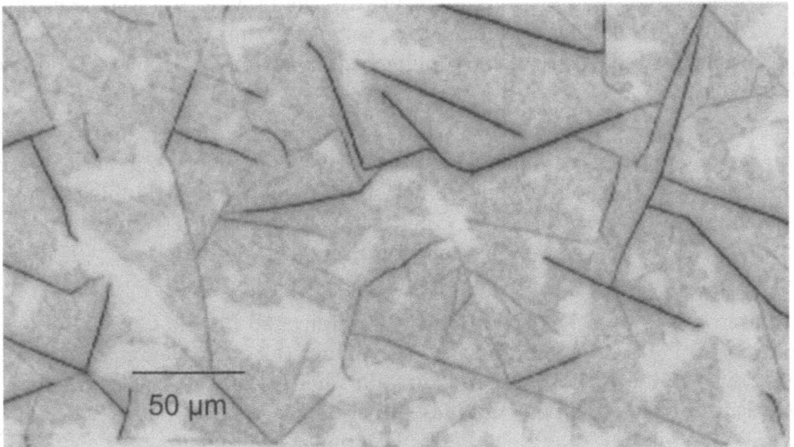

Fig. 6.24 Fluoreszenz-Mikroskopie-Aufnahme leuchtender, nadelförmiger Aggregate aus organischen Molekülen (p-5P), die Defekte auf einer Natriumchlorid-Oberfläche dekorieren.

Auf glatten Oberflächen ohne ausgeprägte Defekte richtet sich das Wachstum der Aggregate nach der Ausrichtung mikroskopischer Oberflächen-Dipole (Abb. 4.16). Morphologie und optische Eigenschaften hängen sehr stark von der mikroskopischen Struktur und den Aufwachsbedingungen ab. Kennt man diese, kann man gezielt makroskopisch viele, nanoskopisch wohldefinierte Aggregate mit optoelektronischer Aktivität erzeugen. Eine Verbindung zwischen den Komponenten könnte etwa mittels submikrometergroßer Lichtleiter erreicht werden wie sie in Abb. 4.17 demonstriert werden[12].

Optischer Datentransport durch Lichtleiter (gegenwärtig natürlich vornehmlich im makroskopischen Maßstab) ist eines d e r entscheidenden Wachstumsgebiete der Informationstechnologie. Die Bandbreite der durch Lichtleiter übertragenen Informationen verdoppelt sich gegenwärtig mehr als doppelt so schnell wie die Leistungsfähigkeit elektronischer Komponenten. Es besteht daher eine große Notwendigkeit, neue Lichtquellen (Viel-Wellenlängen-Laser), neue optoelektronische Bauelemente (verbesserte Multiplexer, WDM, FWDM, Splitter etc.) und verlustarme Lichtleiter zu erzeugen.

---

[12]Der Verlust in diesen Nano-Lichtleitern für sichtbares Licht ist allerdings aufgrund der elektromagnetischen Randbedingungen und aufgrund der Eigenschaften der verwendeten Materialien sehr groß.

6.2.2 Molekulare and Nano-Elektronik

Drähte

Molekulare Nanoelektronik geht zurück auf Voraussagen aus dem Jahre 1974 über die Vorteile der Benutzung von Molekülen als Diodenelemente zwischen zwei Elektroden [AVI74].

Eine wichtige Voraussetzung für eine funktionierende Elektronik im Nanometer-Maßstab sind elektrisch leitende Verbindungen mit charakteristischen Dimensionen im Submikrometer-Bereich. Gut untersucht sind Quantendrähte aus Halbleitermaterialien wie GaAs/AlGaAs, die meist mit hochauflösender Lithographie und charakteristischen Dimensionen von einigen Mikrometern hergestellt werden (vgl. Kap. 2.2).

Erst vor kurzem wurde festgestellt, daß auch Kohlenstoff-Nanoröhren gut leitend sein können. Der Vorteil dieser Leiter sind ihre hohe mechanische Stabilität und ihr wohl definierter Durchmesser, der von gut einem Nanometer (für eine Röhre mit einer einzelnen Hülle) bis zu einigen zehn Nanometern (für Röhren mit mehrfachen Hüllen) reicht (vgl.Kap. 6.5). Zur Herstellung werden Kohlenstoff-Plasmen verwendet.

(a)   (b)   (c)   (d)

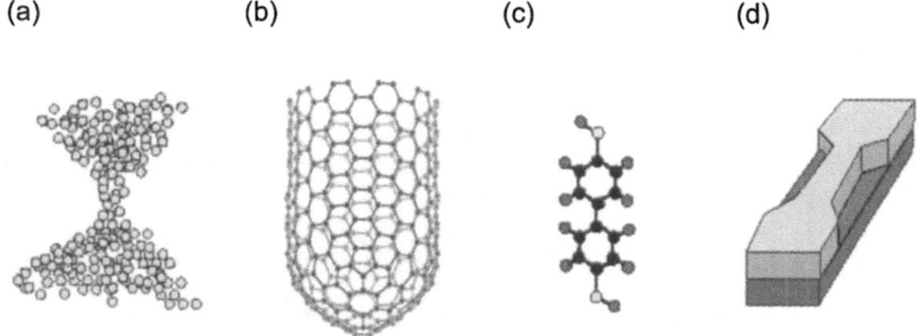

Fig. 6.25 Nanoskalierte elektrische Leiter: (a) Kette aus einzelnen Metallatomen; (b) Kohlenstoff-Nanoröhre; (c) molekularer Draht; (d) Halbleiter-Quantendraht.

Als elektrische Leiter mit Dimensionen von einem Nanometer oder darunter lassen sich prinzipiell molekulare Drähte, zusammengesetzt aus Kohlenstoff-, Stickstoff-, Wasserstoff- und Schwefelatomen oder Drähte aus einzelnen Edelmetall-Atomen einsetzen. In letzterem Fall hat man es mit eindimensionalen Leitern zu tun, deren Leitfähigkeit sehr nahe am Wert der Quanten-Einheit für die Leitfähigkeit

$$G_0 = \frac{2e^2}{h} \approx 8 \cdot 10^{-5} S \tag{6.13}$$

liegt [SCH98].

Die am besten untersuchten molekularen Drähte aus organischen Molekülen basieren entweder auf n-Alkan-Ketten (CH_3-$(CH_2)n - 1$) oder auf konjugierten Polymeren wie Poly-Paraphenylenen. N-Alkane besitzen große Bandlücken zwischen HOMO (höchst besetztes molekulares Orbital) und LUMO (niedrigst besetztes molekulares Orbital) von etwa 6 eV und sind daher nahezu isolierend. Phenylene verhalten sich mit Bandlücken um die 2 bis 4 eV und delokalisierten π-Elektronen mehr wie Halbleiter. Beide Kategorien bilden wohlgeordnete selbstorganisierte Filme (SAMs) z.B. auf Gold-Oberflächen wenn man sie mit Thiol- (SH) oder Isocyanid-Endgruppen (CN) funktionalisiert.

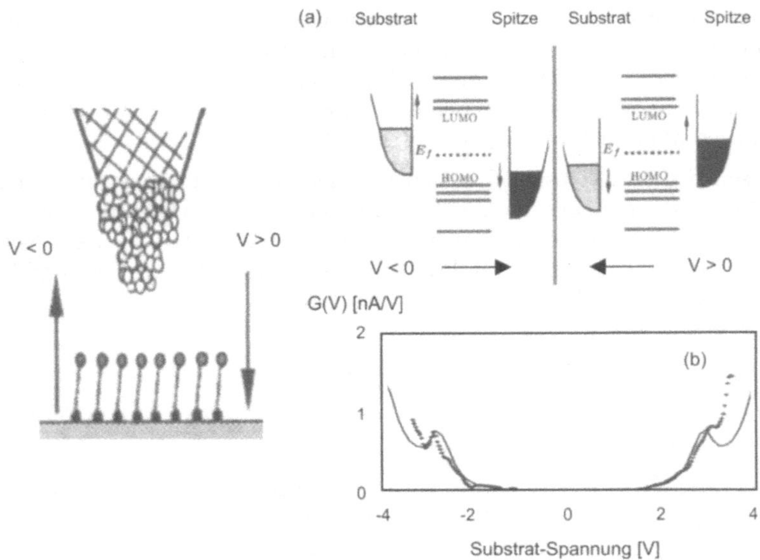

Fig. 6.26 Leitfähigkeitsmessung an molekularen Drähten. Links ist schematisch die Tunnelmikroskop-Spitze über einem selbstorganisierten Thiolfilm auf Gold gezeigt. (a) ist das Bandschema für negative und positive Vorspannung des STM und (b) ist eine typische Leitfähigkeitsmessung für Phenylenthiole. Nachgedruckt mit Genehmigung aus [HON00]. Copyright 2000 Academic Press.

Die Strom-Spannungs-Kennkurve eines molekularen Drahts läßt sich näherungsweise beschreiben durch

$$I \approx \frac{2e}{h} \int_{\mu_1}^{\mu_2} T(E,V)dE \quad , \qquad\qquad (6.14)$$

wo μ_i die elektrochemischen Potentiale der beiden Kontakte (z.B. Oberfläche und STM-Spitze) sind und $T(E,V)$ die Transmissions-Funktion des Moleküls, die aus den molekularen Energieniveaus und ihrer Kopplung an das Substrat folgt. Durch Differentiation folgt aus Gleichung 6.14 die Leitfähigkeit des molekularen Drahts

$$G(V) \approx \frac{2e^2}{h} 0.5 \cdot [T(\mu_1) + T(\mu_2)] \quad . \qquad\qquad (6.15)$$

Die Quanten-Einheit für die Leitfähigkeit (Gleichung 6.13) wird also durch das symmetrische

Mittel über die Transmissionsfunktionen bzgl. der elektrochemischen Potentiale der beiden Kontaktpunkte modifiziert.

Abbildung 6.26b zeigt die mit einem Rastertunnelmikroskop gemessene Leitfähigkeit für einen molekularen Phenylenthioldraht auf einer Gold-Oberfläche [HON00]. Man erkennt die Bandlücke von etwa 4 eV und die recht gute Übereinstimmung zwischen Messung (Punkte) und Rechnung (durchgezogene Linie). Negative Spannung bedeutet, daß Elektronen aus der Gold-Oberfläche in die Tunnelspitze fließen, für positive Spannung fließen sie von der Spitze in die Oberfläche. Dies bedeutet für den molekularen Draht, daß Elektronenleitung durch das HOMO stattfindet wenn das Ferminiveau näher am HOMO als am LUMO liegt oder im umgekehrten Fall durch das LUMO. In Abb. 6.26a ist der Fall gezeichnet, bei dem das Ferminiveau näher am HOMO liegt.

Systematische Messungen als Funktion der Drahtlänge zeigen, daß für Moleküle mit Thiol-Endgruppen mit wachsender Zahl von Phenylen-Ringen die Bandlücke kleiner wird wie man es von der wachsenden Gesamtzahl delokalisierter Elektronen auch erwarten würde. Interessanterweise ergibt sich für mit Isocyanid-Endgruppen funktionalisierte Phenylen-Drähte der entgegengesetzte Effekt. Offenbar ist der Stromfluß durch einen molekularen Draht nicht nur vom Draht selber, sondern in starkem Maße auch von der Endgruppen-Bindung an die Oberfläche abhängig[13]. Dies gilt allerdings in weit geringerem Maße für isolierte, *leitende* Polymer-Drähte, z.B. Polyaniline [HE01].

Statt elektrische Leitung über den organischen Draht selber auszunutzen kann man ihn auch als Schablone für die Erzeugung von leitenden Drähten mit Dimensionen im Nanometer-Bereich benutzen [BRA98]. Für diesen Zweck hat sich insbesondere DNA als geeignetes Biomolekül herausgestellt; siehe auch Abb. 6.37 und 6.38.

Nano-Kondensatoren

Um einen Metallfilm auf dem organischen Film als Grundelement einer wohldefinierten, nanoskalierten Struktur aufzubringen, muß Diffusion des Metalls in den Film verhindert werden (Abb. 6.28). Für das in Abb. 6.27 gezeigte Nano-Kondensator-Element wurde das Problem dadurch gelöst, daß zwei Quecksilber-Tropfen in einer mit einer ethanolischen Alkanthiol-Lösung gefüllten Spritze in direkten Kontakt gebracht wurden. Da die SAMs auf der flüssigen Quecksilber-Oberfläche senkrecht adsorbieren, bilden sie keine Domänen (also auch keine Domänen-Grenzen, an denen Diffusion wahrscheinlich ist) und die Dicke d des organischen Abstandshalters wächst proportional zur Kettenlänge. Die SAMs adsorbieren senkrecht, da der Neigungswinkel zur Oberflächen-Normalen (vgl. Abb. 3.13) durch das Wechselspiel zwischen Abstand zwischen möglichen Adsorptionsplätzen und räumlichen Anforderungen durch die van der Waals Radien der organischen Molekülketten bestimmt wird; im Falle einer flüssigen Oberfläche fällt die Grenzbedingung der möglichen Adsorptionsplätze weg.

Die Kapazität des Nano-Kondensators ist wie für einen makroskopischen Kondensator gegeben durch

---

[13]Ähnliche Beobachtungen macht man auch bzgl. der mechanischen Stabilität von Nanodrähten [RUB01].

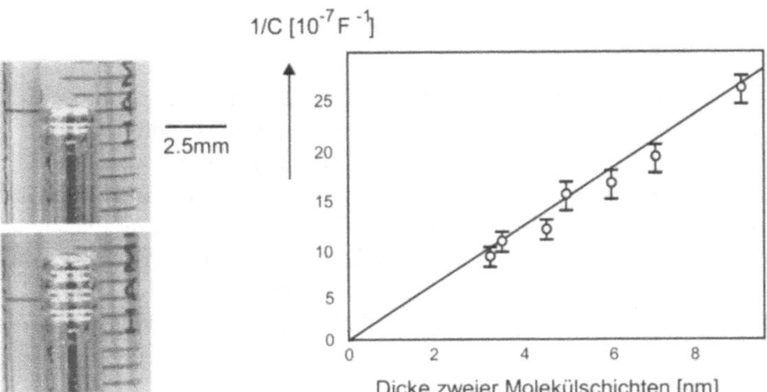

Fig. 6.27 Kettenlängen-Abhängigkeit der inversen Kapazität eines Hg-SAM/SAM-Hg Kondensa-tors. Links sind Photographien des Hg-SAM Tropfen-Systems innerhalb einer Spritze abgebildet. Nachgedruckt mit Genehmigung aus [RAM98]. Copyright 1998 American Institute of Physics.

$$C = \epsilon_0 \epsilon \frac{A}{d}, \qquad\qquad\qquad (6.16)$$

wo A die Fläche des Kondensators bezeichnet. Man erwartet also mit wachsender Ket-tenlänge einen linearen Anstieg in $1/C$ falls die Dielektrizitätskonstante ϵ der SAMs un-abhängig von der Kettenlänge ist. Wie man Abb. 6.27 entnimmt, ist dies offensichtlich der Fall. Man erhält $\epsilon=2.7 \pm 0.3$, einen Wert, der dem für Alkanthiole adsorbiert auf Gold sehr ähnlich ist ($\epsilon=2.6$). Der gemessene Wert der Kapazität ist z.B. für CH_3—$(CH_2)_{17}$—SH, $C=8.6$ nF.

Natürlich wäre der Bereich möglicher Anwendungen deutlich größer falls man solche nano-strukturierten Elemente auf Festkörper-Oberflächen herstellen könnte. Problematisch sind hier i) Defekte in den organischen Filmen, an denen z.B. die an den Elektroden angeleg-ten Ströme durchlecken können, und ii) Diffusion der Metall-Elektroden in den organischen Film.

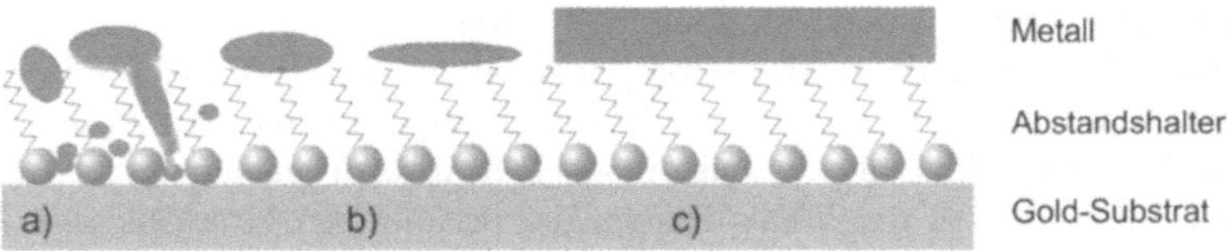

Fig. 6.28 Wachstumsformen von Metallen auf ultradünnen organischen Filmen: Diffusion (a), Cluster-Bildung (b) und Film-Bildung (c).

Abbildung 6.28 zeigt schematisch mögliche Wachstumsprozesse von metallischen Strukturen auf ultradünnen organischen Filmen (vgl. auch 3.13). Dampft man bei Raumtemperatur die

Metalle direkt auf die organischen Filme auf, so besteht eine hohe Wahrscheinlichkeit, daß sie zwischen die Molekülketten diffundieren (Abb. 6.28a). Systematische Untersuchungen haben gezeigt, daß die Diffusions-Wahrscheinlichkeit umgekehrt proportional zur Reakti- vität der Metalle auf der Oberfläche der organischen Filme ist [JUN94]. Das bedeutet, daß Silber-Atome die geringste Wahrscheinlichkeit besitzen, einen wohlorganisierten metalli- schen Film auf SAMs zu bilden, während die Wahrscheinlichkeit in der Reihenfolge Kupfer, Nickel, Kalium, Natrium, Aluminium, Chrom und Titan wächst. In der Tat wurde in einem Experiment zur elektrischen Gleichrichtung in einem nanoskalierten System sehr ähnlich dem in Abb. 3.13 ein Titan-Film erfolgreich als definierte obere metallische Elektrode be- nutzt [ZHO97].

Die Diffusionsbewegung in die organischen Filme kann signifikant unterdrückt werden in- dem man die Probe abkühlt. Nachteilig hieran ist allerdings, daß auf der kalten Ober- fläche, die der organische Film dann bildet, die Wahrscheinlichkeit sehr gering ist, daß sich ein homogener metallischer Film bildet. Der bevorzugte Wachstumsmodus wird viel- mehr Volmer-Weber-Wachstum sein (Kapitel 3.2.1), also die Erzeugung eines Inselfilms mit großen Clustern.

Quantenpunkte in Schichtsystemen

Abbildung 6.29 ist als Beispiel eine Kraftmikroskop-Aufnahme eines ultradünnen organi- schen Films (Dodekanthiol) auf einem mit Gold bedampften Glimmer-Kristall. Bei niedri- gen Temperaturen (150 K) wurde der organische Film mit Alkali-Atomen bedampft. Das Kraftmikroskop ist wenig empfindlich auf den organischen Film selbst und bildet im we- sentlichen die Alkali-Aggregate ab. Wie man sieht, bestehen diesen aus großen, voneinander getrennten Clustern, die die Form abgeplatteter Ellipsoide haben. Solche diskontinuierli- chen Alkali-Filme sind von großem prinzipiellen Interesse für nanooptische und nanoelek- tronische Anwendungen, da sie wellenlängenselektive Feldverstärkungseffekte zeigen (Ober- flächenplasmonen-Anregung, Kap. 6.1.4), ultrakurze Ansprechzeiten haben und isolierte leitende Inseln auf einer isolierenden Barrierenschicht darstellen.

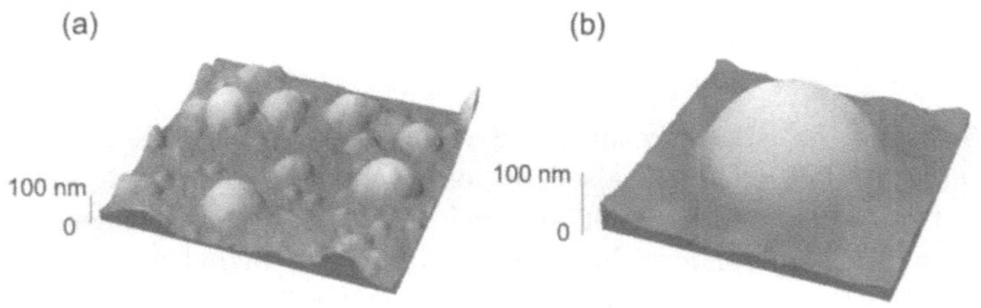

Fig. 6.29 Kraftmikroskopie-Aufnahmen von Alkali-Clustern auf einem mit einem Dodekanthiol-Film bedeckten Goldfilm. Die Bildgrößen sind 950 x 950 nm^2 (a) und 300 x 300 nm^2 (b).

Wichtig für mögliche Anwendungen ist allerdings, daß die Metallcluster durch den orga- nischen Film elektronisch von der metallischen Unterlage (der Gold-Oberfläche) getrennt werden, also keinen direkten Kontakt haben. Ob diese Bedingung erfüllt ist läßt sich mit dem Kraftmikroskop nicht feststellen. Als Alternative kann man überprüfen, inwieweit die linearen und nichtlinearen Spektren der Cluster vom Goldfilm beeinflußt werden. Man erwartet, daß sich die Dipolresonanz als Funktion des Abstandes zwischen Cluster und Goldfilm aufgrund der induzierten Dipolladung im Film verschiebt, und dies wurde auch in der Tat nachgewiesen [BAL98b]. Ist der organische Film hinreichend dick (einige Nanometer), so verschwinden Resonanzverschiebungen und -dämpfungen, und man erhält im wesentlichen die linearen [BAL00b] und nichtlinearen Spektren [BAL01b] der freien Cluster.

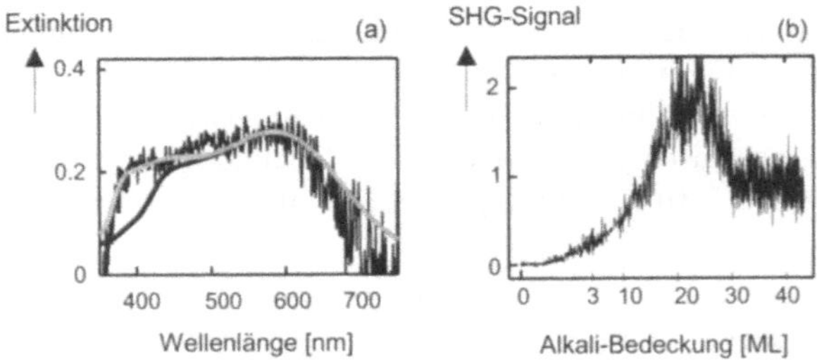

Fig. 6.30 Lineare (a) und nichtlineare Optik (b) der in Abb. 6.29 gezeigten Alkalicluster [BAL01b]. a) Gemessenes und mit Rechnungen angepaßtes Extinktionsspektrum. b) Optische Frequenzverdopplung an den Alkaliclustern.

Abbildung 6.30a zeigt ein Extinktionsspektrum der Probe aus Abb. 6.29, zusammen mit zwei gerechneten Kurven. Die graue Kurve entstammt T-Matrix-Rechnungen, für die die Größenverteilungen der Cluster an die gemessenen Werte angepaßt wurden. Die schwarze Kurve resultiert aus einer direkten topographischen Analyse der mit dem Kraftmikroskopie gemessenen Cluster-Verteilung. Für große Wellenlängen stimmen die Kurven sehr gut überein. Die Diskrepanz bei kleinen Wellenlängen rührt daher, daß das Kraftmikroskopie aufgrund der endlichen Größe der Spitze die kleinen Cluster mit Durchmessern kleiner als 10 nm nicht korrekt abbilden kann.

In Abbildung 6.30b ist die SH-Aktivität des Systems $Na/C_{12}/Au/Glimmer$ in Reflektion nach Anregung mit 1064 nm Licht als Funktion wachsender Bedeckung mit Alkalimetall aufgetragen. Ohne Alkalimetall findet man bei den verwendeten geringen Feldstärken keine SH-Aktivität. Mit wachsender Clustergröße nimmt das Signal aufgrund der Oberflächenplasmonen-Verstärkung in den Clustern stark zu [MUE97], um schließlich nach Überschreiten der Plasmonen-Resonanz auf einen konstanten Wert abzufallen. Offenbar stört die Anwesenheit des organischen Films die Frequenzverdopplungs-Effizienz nicht.

Während Alkali-Metalle aufgrund ihrer nahezu freien Leuchtelektronen und hohen Oszillatorenstärken von großem Vorteil sind was die optischen Eigenschaften anbelangt, ist ihre Reaktivität offenbar von Nachteil für eine Anwendung in realer Nanooptik. Man muß ihre Oberfläche demnach vor reaktiven Gasen schützen. Filme aus selbstorganisierenden organischen Molekülen (z.B. Alkanthiole) sind für diesen Zweck sehr nützlich.

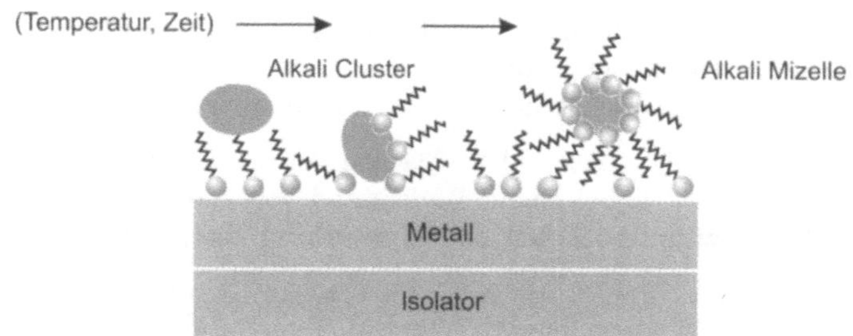

Fig. 6.31 Modell für Mizellen-Bildung auf Alkanthiol-Monolagen nach Aufwärmung von 150 K auf 300 K.

Ein möglicher Weg ist in Abb. 6.31 schematisiert: Präpariert man die metallischen Cluster bei niedrigen Temperaturen auf einem monomolekularen Alkanthiol-Film und heizt das Substrat im folgenden auf Raumtemperatur auf, so lösen sich organische Moleküle von der Gold-Oberfläche und bilden einen schützenden Film um die Alkali-Cluster. Es konnte gezeigt werden, daß die optischen Eigenschaften der Metall-Cluster mit dieser Schutzhülle großteils erhalten bleiben selbst wenn man sie der Umgebungsluft aussetzt [BAL01b].

Anstelle des Wachstums der Metall-Nanopartikel direkt auf dem organischen Abstandshalter können die Metall-Cluster auch kolloidal in Lösung präpariert werden. Der mit dem organischen Film bedeckte Gold-Kristall wird dann in die Cluster-Lösung eingetaucht, und die Cluster werden auf dem organischen Film abgeschieden. Auf die Metall- [SAR99] oder Halbleiter-Cluster-Lage [MUR96] können dann weitere Lagen organischer Film und Metall-Cluster aus Lösung aufgebracht werden, so daß man letztlich ein dreidimensionales Übergitter aus Metall- oder Halbleiter-Quantenpunkten erhält.

Einzelelektronen-Transistoren

Ultradünne Filme aus organischen Molekülen sollten sich aufgrund ihrer Strukturierbarkeit z.B. mit einem Rastertunnelmikroskop ebenso wie Halbleiter-Quantenpunkte [KLE97b] nutzen lassen, um Einzelelektronen-Transistoren (SET, single electron transistor) herzustellen.

Eine SET-Schaltung setzt sich aus einem Kondensator zur Ladungsspeicherung und einer sehr dünnen Barrieren-Schicht zusammen, die es einzelnen Elektronen erlaubt, als diskrete Ladungspakete zwischen zwei Elektroden zu tunneln. Befindet sich eine metallische Insel zwischen zwei Tunnelverbindungen, so hängt das elektrische Potential dieser Insel stark von der Zahl der Überschußelektronen auf der Insel ab. Als Ergebnis ist der Zugang eines zusätzlichen Elektrons solange blockiert, bis eine Schwelle der angelegten Transportspannung überschritten wird ('Coulomb-Blockade', siehe Abb. 6.38). Das Potential der Ladungsinseln und damit der Blockadebereich läßt sich durch die Spannung an einer zusätzlichen Gate-Elektrode quantisiert variieren.

Der Einzelelektronen-Effekt wird wirksam wenn die Ladungsenergie $e^2/2C$ viel größer als die thermische Energie $k_B T$ und die Energie der Quantenfluktuationen ist, die Kapazität der Insel C also klein genug und der Widerstand der Tunnelverbindungen groß gegen $h/2e^2$

(die Quanten-Einheit des Widerstands) sind. Ist der Widerstand zu klein, so bewirkt die quantenmechanische Unschärfe der Position der Ladungsquanten auf den Elektroden, daß statistische Tunneleffekte den erwünschten Transistoreffekt zunichte machen.

Typische minimierte Tunnelkontakte haben Flächen von 60×60 nm^2 und Gesamtkapazitäten C von einigen 10^{-16} F bei einem Widerstand von 100 $k\Omega$ per Bauelement. Um die thermischen Effekte zu unterdrücken sind in der Regel Temperaturen unterhalb 0.1 K notwendig.

Im organischen SET, der bei weit höheren Temperaturen arbeiten könnte, würde man einen Goldfilm als Grundelektrode benutzen, darauf einen organischen Film als Barrierenschicht aufwachsen und hierauf z.B. Farbstoffmoleküle als Ladungsinseln. Diese Inselmoleküle ließen sich dann individuell mittels einer Rastertunnelspitze anregen, um quantisierten (und lokalisierten) Ladungstransport herzustellen.

Elektronenquellen

Abb. 6.32 zeigt eine nanostrukturierte integrierte Elektronenquelle, die mittels dreidimensionaler Elektronenstrahl-Lithographie erzeugt wurde [SCH98c]. Die Elektronen werden aus 4 nm durchmessenden Gold-Nanokristallen emittiert, aus denen sich eine Spitze mit einem Radius von 10 nm und einer Höhe von 100 nm aufbaut. Die Potentialverteilung um diese Mikrospitzen führt zu einer gerichteten Elektronen-Emission mit einem Emissionswinkel von $\pm 7°$. Der totale Emissionsstrom liegt bei 10 muA, und die Brillianz ist einen Faktor 10 höher als diejenige konventioneller Schottky Feld-Emissionsquellen.

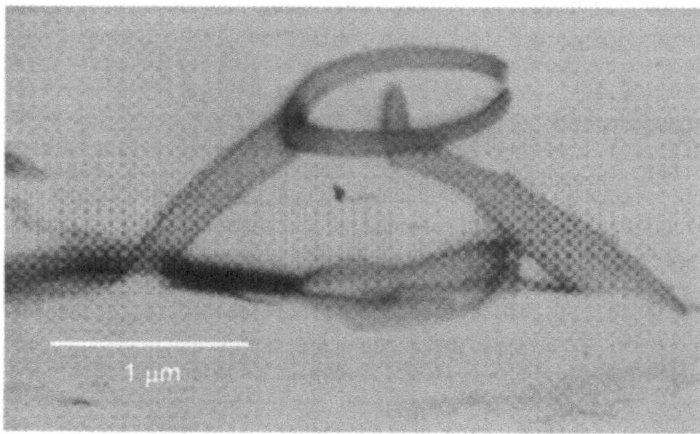

Fig. 6.32 Submikrometer große Feldemissions-Elektronenquelle. Nachgedruckt mit Genehmigung aus [SCH98c]. Copyright 1998 American Vacuum Society.

Neben dem Emitter ist in der integrierten Struktur aus Abb. 6.32 auch eine nanoskalierte Ring-Elektrode aufgebaut worden, die als Extraktor-Gitter fungiert. Solche integrierten Feldemissions-Kathoden könnten aufgrund ihrer geringen Kapazität in Microtrioden, Mikroröhren oder zur Erzeugung massiv paralleler Elektronenstrahlen genutzt werden.

6.3 Quantencomputer

In der Einleitung ist die Grenze des Moore'schen Wachstums für die Informationsdichte in Computerprozessoren angesprochen worden. Diese Grenze liegt darin, daß die Nanowelt nach quantenmechanischen Gesetzmäßigkeiten funktioniert, die die Genauigkeit beschränkt, mit der nanoskalierte physikalische Objekte die Eigenschaften von bits, logischen Operationen usw. darstellen können (Heisenberg'sche Unschärferelation). Position und Impuls eines einzelnen Atoms in einem definierten Quantenzustand als Repräsentation eines '1'-Zustandes z.B. lassen sich nicht beliebig genau bestimmen. Mehr noch: der Meßprozeß an dem Atom selber verändert seinen Zustand. Möglicherweise lassen sich aus dem Auftauchen dieser neuen Gesetzmäßigkeiten (bzw. der neuen Priorisierung grundlegender physikalischer Gesetze) jedoch auch unmittelbar Lösungen ableiten. Ein Beispiel hierfür ist der Quantencomputer [BOU00].

Prinzipiell sollte es möglich sein, Informationen auch direkt mit quantenmechanischen Hilfsmitteln zu behandeln und zu prozessieren. Statt ein einfaches 0/1-System (*bit*) als Basiseinheit zu benutzen, das nur in zwei diskreten Zuständen existieren kann, wird eine Basiseinheit eingeführt (das *qubit*), die in einer Überlagerung der diskreten Zustände präpariert wird. Damit wird dem grundlegenden quantenmechanischen 'Superpositions-Prinzip' Genüge getan, indem neben der Amplituden- eine Phaseninformation eingeführt wird. Ein *qubit* kann also gleichzeitig die Zustände '0' und '1' in willkürlichen Proportionen speichern. Das heißt, daß die Möglichkeit der Informationsspeicherung in einem Quantenregister exponentiell größer ist als die Informationsspeicherung in einem klassischen Register. Ein klassisches 3-bit-Register kann genau *eine* von 8 Zahlen speichern, nämlich 000, 001, 010, 011, 100, 101, 110 oder 111 (binär 0 bis 7). Das quantenmechanische Analog kann die 8 Zahlen *gleichzeitig* in einem Überlagerungs-Zustand speichern, so daß N *qubits* 2^N Zahlen speichern können.

Die Kehrseite der Medaille ist, daß die gespeicherten Informationen nicht gleichzeitig zugänglich sind. Die Messung des Zustands des Quantenregisters reduziert dieses nämlich wiederum auf einen einzigen Wert. Um die erhöhte Informationsdichte auszunutzen, müssen also mathematische Operationen am Gesamtzustand (also der Überlagerung aller Informationen) durchgeführt werden *bevor* das System ausgelesen wird. Dies könnte z.B. in algorithmischen Such-Routinen ausgenutzt werden, also beim Durchsuchen von Listen, die erst während des Suchprozesses selbst erzeugt werden, etwa für Schach-Programme oder zur Entschlüsselung von kryptographischen Schemata.

Die Idee, Quantenphänomene zur Durchführung von Rechnungen auszunutzen [FEY82] und die theoretischen Grundlagen des 'Quantenrechnens' sind etwa zwanzig Jahre alt [DEU85]. Innerhalb der letzten Jahre hat man nun auch begonnen, verschiedene physikalische Ansätze für eine praktische Realisierung des Quantencomputers zu untersuchen.

Ionenfallen
Hier ist die prinzipielle Idee, Ionen in einem elektrischen Feld einzufangen, sie zu isolieren, zu kühlen und durch Änderung ihres Zustandes mittels Laser-Anregung *qubits* zu realisieren. Alle Ionen zusammen (meist in Form einer linearen Kette) bilden das Quanten-Register, in dem quantenmechanische Rechnungen ausgeführt werden. Die 'gate'-Operationen innerhalb des Registers beruhen auf der Verschränkung (entanglement) von inneren Freiheitsgraden

der Ionen (elektronischer Anregung) und kollektiven Bewegungen aller Ionen innerhalb der Falle. Am Ende des Rechenprozesses wird der Endzustand durch erneute Wechselwirkung mit Laserlicht ausgelesen.

In einer linearen 'Paul-Falle' [GHO95] lassen sich Ionen einfangen und optisch kühlen, so daß sie auf Grund ihrer gegenseitigen Coulomb-Abstoßung geordnete lineare Strukturen längs der Fallen-Achse bilden 6.33. Das Halten der Ionen in der Falle erfordert eine rücktreibende Kraft bzgl. der Achse, die durch Anlegen einer Radiofrequenz-Wechselspannung zwischen den Polkappen und ein daraus resultierendes Quadrupol-Potential mit einer Tiefe von einigen Elektronenvolt erzeugt wird.

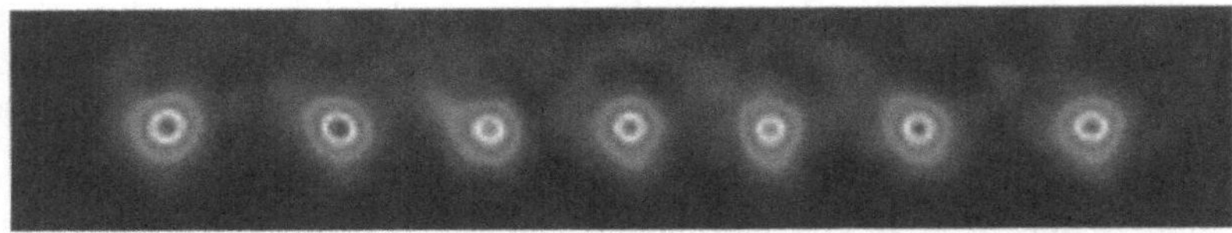

Fig. 6.33 Lineare Kette (etwa 200 μm lang) von sieben Ionen, die in einer Paul-Falle gefangen wurden [DRE03]. Nachgedruckt mit Genehmigung.

Die Ionen in der Falle führen gemeinsame ('center-of-mass') oder gegenseitige ('breathing') Schwingungsbewegungen mit Frequenzen ω_n aus, die sich als Normalmoden beschreiben lassen. Um einen gut definierten Anfangs-Schwingungszustand für die Quanten-Rechnungen zu erzielen, müssen die Ionen gekühlt werden. Dies geschieht in der Regel anfänglich durch 'Doppler-Kühlen', später dann durch 'Seitenband-Kühlen'.

Beim 'Doppler-Kühlen' [WIN78] wird der Impuls-Übertrag $\hbar k$ ($k = \lambda_0/2\pi$ bezeichnet den Wellenvektor) nach Absorption und Emission von Photonen der Frequenz ω_0 ausgenutzt, um kinetische Energie der Ionen zu vernichten. Bewegt sich das Ion dem Laserstrahl entgegen, so kann es eine hinsichtlich der Ruhe-Übergangsfrequenz rotverschobene Laser-Wellenlänge und damit ein Photon mit gerichtetem Impuls absorbieren. Hierbei wird das Ion in einen angeregten Zustand transferiert. Bei der darauf folgenden spontanen Emission zurück in den Grundzustand wird wieder ein Photon mit einem Impuls ausgesandt, der dem Betrage nach gleich dem absorbierten Photon ist, jedoch keine mit diesem korrelierte Richtung besitzt. Daher addieren sich die Netto-Impulse der absorbierten Photonen auf, während diejenigen der emittierten Photonen sich statistisch zu Null mitteln. Das Ion wird also durch die summierten Photonen-Impulse abgebremst (siehe auch Kapitel 5.3). Die Abbremsung ist pro Photon-Zyklus sehr gering (für Natrium-Atome auf der D1-Resonanzlinie beträgt die Verringerung der Geschwindigkeit z.B. etwa 0.03 m/s), so daß sehr viele Absorptions-Emissions-Zyklen notwendig sind. Die minimal mit dieser Methode erreichbare Temperatur

$$T_D = \frac{\hbar\gamma}{2k_B} \tag{6.17}$$

folgt aus der natürlichen Linienbreite γ des angeregten Ionenzustandes und liegt bei einigen Milli-Kelvin; hier bedeutet k_B die Boltzmann-Konstante.

Bei einigen Milli-Kelvin befindet sich das Ion in der Falle noch nicht im Grundzustand hinsichtlich seiner Bewegung in der Falle. Diese Schwingungsbewegung hat Auswirkungen auf das Absorptions-Spektrum des Ions im 'dressed state', der sich als Überlagerungs-Zustand zwischen der energetischen Struktur des freien Ions und einer harmonischen Oszillator-Bewegung im Fallenpotential beschreiben läßt: es entstehen Seitenbänder $\omega_0 \pm n\omega_n$ im Absorptions-Spektrum des Ions. Falls die mit der Lebensdauer des angeregten Zustands verbundene Linienbreite geringer ist als der Abstand zwischen zwei Schwingungszuständen, kann 'Seitenband'-Kühlen [NEU78] genutzt werden, um die Ionen in den Schwingungs-Grundzustand zu transferieren.

Hierbei werden beispielsweise zwei Laserpulse eingesetzt, um einen Raman-Übergang des Ions in einen angeregten inneren Zustand des rotverschobenen (niederenergetischen) Seitenbands zu induzieren. Die folgende spontane Emission in den Grundzustand dämpft die Bewegung des Ions in der Falle um ein Schwingungsquant. Wichtig ist, daß die Rückstoß-Energie der Photonen im Mittel von der gesamten Fallenstruktur und nicht vom einzelnen Ion absorbiert wird, so daß diese Art der Laserkühlung nicht durch die Rückstoßenergie der Photonen begrenzt wird [14].

In einer für den Quantencomputer nutzbaren Falle sollte sich mehr als ein Ion befinden, um ein Quanten-Register aus mehreren *qubits* aufzubauen. Diese Ionen sind durch Coulomb-Kräfte miteinander gekoppelt. Die Kopplung der Schwingungsbewegungen aller Ionen macht den Kühl-Vorgang komplexer, so daß tatsächlich benutzte Kühl-Schemata wesentlich komplizierter als der soeben skizzierte Verlauf für ein einzelnes Ion aussehen [MOR99].

Nach Kühlung der linearen Kette in den Schwingungsgrundzustand kann sie als Quantenregister benutzt werden, um durch gezielte Laser-Anregung einzelner Ionen Informationen zu speichern, d.h. einen quantenmechanischen Zustand als *qubit* zu präparieren. Dazu müssen die Ionen einen Abstand von mindestens einigen Mikrometern besitzen, um sie einzeln mit dem beugungsbegrenzten Fokusdurchmesser des Anregungslasers adressieren zu können. Die starke Coulomb-Abstoßung der Ionen erlaubt Abstände von dieser Größenordnung (Abb. 6.33). Der Abstand zwischen den Ionen hängt natürlich auch von der Steilheit des Fallen-Potentials ab. Je steiler das Potential ist, um so geringer ist der Abstand zwischen den Ionen. Andererseits benötigt man ggf. ein steiles Potential, damit der Abstand zwischen den energetisch erlaubten Zuständen groß und das Kühlen erleichtert wird.

Die *qubit*-Präparation erfordert im ersten Schritt das Löschen durch optisches Pumpen in den Grundzustand des Ions und im zweiten Schritt die Erzeugung eines quantenmechanischen Überlagerungs-Zustands aus elektronischen Grund- und angeregtem Zustand durch Bestrahlung mit einem kohärenten 'Rabi'-Puls [15]. Die gespeicherte Quanteninformation könnte also z.B. sein, daß das erste *qubit* im angeregten Zustand ist (Benutzung eines π-Pulses) oder aber (bei Benutzung kürzerer Pulse), daß es sich teilweise im angeregten und teilweise im Grundzustand befindet (Überlagerungs-Zustand).

---

[14] Die Rückstoßenergie bildet z.B. die Grenze für das ansonsten sehr effiziente Polarisationsgradienten-Kühlen [DAL89].

[15] 'Rabi'-Oszillationen beschreiben die zeitliche Entwicklung des kohärent angeregten Systems Laser-Teilchen. Eine vollständige Oszillation entspricht eine Kreisbewegung, bei der sich die Phase um 2π ändert. Die charakteristische Zeitskala ist durch die 'Rabi'-Frequenz Ω vorgegeben, die ein Maß für die Übergangswahrscheinlichkeit in den angeregten Zustand bei gegebener Laserintensität ist.

Nachdem auf diese Weise alle *qubits* individuell adressiert worden sind, können Quanten-rechnungen durch Kopplung der *qubits* in der linearen Kette durchgeführt werden. Der innere Zustand des einzelnen Ions wird also auf die Gesamtschwingung der Kette projiziert (z.B. durch Seitenband-Anregung, siehe oben), die wiederum den Zustand aller anderen Io-nen beeinflußt. Am Ende der Rechnung wird der Zustand des Ionen-Registers durch erneute Laser-Abtastung aller einzelnen Ionen ausgelesen. Hierbei müssen natürlich - z.B. durch Be-obachtung laser-induzierter Fluoreszenz aus geeignet gewählten Hilfszuständen - nicht nur die reinen Grund- und angeregten Zustände der Ionen, sondern auch mögliche Mischungen in Überlagerungszuständen festgestellt werden.

Experimentell ist bislang nur eine CNOT Operation implementiert worden [CIR95, MON95]. CNOT bedeutet 'controlled NOT', d.h. das Ziel-*qubit* wird je nach Zustand eines Kontroll-*qubits* im Wert geändert oder nicht. Als *qubits* wurden hierzu der innere elektroni-sche Zustand des Ions und der Schwingungszustand in der Falle benutzt.

NMR (Kernmagnetische Resonanz)
Hier sind die *qubits* die Kernspins der einzelnen Atome in komplexeren Molekülen, während das Molekül selbst als Quantenregister funktioniert. Logische Operationen werden über die Gesamt-Drehimpuls-Kopplung erzeugt, und das Rechenergebnis wird als magnetisches Induktions-Signal ausgelesen. Mittels NMR ist das erste Mal eine komplexere Quanten-Rechnung durchgeführt worden [VAN01].

CQED (Hohlraum-Quanten-Elektrodynamik)
Ähnlich wie bei den Ionenfallen ist das *qubit* der durch einen Laser präparierte Zustand eines Atoms, das in einem Resonator mit sehr hoher Güte mit einer Hohlraum-Schwingung wechselwirkt und einen verschränkten Zustand bildet. Dieser Zustand kann durch Benut-zung weiterer Laserpulse gezielt verändert werden. Die Darstellung von Rechenoperationen gestaltet sich jedoch schwierig, da hierzu eine ganze Reihe von einzelnen Resonatoren miteinander gekoppelt werden müßten.

Quantenpunkte
In diesem Fall sind die *qubits* die Elektronen-Spins im gebundenen Quantenpunkt-Zustand. Quantenlogik wird durch Kopplung der Quantenpunkte mittels eines magnetischen Feldes erzielt.

Optische Gitter
Die Atome in den Gitter-Potentialtöpfen stellen die *qubits* dar (siehe auch Kapitel 5.3). Rechnungen auf dem Register aller Atome werden über Atom-Atom-Wechselwirkung erzielt, indem die Atome abhängig von ihrem inneren Zustand räumlich verschoben werden.

Josephson-Kontakte
Die *qubits* sind die quantisierten Ladungen in kleinen Inseln, die durch Josephson-Tunneln in Abhängigkeit von einer Vorspannung gekoppelt werden. Induktive Kopplung soll Quantenlogik ermöglichen.

Problematisch bei all diesen denkbaren Realisationen ist der Verlust der Kohärenz während des Rechenprozesses (die 'Dekohärenz'), durch die das Quantensystem mit seiner Umgebung gekoppelt wird. Diese Kopplung stellt gewissermaßen eine Messung des Systemzustandes dar, also eine Projektion in die 'klassische' Welt der festgelegten Zustandsgrößen. Damit verliert man natürlich alle Vorteile des Quantenrechnens wieder.

Dekohärenz tritt für die Ionenfallen z.B. durch Instabilitäten im Potential der Falle auf, durch Kopplung der Grundschwingung der linearen Kette mit benachbarten Schwingungszuständen, durch Streuung an Restgas-Teilchen oder auch durch von den Ionen erzeugte Ladungen auf den Elektroden der Paul-Falle. Dadurch wird die mögliche Rechenzeit in den Millisekunden-Bereich reduziert.

Zudem sind die möglichen Probleme, die mit einem Quantencomputer gelöst werden könnten sehr beschränkt, und die dazu notwendige Anzahl von individuell adressierbaren *qubits* in verschränkten Zuständen um Größenordnungen höher als derzeit erreichbar. Erst im Jahr 2000 ist die Verschränkung von vier Atomen demonstriert worden [SAC00]. Die Schwierigkeiten wachsen exponentiell, möchte man dies mit mehr Atomen oder Ionen machen. Es ist zu erwarten, daß die Realisation klassischer Computer mit nanoskalierten Systemen (viz. isolierten Atomen oder Molekülen) wesentlich früher erreicht werden wird als die Realisation tatsächlicher Quantencomputer.

6.4   Biologie

6.4.1   Charakterisierung elementarer Einheiten

Elementare Einheiten der Biologie sind organische Moleküle, Proteine, Enzyme, DNA und supramolekulare Einheiten wie Membranen oder Bläschen ('vesicles'). Wichtig für den Einbau in größere Komplexe und für ein Verständnis der Funktionalität sind Informationen über mechanische und elektrische Eigenschaften der Biomoleküle. Inter- und intramolekulare Wechselwirkungen, Struktur und elektronisches Verhalten müssen daher möglichst umfassend untersucht werden.

Ein offensichtlich gut geeignetes Werkzeug zur Strukturuntersuchung an biologischen Materialien ist das Kraftmikroskop [JAN01]. Trotz einer vergleichbaren Auflösung im Nanometer-Bereich können die Proben im Gegensatz zur Rasterelektronenmikroskopie oder zur Rastertunnelmikroskopie[16] hier in ihrer natürlichen Umgebung untersucht werden. Problematisch in der Abbildung sind aufgrund der endlichen Größe der Spitze und ihrer Kontamination mit Biomaterial die Seitenansichten von z.B. Nervenzellen oder Strukturen mit hohem Höhen-Breiten-Verhältnis. Hier bieten sich die Benutzung von etxrem langen und dünnen Spitzen (z.B. mit Kohlenstoff-Nanoröhren versehene Spitzen) oder Kombinationen von AFM und SEM als geeignete Werkzeuge an [TOJ98]. Auch Untersuchungen am lebenden Objekt

---

[16]Molekulare Auflösung wird relativ leicht unter Ultrahochvakuum-Bedingungen mit dem STM erreicht. Auch unter diesen Bedingungen lassen sich biologisch relevante Oberflächenprozesse beobachten, z.B. die Orientierung (Chiralität) adsorbierter Biomoleküle, die zur biologischen 'Erkennung' genutzt wird [FAN98 KUE02].

'*in vivo*' sind mit dem AFM wegen seiner relativ langwierigen Datenaufnahme schwierig. Hochauflösende konfokale Mikroskopie ist eine erfolgversprechende Alternative.

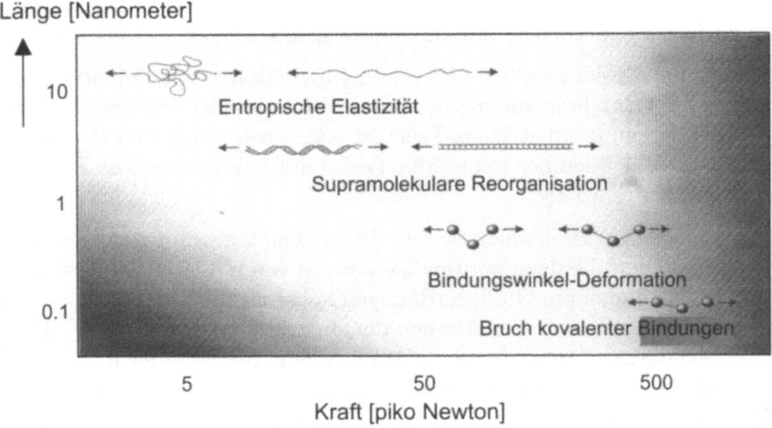

Fig. 6.34 Längen- vs. Kraftskala für biologisch relevante Einheiten. Nachgedruckt mit Genehmigung aus [CLA00]. Copyright 2000 Elsevier Science Ltd.

Neben der reinen Strukturuntersuchung lassen sich aber mit dem AFM auch in einzigartiger Weise mechanische und dynamische Eigenschaften auf einer Mikro- oder Nanometer-Skala untersuchen. Kraftmikroskopie an *einzelnen* Molekülen ('Kraftspektroskopie') [JAN00, CLA00, STR01] hat sich in den letzten Jahren als erfolgversprechendes Hilfsmittel herausgestellt, um funktionale Untersuchungen von Biomolekülen in ihrer natürlichen Umgebung (der wässrigen Phase) durchzuführen. Neben Wechselwirkungspotentialen, Protein-Faltungs-Wegen und mechanischen Eigenschaften von DNA ('Dehnungsmessungen') konnten auch molekulare Motoren [BAL00c] oder selektive Strukturänderungen durch an die DNA bindende Einheiten wie Proteine oder Drogen [KRA00] besser verstanden werden.

Abbildung 6.34 zeigt typische Kräfte und Längen, die für Einzelmolekül-Kraftspektroskopie von Bedeutung sind. Schattiert sind die unzugänglichen Bereiche, in denen entweder kovalente Bindungen reissen (oben rechts) oder die molekularen Strukturen thermisch instabil werden (unten links). Innerhalb des nicht schattierten Bereichs kann Kraftspektroskopie durchgeführt werden. Abbildung. 6.35a demonstriert die Idee: das zu untersuchende Biomolekül (ein Zuckerpolymer in diesem Fall) wird kovalent an das Substrat (Siliziumoxid) und an die AFM-Spitze (Silizium) gebunden. Vergrößert man nun den Abstand der Spitze zur Oberfläche, so entfaltet sich das Molekül, dehnt sich, individuelle Bindungen zur Oberfläche reissen, und schließlich reißt die kovalente Kohlenstoff-Silizium-Bindung zwischen Molekül und Spitze 6.35b.

Eichungen der AFM-Spitze zeigen, daß die Kraft zum Auftrennen der Kohlenstoff-Silizium-Bindung 2 nN beträgt, während ein mittels Thiolbindung an eine Gold-Oberfläche gebundenes Molekül bei 1.4 nN abreißt. Eine genauere Analyse der Kraft-Abstand-Kurve zeigt ein Plateau, d.h. eine Vergrößerung der molekularen Länge ohne Vergrößerung der angeleg-

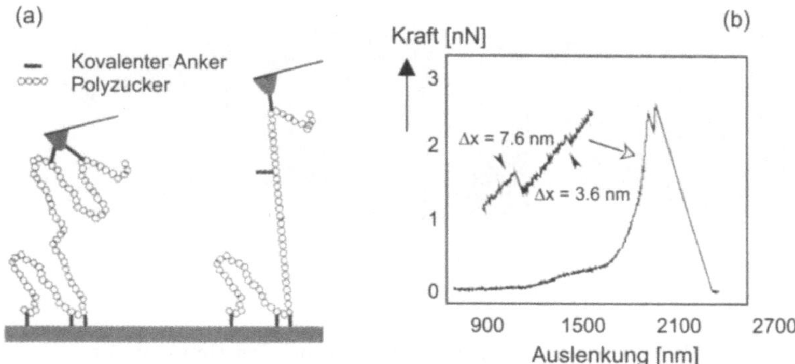

Fig. 6.35 (a) Schema der Bindung einer AFM-Spitze an ein Zucker-Polymer mit nachfolgendem Strecken durch Entfernen der Spitze von der Oberfläche. (b) Kraft vs. Abstand Spitze-Oberfläche. Das untere Bild zeigt, daß das Strecken des Polymers mit dem sukkzessiven Bruch der Bindungen zur Siliziumoxid-Oberfläche einhergeht. Nachgedruckt mit Genehmigung aus [GRA99]. Copyright 1999 Science.

ten Kraft. Dies findet man noch wesentlich ausgeprägter bei DNA. Doppelsträngige DNA etwa kann bis auf das Doppelte ihrer Konturlänge gestreckt werden ohne zu reissen. Diese (reversible) kraftinduzierte Strukturumwandlung erfolgt bei 65 pN. Weitere Dehnung führt dann zur Umwandlung der Doppelhelix in zwei Einzelstränge [CLA00b].

6.4.2 Nanobionik und Nano-Biotechnologie

Der Schritt vom Verständnis grundlegender biologischer Mechanismen zur technologischen Anwendung führt zur 'Bionik' [NAC99]: Hier wird versucht, von Materialien über Konstruktionen und Bewegungsabläufe bis hin zu Systemorganisationen 'natürliche', evolutionär optimierte Vorgänge technologisch nachzuahmen.

Gerade auch in der Mikrobionik finden sich viele nachahmenswerte, funktionell optimierte Vorbilder. So sind historisch gesehen Leuchtmoose wohl unter den ersten Lebewesen gewesen, die Mikro-Sammellinsen benutzen, um das Tageslicht zu bündeln und so auch in Höhleneingängen Photosynthese zu betreiben. In Abb.6.36 ist eine komplexere Art von biologischen Mikrolinsen gezeigt, in der durch die Kombination verschiedener Krümmungsradien sogar eine Korrektur der sphärischen Aberration der Linse erreicht wurde.

Im allgemeinen resultieren die in der Natur beobachteten Farben aus Interferenz-, Beugungs- und Brechungseffekten an dünnen Schichten oder periodischen Anordnungen nanoskalierter Strukturen [SRI99]. Schmetterlingsflügel als photonische Materialien sind schon in Abschnitt 6.1.3 angesprochen worden. Schmetterlingsaugen besitzen einen biologischen Interferenz-Filter, der sich aus einer periodischen Anordnung von Zytoplasma-Platten mit hohem Brechungsindex und Luftspalten mit niedrigem Brechungsindex aufbaut. Dieser Interferenzfilter führt zu einer wellenlängenselektiven Lichtreflektion und vermittelt den Augen ihren farbigen Schimmer. Die Rückenpanzer von Käfern zeigen aufgrund eingeprägter

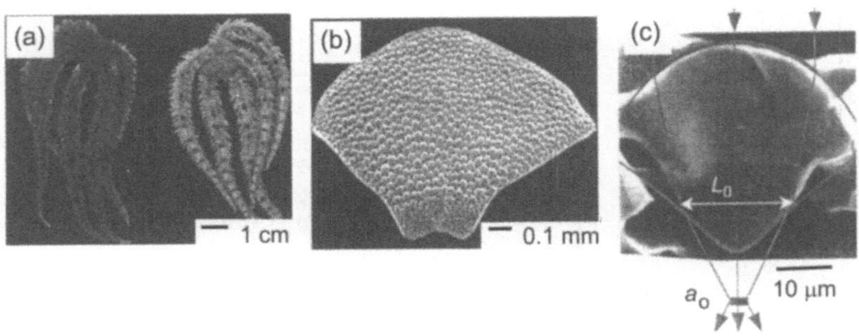

Fig. 6.36 Biologische Mikrolinsen: (a) Ophiocoma wendtii bei Tag (links) und bei Nacht (rechts) mit deutlichen Farbänderungen. (b) SEM einer Rückenwirbel-Platte mit einer Ansammlung von Mikrolinsen. (c) SEM einer einzelnen Mikrolinse. Die eingezeichnete Linie entspricht einer auf sphärische Aberration korrigierten Linse. $a_o \approx 3$ µm ist die Fokusgröße, $L_o \approx 20$µm bezeichnet die effektive Größe der Linsenöffnung. Nachgedruckt mit Genehmigung aus [AIZ01]. Copyright 2001 Nature.

Gitterstrukturen ein intensives metallisches Schimmern, und das reflektierte Licht ist oftmals zirkular polarisiert. Auch Lichtleitfasern haben natürliche Vorläufer. Im Leitungsgewebe jedes Maiskeimlings etwa wird Sonnenlicht durch den Trieb bis in die Wurzel geleitet, um das Wachstum zu steuern. Und kürzlich wurde entdeckt, daß Tiefsee-Schwämme (Euplectella) hoch flexible und verdrillbare Lichtleitfasern entwickelt haben, die vielleicht Anstoß zu einer neuen Art von Lichtleitfasern geben können [AIZ03].

Auf den Bereich sehr kleiner Einheiten konzentriert, versteht man dann unter Nanobionik [GRO99] die Darstellung und technische Anwendung funktionaler biologischer Moleküle[17]. Solche künstlich modifizierten Moleküle sind oftmals auf der Basis von Proteinen oder DNA-Bruchstücken entstanden.

Prinzipiell lassen sich zwei Ansätze verfolgen: i) Der analytische Ansatz, in dem auf eine bestimmte Funktion hin optimierte Biomoleküle als Kern-Elemente in Nanostrukturen eingesetzt werden, die anderweitig - z.B. mittels lithographischer Techniken - hergestellt wurden.Ein Beispiel sind die in Abb. 6.4 dargestellten Photodetektoren mit Bio-Molekülen als Kathoden. ii) Der synthetische Ansatz. Hier versucht man, mittels spezieller Biomoleküle zwei- oder dreidimensionale Zusammenstellungen von meso- oder nanoskopischen Strukturen zu erzeugen. Es hat sich herausgestellt, daß DNA hierbei ein vielfältig einsetzbarer Verbinder ('assembler') ist [STO99]. Ein gutes Beispiel ist die Erzeugung von Nanokristallen mittels DNA [ALI96]. Die Bildung eines geordneten Musters von 2 nm durchmessenden Platin-Clustern in den Poren einer regulären Matrix aus einem selbstorganisierten Protein (dem Bakterium *Sporosarcina ureae*) ist ebenfalls berichtet worden ('biomolekulare Schablonen' [MER99]).

Die notwendigen Grundbausteine, mit denen der Verbinder arbeiten kann, sind entwe-

---

[17]Auch Proteomics, also der Versuch, den Schlüssel zum Faltungs-Kode der Proteine zu finden und eine Verbindung zwischen Funktion, Sequenz und Struktur von Proteinen herzustellen, kann unter Nanobionik verstanden werden.

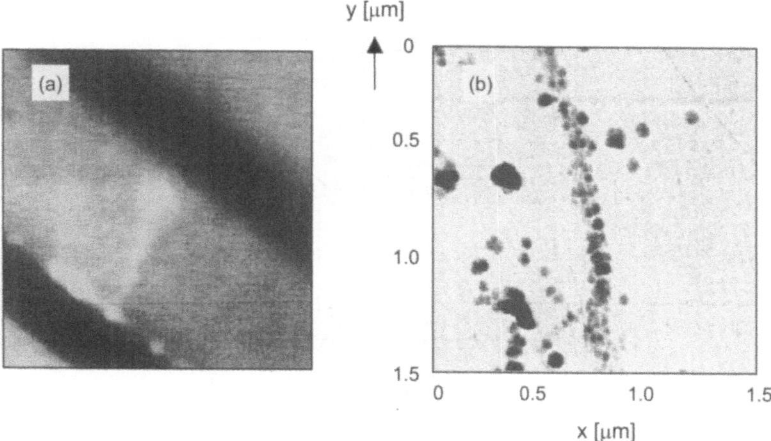

Fig. 6.37 (a) Fluoreszenz-Bild einer DNA-Brücke zwischen zwei Gold-Elektroden mit einem Abstand von 16 μm. (b) AFM-Bild eines auf der Basis einer DNA-Schablone erstellten Silber-Drahtes zwischen zwei 12 μm voneinander entfernten Gold-Elektroden. Nachgedruckt mit Genehmigung aus [BRA98]. Copyright 1998 Nature.

der Moleküle mit synthetisch programmierten Erkennungseinheiten oder Nanoteilchen mit wohldefinierter Oberflächen-Chemie. Der Vorteil von Biomolekülen (Peptiden, Oligonukleotiden oder Proteinen) als Grundbausteinen ist natürlich, daß molekulare Erkennungseinheiten von vorneherein eingebaut sind.

Als Beispiel zeigt Bild 6.37 eine Fluoreszenz-Mikroskop-Aufnahme einer DNA-Brücke zwischen zwei Gold-Elektroden. Die Gold-Elektroden wurden mit einer Schicht aus Oligonukleotiden überzogen, um ein besseres Haften der DNA zu gewährleisten. Die Oligonukleotide wiederum wurden mit Thiolen auf der Gold-Oberfläche verankert (vgl. Kap. 3.2.2). Um einen Silber-Draht zu erhalten, wurde Silber aus Lösung auf der DNA erst in Form von Clustern und später als kontinuierlicher Draht abgeschieden (Abb. 6.37b). Die Strom-Spannungs-Kennkurven (Abb. 6.38) des 100 nm durchmessenden Silberdrahtes zeigen Ohm'sches Verhalten (lineare Abhängigkeit von Strom und Spannung) oder aber eine Coulomb-Blockade (kein Strom für leicht negative und leicht positive Spannungen), abhängig von der genauen morphologischen Beschaffenheit des Silber-Drahtes. Kontrollmessungen ohne DNA-Brücke oder ohne Silberdraht zeigen einen Widerstand größer als $10^{13}\Omega$ für die 12 μm lange Lücke. Die hier verwendete DNA war also nichtleitend [18].

Eine grundlegende Frage ist, ob die erfolgversprechendste technische Anwendung durch originäre biologische Moleküle erreicht werden kann (z.B. natürliche DNA) oder durch ihre biomimetisch erzeugten Analoga (synthetische Oligonukleotide).

---

[18] Andere Messungen haben geringen Elektronentransfer durch DNA nachgewiesen, z.B. [LEW97].

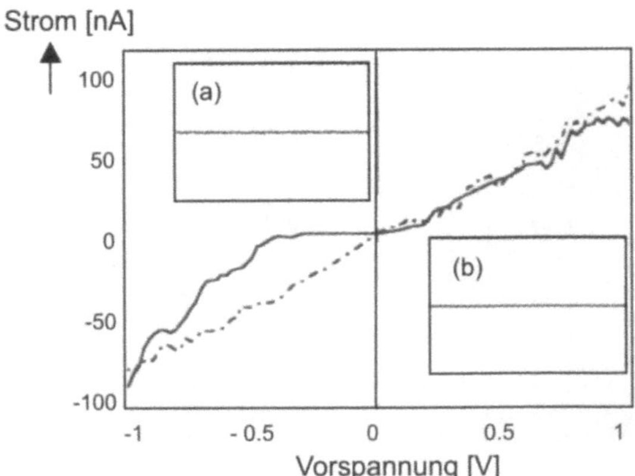

Fig. 6.38 I-V-Kurven des in Abb. 6.37 gezeigten Silber-Drahtes. Die eingefügten Teilbilder sind Referenzmessungen einer Silber-Deposition ohne DNA-Brücke (a) und einer DNA-Brücke ohne Silber-Deposition (b). Nachgedruckt mit Genehmigung aus [BRA98]. Copyright 1998 Nature.

6.5   Molekulare Nanostrukturen

Unter molekularen Nanostrukturen werden Objekte verstanden, die mit der 'bottom-up'-Technologie aus ihren molekularen Bestandteilen zu einer Größe von einigen bis einigen zehn oder hundert Nanometern gewachsen wurden. Im Prinzip fallen darunter alle Arten von 'Clustern' (vgl. Kapitel 2.1), d.h. gebundene Ansammlungen von Atomen oder Molekülen. Metallische Cluster auf Festkörper-Oberflächen, inklusive ihrer elektronischen Dynamik auf der Zeitskala ultraschneller Prozesse werden in Kapitel 6.1.4 besprochen. Eine gute Übersicht über die optischen Eigenschaften von metallischen Clustern findet sich in [KRE95].

Kohlenstoff-Nanostrukturen

In diesem Kapitel wird eine von der möglichen Anwendungsvielfalt her ausgezeichnete Art von molekularen Nanostrukturen genauer besprochen, nämlich Nanostrukturen aus Kohlenstoff, genauer 'Fullerene' [BAG94, ALD95, DRE96] und Kohlenstoff-Nanoröhren. Das berühmteste der Fulleren-Moleküle ist der Kohlenstoff-60-Cluster, C_{60} (Abb. 6.39), der die Form eines Fußballs hat. Wie der ersten Augenschein vermuten lassen könnte, sollten diesen Cluster eine sehr hohe Symmetrie und daher ähnlich wie Diamant hohe Stabilität und außerordentliche elektronische und optische Eigenschaften auszeichnen.

Um aus einem planaren Bruchstück des hexagonalen Graphit-Gitters eine gekrümmte Struktur wie den C_{60}-Cluster herzustellen, müssen topologische Defekte eingebaut werden. Zusätzlich zu den Graphit-Sechsecken werden z.B. Fünfecke eingefügt. Es stellt sich heraus, daß man genau 12 Fünfecke benötigt, um ein gekrümmtes hexagonales Gitter herzustellen.

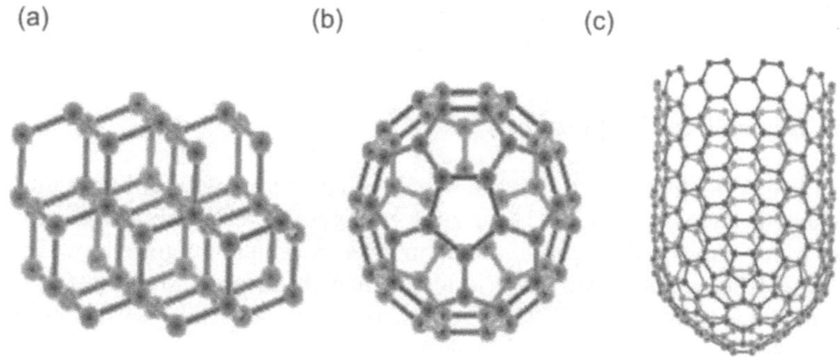

Fig. 6.39 Struktur von Diamant (a), C_{60} (b) und einer (10,10) Kohlenstoff-Nanoröhre (c).

In allen C_{2n} Fullerenen findet man also 12 Fünfecke und $(n-10)$ Sechsecke. Ein gestrecktes Fulleren mit Endkappen aus jeweils 6 Fünfecken und einer sehr großen Anzahl von Secksecken bildet dann eine 'Nanoröhre' (Abb. 6.39c), deren Durchmesser vom Durchmesser des Fullerens abhängt, aus dem die Endkappen gefertigt wurden (z.B. 1.2 nm für C_{240}).

Der elastische Modulus von Graphit in seiner Basal-Ebene hat unter allen bekannten Materialien den größten Wert. Daher ist es leicht einsichtig, daß nicht nur ein 'Fußball' wie das C_{60}, sondern auch eine solche Nanoröhre aus Graphit außergewöhnliche Stabilität besitzt. In der Tat sind Kohlenstoff-Nanoröhren [IIJ91] sehr flexibel und besitzen eine hohe Reißfestigkeit (Young'scher Modul[19] entsprechend dem Wert für Diamant, also ungefähr 1 TPa [WON97]).

Im Laufe der letzten Jahre hat sich herausgestellt, daß viele der hochgeschraubten Erwartungen, die man kurz nach seiner Entdeckung an diese neue Art von Material gestellt hat, nicht erfüllt werden können. Statt dessen erweisen sich die Kohlenstoff-Nanoröhren [HAR99] als Hoffnungsträger für verbesserte Technologien auf der Basis von molekularen Nanostrukturen. Gründe hierfür liegen hauptsächlich darin, daß Nanoröhren in ihrer Dimensionierung nicht so stark eingeschränkt sind wie Cluster, daß sie mechanisch extrem stabil sind, daß ihre Leitfähigkeit von isolierend zu metallisch leitend modifiziert werden kann, und daß ihre Herstellung relativ einfach ist. Im folgenden werden daher C_{60}-Cluster nur kurz hinsichtlich ihrer außerordentlichen optischen Nichtlinearitäten angesprochen, während Kohlenstoff-Nanoröhren ausführlicher diskutiert werden.

In Kapitel 5.1 wird eine Anwendung von C_{60}-Molekülen in neuartigen Polymer-Solarzellen vorgestellt. Ultradünne Filme aus reinem C_{60} selbst weisen sehr hohe optische Nichtlinearitäten von $\chi^3 \approx 10^{-10}$ esu auf. Dies liegt hauptsächlich an der großen Zahl von dreidimensional delokalisierten π-Bindungen und einem Elektronengas, das in einen symmetrischen Käfig mit starken Randbedingungen eingesperrt ist, aber innerhalb dieses Käfigs nahezu frei ist. Adsorbiert man diese Kohlenstoff-Käfige auf einer Oberfläche, so kann sich die gesamte (makroskopische) Nichtlinearität auf Grund der gegenseitigen Multipol-

---

[19]Der Young'sche Modul Y bestimmt die Kraft, die nötig ist, um die Röhre zu biegen, $F_b = (\pi^3 Y r^4)(4L^2)$ mit L der Länge und r dem Radius der Röhre. Die entsprechende Federkonstante ist $k_b = (3\pi Y r^4)/L^3$.

Wechselwirkungen sogar noch erhöhen. Depolarisierungs-Effekte wie im Falle nichtlinear optisch aktiver Polymer-Aggregate sind hingegen kaum zu erwarten.

Nichtlineare Dynamik in C_{60}-Filmen

Eine Möglichkeit, die nichtlineare optische Antwort eines dünnen C_{60}-Films auf eine einge-strahlte Lichtwelle zu messen, ist die Benutzung entarteten Vierwellen-Mischens (Abb. 4.40). Hierzu wird der ursprüngliche Laserstrahl in drei Strahlen aufgespalten. Zwei hiervon (Vorwärts- und Rückwärts-Pump) interferieren im nichtlinearen Medium (dem C_{60}-Film) und bilden ein holographisches Gitter. Der dritte (Probe-) Strahl wird kohärent an die-sem Gitter gestreut und erzeugt einen phasenkonjugierten Signalstrahl, dessen Intensität mit einem Photoverstärker bestimmt wird. Energieerhaltung verlangt, daß der Signalstrahl die selbe Wellenlänge wie die einfallenden Strahlen besitzt ('Entartung'). Impulserhaltung legt dann den Wellenvektor des Signalsstrahls dem Probe-Strahl entgegengerichtet fest. Ein Strahlteiler trennt das Signal vom einfallenden Strahl.

Die beobachtete Signalintensität ist proportional zum Produkt der Intensitäten der drei eingestrahlten Laser, dem Betragsquadrat der nichtlinearen Suszeptibilität dritter Ordnung $\chi^{(3)}$ und dem Quadrat der Wechselwirkungslänge. Im Falle eines 10 nm dicken C_{60}-Films ist der letzte Faktor sehr klein. Nur die hohe Nichtlinearität des Films erlaubt es, zeitabhängige Signalintensitäten unter Verwendung relativ geringer Irradianzen von Gigawatt pro Qua-dratzentimeter zu messen. Nach Justage des Probe-Strahls auf den optimalen zeitlichen Überlapp mit allen drei Teilstrahlen wird der Rückwärts-Pumpstrahl bzgl. des Vorwärts-Pumpstrahls verzögert, was zu der in Abb. 6.40 gezeigten Signalabhängigkeit führt.

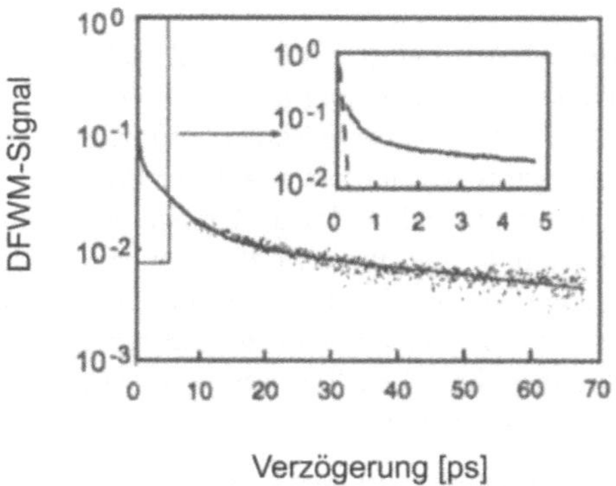

Fig. 6.40 DFWM-Signal als Funktion der zeitlichen Verzögerung des Rückwärts-Pumpstrahls bei einer Wellenlänge von 637 nm [ROS92]. Die durchgezogene Linie repräsentiert einen dreifachen exponentiellen Zerfall. Die gestrichelte Linie entspricht der gemessenen zeitlichen Pulsbreite des Lasers (150 fs).

Man beobachtet, daß die Signalintensität innerhalb der Laser-Pulsbreite stark abnimmt. Es ist daher wahrscheinlich, daß dieser Teil des Signals durch ein kohärentes Polarisations-Gitter der π-Elektronen erzeugt wird, das so lange existiert wie der Laserstrahl den Film bestrahlt. Nachfolgend nimmt das Signal mit zwei weiteren exponentiellen Zeitkonstanten von einigen hundert Femtosekunden und einigen Pikosekunden ab. Verursacher dieser Signale sind Gitter aus angeregten Elektronen im C_{60}-Film. Die schnelle Komponente entstammt dem direkten Zerfall des ersten angeregten Singulett-Zustandes S_1, während die langsame Komponente aus dem Zerfall des langlebigen Triplett-Zustandes T_1 resultiert. Der Triplett-Zustand ist aus dem Singulett-Zustand durch Konfigurations-Wechselwirkung ('intersystem crossing') entstanden. Durch Verwendung entsprechender Laser-Wellenlängen kann der relative Anteil dieser langlebigen Komponente und damit die optische Antwortzeit dieses Dünnfilm-Schalters zwischen Femto- und Pikosekunden variiert werden.

Nanoröhren

Einzelschicht-Nanoröhren (SWNT, 'single wall nanotube') haben Durchmesser von etwa 1 bis 1.5 nm, abhängig von der Größe des Halb-Fullerens, das die Endkappen darstellt und damit von der Herstellungs-Methode[20]. Vielschicht-Nanoröhren (MWNT, 'multiple wall nanotube') ähneln hohlen Graphitfasern und bestehen aus konzentrischen Zylindern um einen zentralen Hohlraum. Der Abstand zwischen einzelnen Graphit-Schichen der MWNTs ist 0.34 nm.

Eine relativ einfache Herstellungsmethode für Nanoröhren ist CVD ('chemical vapor deposition'). Hierbei wird das mit den Nanoröhren zu beschichtende Substrat mit einem 'precursor' belegt (z.B. Eisennitrat, $Fe(NO_3)_3$) und auf etwa 1000 K erhitzt. Dabei entstehen Metallcluster, die als Nukleationszentren für das Nanoröhren-Wachstum in einer Azetylen-(C_2H_2)-Atmosphäre dienen.

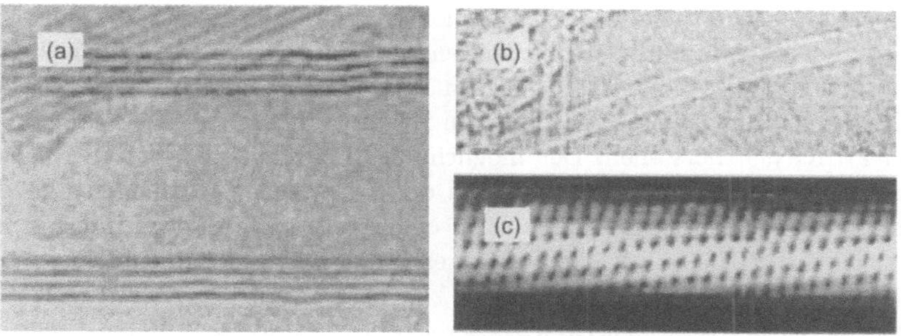

Fig. 6.41 TEM-Bilder typischer Vielschicht-Nanoröhren (MWNTs) (a) und einer Einzelschicht-Nanoröhre (SWNT) (b). Teilbild (c) ist eine STM-Aufnahme einer halbleitenden SWNT, bei der man deutlich die Helix-Struktur sieht. Der Durchmesser der SWNT beträgt etwa 1.2 nm. Nachgedruckt mit Genehmigung aus [AJA99]. Copyright 1999 American Chemical Society.

Je nach Struktur können die Röhren metallisch oder halbleitend sein und damit als 'Nanodrähte' oder Metall/Halbleiter-Verbindungen dienen. Entlang ihrer bevorzugten Richtung können sie eine sehr hohe Leitfähigkeit (etwa $10^5 Sm^{-1}$) besitzen, die für MWNTs allerdings stark von strukturellen Defekten oder elastischen Verformungen abhängt. In SWNTs

---

[20]Herstellung durch Laser-Verdampfung von Kohlenstoff z.B. resultiert in einem Durchmesser von 1.38 nm [THE96].

hingegen sind aufgrund ihrer hohen Symmetrie die molekularen Wellenfunktionen über die gesamte Röhrenlänge ausgeschmiert. Die SW-Nanoröhren verhalten sich also in der Tat wie kohärente Quantendrähte [TAN97].

Da es sehr viele Möglichkeiten gibt, Kohlenstoff-Schichten zu Röhren aufzurollen, findet man Röhren mit unterschiedlicher Helizität, also Verdrillung längs der Mittelachse (Abb. 6.41c). Üblicherweise werden sie durch die Indizes (n_1, n_2) charakterisiert, die die Multiplizität der beobachteten Gittervektoren $R = n_1 a_1 + n_2 a_2$ bzgl. der primitiven Gittervektoren (a_1, a_2) der Kohlenstoffschicht wiedergeben. Röhren vom Typ $(n,0)$ werden als 'Zickzack'-Röhren bezeichnet, solche vom Typ (n, n) 'Lehnstuhl'. Rechnungen sagen voraus, daß (n, n) Nanoröhren metallische Eigenschaften besitzen, während alle anderen Nanoröhren entweder metallisch (z.B. (3,0),(4,1),(5,2) ...) oder halbleitend (z.B. (1,0),(2,1),(3,2) ...) sind.

Die Leitfähigkeit und Stabilität der Nanoröhren kann ausgenutzt werden, um mechanische Stabilität und elektrische Leitfähigkeit [21] konjugierter lumineszenter Polymere durch Herstellung eines Komposit-Materialis zu verbessern [COL99]. Auch die Charakteristik organischer licht-emittierender Dioden (OLEDs) kann durch den gezielten Einsatz von Nanostrukturen in der Form von Nanoröhren optimiert werden. Dies betrifft z.B. das Injektions-Gleichgewicht zwischen Löchern und Elektronen; den Transport von Ladungsträgern als Polaronen; die Rekombinationsrate, um Singlet-Exzitonen zu bilden; und den Strahlungs-Zerfall der Exzitonen.

Weitere interessante Anwendungsmöglichkeiten der Kohlenstoff-Nanoröhren sind als Einzel-molekül Feldeffekt-Transistoren [TAN98] oder als effiziente Elektronenquellen. Möchte man hohe Stromdichten mit Feldemissions-Elektronenquellen erreichen, so steht man vor dem Problem, daß die Benutzung scharfer Spitzen zur Optimierung der Feldüberhöhung einhergeht mit einer starken Verringerung der Emissions-Fläche. Eine mögliche Lösung ist die Benutzung eines Feldes von mikrometergroßen, eng gepackten Emissionsspitzen. Kohlenstoff-Nanoröhren mit Feldverstärkungsfaktoren von 1000 [GRO00] lassen sich für diesen Zweck in großer Menge und mit Packungsdichten von $10^6 cm^{-2}$ durch Mikrokontakt-Imprint (vgl. Kapitel 3.1.2) [KIN99] herstellen. Der mögliche gesamte Emissions-Strom solcher Felder hängt unter anderem vom Abstand zwischen den Röhren ab. Messungen und Rechnungen suggerieren, daß optimierte Emission für einen Abstand von zwei Mal der Höhe der Röhren erzielt wird [NIL00]. Für gerade Röhren mit $1 \mu m$ Höhe bedeutet dies eine Dichte von $2.5 \times 10^7 cm^{-2}$. Bei einem Emissionsstrom zwischen 0.1 und 1 μA pro Röhre lassen sich also Gesamtemissionen bis in den Ampere-Bereich pro Quadratzentimeter erreichen.

6.6   Mikro- und Nanomechanik

Bewegungen auf der Nanometer-Skala werden von anderen Kräften dominiert als die entsprechenden makroskopischen Bewegungen. Daher ist auch die Nanomechanik nicht einfach nur eine Skalierung der alltäglichen Mechanik. Reibung z.B. spielt eine entscheidende Rolle, da sich das Volumen-zu-Oberflächen-Verhältnis in nanometrischen Dimensionen zu Gunsten der Oberfläche verschoben hat. Die mikroskopischen Mechanismen der Reibung wiederum

---

[21] Die Leitfähigkeit für das reine Polymer betrug 2×10^{-10} S/m, diejenige für das gefüllte Polymer 3 S/m.

sind nach wie vor nicht vollständig verstanden, so daß quantitative Messungen auf einer Nanometer-Skala notwendig sind.

Ein wesentliches Hilfsmittel für diese 'Nanotribologie' [BHU97] ist das Kraftmikroskop, mit dem man auch die lateralen Kräfte messen kann, die beim Reiben der Spitze über die Oberfläche entstehen. Quantitative Nanotribologie wird möglich durch Optimierung der Spitze für laterale Bewegungen und Minimierung ihrer Empfindlichkeit auf vertikale und Torsions-Bewegungen [ZIJ00].

Hat man die mechanischen Eigenschaften auf der Nanoskala verstanden, müssen nanoskalierte elektronische und mechanische Komponenten kombiniert werden, um funktionsfähige NEMS (nano-elektromechanische Systeme) herzustellen, die miniaturisierten Varianten von MEMS (mikro-elektromechanische Systeme)[RAI00, BIS01] und BioMEMS.

Traditionell werden MEMS, also 'smarte' dreidimensionale Chips, die Sensorik und Motorik kombinieren, um auf Änderungen der Umgebungsparameter aktiv zu reagieren, mit top-down-Technologie (lithographisch) auf der Basis von Halbleiter-Materialien hergestellt. Ihre typischen Abmessungen liegen im Bereich von Mikrometern. Wesentlich schneller reagierende (GHz Resonanzfrequenzen, also Piko- oder Femtosekunden Zeitauflösung), leichtere (Massen von Femtogramm) und empfindlichere (Kraft-Empfindlichkeit einige Atto-Newton, Massen-Empfindlichkeit einige Moleküle) dreidimensionale optoelektromechanische Komponenten sollten sich durch Skalierung in den Submikrometer-Bereich (NEMS) erzielen lassen [DRA01]. In diesem Bereich liegen die Grenzen konventioneller Lithographie. Mit neueren Verfahren wie Nanoimprint oder 'weicher Lithographie' lassen sich MEMS und NEMS auch aus 'weichen' Materialien herstellen. Weiche Materialien sind z.B. Elastomere wie Polydimethylsiloxan, aus denen sich mikrominiaturisierte Pumpen und Ventile herstellen lassen [QUA00]. Es ist fast zwangsläufig, daß auch bottom-up-Methoden in den Herstellungsprozeß von NEMS einbezogen werden können.

Im folgenden werden einige Beispiel von nanoskalierten mechanischen Komponenten diskutiert, die in solchen NEMS Anwendung finden könnten.

Pinzetten

Aufgrund ihrer außerordentlichen mechanischen und elektrischen Eigenschaften lassen sich ohlenstoff-Nanoröhren auch als 'Nanopinzetten' mit Durchmessern von etwa zehn Nanometern (im Falle von MWNTs) und Längen von einigen Mikrometern einsetzen. Dies ist kürzlich für Nanoröhren auf Glas-Stangen [KIM99] und auch für Nanoröhren auf der Spitze eines Kraftmikroskops demonstriert worden [AKI01] (Abb. 6.42).

Hierzu wurde die Silizium-Spitze des AFM mit einem dünnen Ti/Pt-Film bedeckt, der mittels eines Ionenstrahls in zwei Teile zerschnitten wurde. Die beiden Teile wurden getrennt mittels Aluminium-Leitern kontaktiert. Hierauf wurden Nanoröhren innerhalb eines SEM mit den getrennten Teilen der AFM-Spitze in Berührung gesetzt und mittels eines Kohlenstoff-Films 'festgeklebt'. Legt man nun eine Spannung von einigen Volt zwischen den beiden Röhren an, so ziehen sich die Röhren elektrostatisch an. Die resultierende Kraft wirkt gegen die Verformungs-Energie ('strain') der Röhren und übersteigt die Rückstellkraft bei Potentialdifferenzen oberhalb von 4.5 V (Abb. 6.42). Da die Kraft elastisch ist,

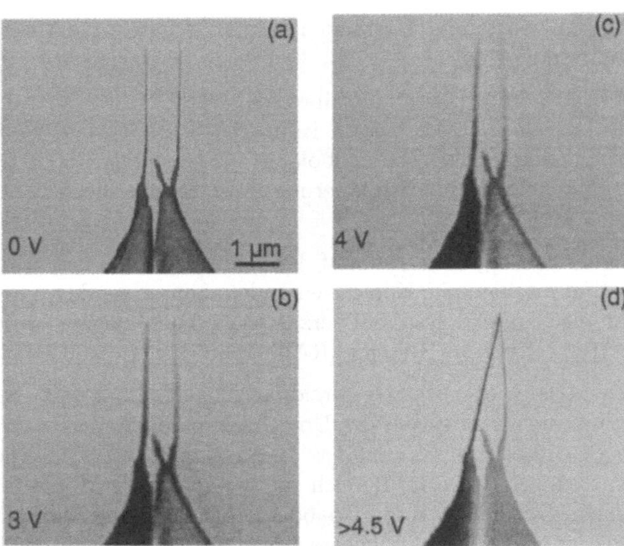

Fig. 6.42 'Nanopinzetten': Kohlenstoff-Nanoröhren auf einer Kraftmikroskop-Spitze. Als Funktion der angelegten Spannung sieht man im SEM eine Bewegung der Pinzetten ('tweezer'). Nachgedruckt mit Genehmigung aus [AKI01]. Copyright 2001 American Institute of Physics.

ist die resultierende Zangenbewegung reversibel. Allerdings existiert aufgrund der van der Waals-Wechselwirkung zwischen den Nanoröhren ein Energieminimum auch bei geschlossener Pinzette, so daß eine höhere Spannung notwendig ist, um die Pinzette wieder zu öffnen.

Obwohl sie nur einige zehn Nano-Newton (nN) beträgt, ist die durch die Pinzette ausgeübte Kraft ausreichend, nanoskalierte Objekte gegen die Schwerkraft bzw. gegen schwache elektrostatische oder van der Waals-Kräfte [ISR92] zu bewegen[22]. Dies wurde für 500 nm durchmessende Polystyrol-Cluster in [KIM99] demonstriert. Die van der Waals-Kraft etwa zwischen einer sauberen Graphit-Oberfläche und einer Nanoröhre von 13.5 nm Durchmesser beträgt 1.35 nN nm^{-1} [FAL97].

Ein weiterer Vorteil der Kohlenstoff-Nanoröhren als Nanopinzetten ist ihre Leitfähigkeit, die es ermöglicht, eine leitende Verbindung in die Nanowelt zu schaffen. So kann das elektrische Tunnelverhalten individueller, nanoskalierter Objekte untersucht werden. Im Idealfall sollte sogar die 'Greens'-Funktion eines einzelnen Elektrons zwischen zwei lokalen Tunnel-Verbindungen gemessen werden können [NIU95]. Dies ist eine der detailliertesten denkbaren Informationen über die lokalen elektronischen Material-Eigenschaften.

Nachteilig an der Benutzung von Nanoröhren als Nanopinzetten gegenüber z.B. der Anwendung von Lichtkräften in 'Licht-Pinzetten' (Kapitel 5.3) ist, daß eine Spannung von einigen Volt zwischen den beiden Spitzen angelegt werden muß. Bei einem Spitzen-Abstand

---

[22]Die durch Nanopinzetten ausgeübte Kraft ist sogar groß gegen typische biophysikalische Kräfte. Z.B. beträgt die Zugkraft des Myosin/Aktin-Kinesin 'Motors' in Muskelgewebe etwa 1 pN, und Membranen lassen sich schon mit einigen zehntel piko-Newton verformen.

von einigen hundert Nanometern entspricht das einem elektrischen Feld von einigen zehn
Millionen Volt per Meter. Organische Moleküle oder biologische Systeme können durch
so starke Felder in Mitleidenschaft gezogen werden. Insbesondere für nanobiologische Anwendungen wurden daher kürzlich Nanopinzetten entwickelt, die ohne ein elektrisches Feld
zwischen den manipulierenden Spitzen auskommen (Abb. 6.43 [BOG01]).

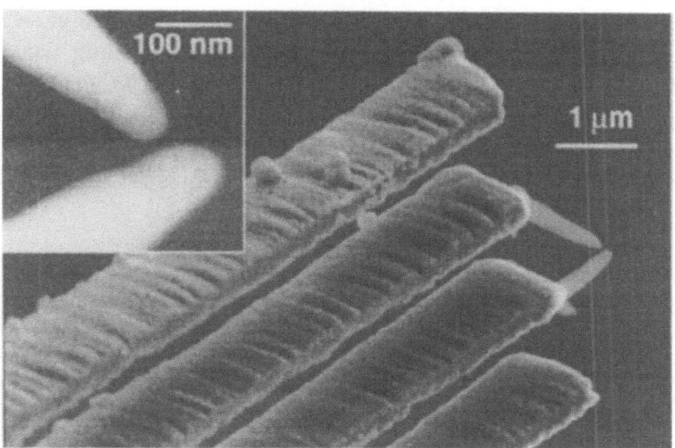

Fig. 6.43 SEM-Aufnahmen von Kohlenstoff-Nanopinzetten, die auf Metall-überzogenen
Siliziumoxid-Bügeln befestigt wurden. Die Pinzetten-Arme werden durch Anlegen einer Spannungs-
differenz zwischen den beiden äußeren Bügeln bewegt. Typische Dimensionen sind: Abstand zwischen den Bügeln 750 nm, Durchmesser der Pinzetten an der Basis 180 nm, Abstand zwischen den
Spitzen 25 nm. Nachgedruckt mit Genehmigung aus [BOG01]. Copyright 2001 Institute of Physics.

Die grundlegende Idee ist, Spannungsdifferenzen und damit elektrostatische Kräfte zwischen jeweils einer der beiden Pinzetten-Arme und einem weiteren Hilfsarm auszunutzen,
so daß innerhalb der eigentlichen Pinzette kein elektrisches Feld anliegt. Hierzu wird mit
konventioneller UV-Lithographie und reaktivem Ionenätzen eine Siliziumoxid-Struktur aus
vier Bügeln hergestellt, die anschließend mittels Elektronenstrahl-Bedampfens mit einer
metallischen Schicht aus 10 nm Ti und 80 nm Au überzogen und damit leitend gemacht
wird. An den mittleren beiden Bügeln werden die eigentlichen Nanopinzetten aus Kohlenstoff durch Fokussieren eines Elektronenstrahls im SEM und folgender Dissoziation von
Kohlenwasserstoff-Molekülen erzeugt. Diese Herstellungsmethode erlaubt gleichzeitige Be-
obachtung und Manipulation der Nanopinzetten und damit eine sehr große Herstellungs-
Flexibilität.

Bislang sind diese Pinzetten noch nicht zur mechanischen Manipulation von nanoskalierten
biologischen Objekten eingesetzt worden. Messungen haben jedoch gezeigt, daß Kräfte bis
zu 10^{-5}N eingesetzt werden können bevor die Spitzen zerbrechen, und daß die Kohlenstoff-
Spitzen sich tendenziell eher elastisch verformen als zu brechen. Prognostizierte weitere
Entwicklungen sind die Herstellung leitender Nanopinzetten durch Überzug mit dünnen
Titan/Gold-Filmen und eine biokompatible Version aus Titan-Silizid Bügeln, die mit einem
Salzwasser-resistenten Nitrid-Fim überzogen werden. In dieser Kombination könnte man
über die gezielte Manipulation einzelner Ionenkanäle in Zell-Membranen spekulieren.

Rotierende Systeme

Als Beispiel für ein komplexes mikromechanisches System zeigt Abbildung 6.44a zwei mikrostrukturierte Zahnräder, die sich um auf einer Glasplatte befestigte Achsen drehen können. Die Zahnräder werden von einem Rotor (gepunkteter Pfeil) angetrieben, der durch Lichtkraft (Kap. 5.3) betrieben wird (Abb. 6.44b). Sowohl die fest installierten Zahnräder als auch der Antriebs-Rotor wurden durch Zwei-Photonen Photopolymerisierung aus einem Harz hergestellt. Die Methode erlaubt eine räumliche Auflösung von 500 nm bei der Herstellung, so daß dreidimensionale Elemente mit charakteristischen Größen von einigen Mikrometern hergestellt werden können (siehe auch Kap. 3.1.1). Ein weiteres Beispiel für eine funktionsfähige Mikromaschine (einen Mikro-Oszillator), hergestellt mit noch besserer Auflösung (150 nm) via Zwei-Photonen Photopolymerisierung, ist in Abb. 3.5 dargestellt.

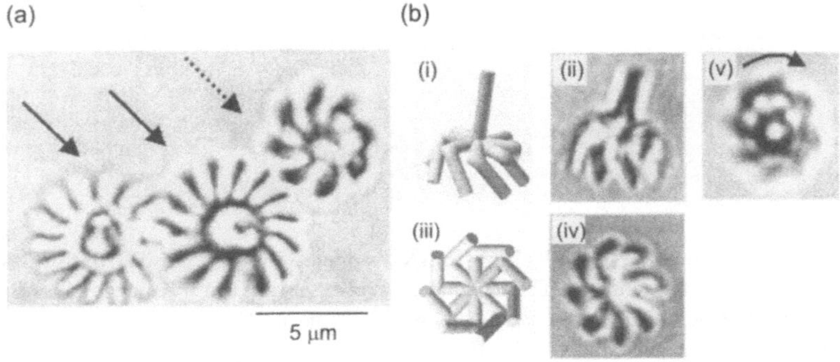

Fig. 6.44 a) SEM-Aufnahme einer Mikromaschine aus zwei Zahnrädern mit festen Achsen (Pfeile), die von einem Rotor (gepunkteter Pfeil) angetrieben werden können. b) Details des lichtbetriebenen Rotors. In (i) und (ii) ist der Rotor nicht befestigt, in (iii) und (iv) wird er im Laserfokus gehalten. Teilbild (v) ist eine Aufnahme während der Rotationsbewegung. Nachgedruckt mit Genehmigung aus [GAL01]. Copyright 2001 American Institute of Physics.

Antriebssysteme

In den weiter oben diskutierten Beispielen für nanoskalierte mechanische Systeme wurde als treibende Kraft der optische Strahlungsdruck ausgenutzt. Obwohl das dafür notwendige Licht mit hinreichender Intensität über mikrometergroße Lichtleiter zu den miniaturisierten Elementen geleitet, dort ggf. im Nahfeld weiterverteilt werden kann und somit die Dimension der Lichtquelle nicht unbedingt eine Einschränkung der möglichen Packungsdichte darstellt, wäre es doch wesentlich attraktiver, auf der Nanometer-Skala direkt chemische Energie in Arbeit zu verwandeln. Die Frage ist, welche Antriebsquellen solche Nanomotoren haben könnten [BES00] und wie sie beschaffen wären.

Eine Möglichkeit ist, die freigesetzte chemische Energie einer exothermen Oberflächenreaktion auszunutzen. Dies ist am Beispiel von etwa 100 nm durchmessenden, zweidimensionalen Zinn-Inseln gezeigt worden, die durch Austausch der Zinn-Atome mit Kupfer-Atomen auf

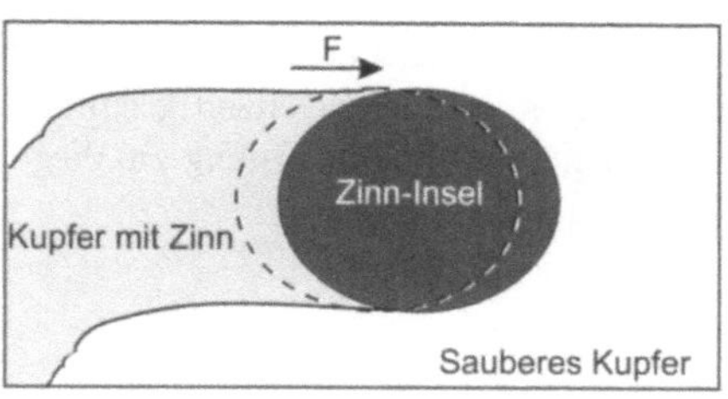

Fig. 6.45 Kraft auf eine zweidimensionale Zinn-Insel auf einer Cu(111)-Oberfläche. Die Änderung der freien Oberflächen-Energie führt zu einer treibenden Kraft für die Bewegung über die Oberfläche, analog zur Bewegung von Teilchen an Flüssigkeitsoberflächen. Letzteres Phänomen wurde am Beispiel von Kampfer-Teilchen auf Wasseroberflächen schon im 17ten Jahrhundert beschrieben.

einer (111) Kupfer-Oberfläche migrieren [SCH00]. Abbildung 6.45 zeigt schematisch das Antriebsprinzip: An der Grenzschicht zwischen Zinn-Insel und Kupfer findet exothermer Austausch von Zinn- und Kupfer-Atomen statt. Dieser Austausch wird energetisch günstiger wenn sich die Insel weiterbewegt, da dann frisches Kupfer mit Zinn in Kontakt kommt. Die Richtung der Bewegung ist dadurch vorgegeben, daß die Zinn-Insel von der gemischten Kupfer/Zinn-Phase abgestoßen wird.

Die Insel bewegt sich also auf der Suche nach frischer Kupfer-Oberfläche vorwärts, was zu einer komplexen zweidimensionalen Bewegung führt, obwohl die Energetik des Antriebsmechanismus sehr einfach ist. Die Leistung dieses chemischen Motors ist recht beachtlich [BES00] und als Leistung per Masse vergleichbar mit derjenigen eines modernen Automotors, nämlich einige zehntel PS per Kilogramm. Durch Strukturierung der Oberfläche und durch Zufuhr von neuen Atomen aus der Gasphase, um die Aufzehrung der Inseln zu kompensieren, ließe sich das Prinzip solcher Nanomotoren auch zielgerichteter einsetzen.

In der supramolekularen Chemie finden sich schon recht weit entwickelte alternative Antriebe im molekularen Maßstab [BAL00c]: die Rede ist von 'molekularen Aktuatoren', also Molekülen, die als Antwort auf externe Kräfte (z.B. Licht) ihre Form ändern und damit prinzipiell mechanische Arbeit verrichten können. Klassische Beispiele für Systeme, die reversibel zwischen zwei Zuständen hin- und hergeschaltet werden können, sind $trans - cis$-Isomerisierungen[23] als Folge von Lichteinstrahlung oder Rotaxane [SCH71] (Ringmoleküle, die entlang linearer Moleküle bewegt werden können) bzw. Catenane [SAU99] (ineinander geschlungene Ringe). Motoren auf der molekularen Ebene müssen noch einen Schritt weitergehen, nämlich irreversibel z.B. chemische in mechanische Energie umwandeln[24]. Das dies mit künstlich 'geschneiderten' Molekülen möglich ist, ist kürzlich an Hand einer lichtgetriebenen, gerichteten Rotation eines Alkens um eine Kohlenstoff-Doppelbindung [KOU99] sowie einer Rotation vermittels einer thermisch induzierten Isomerisierungsreaktion belegt worden [KEL99]. Die molekularen Details sind relativ komplex, und die Erzeugung solcher

---

[23]$Trans$-Isomere haben eine gestreckte Form, cis-Isomere eine gewinkelte Form.

[24]Die F_0F_1-ATP-Synthase führt in der biologischen Natur als rotierender Motor zur Synthese von ATP vor, wie so etwas zu bewerkstelligen ist [ELS98]. Natürliche lineare Motoren sind Enzyme wie Myosin oder Kinesin, die die aus der ATP-Hydrolyse gewonnene Energie nutzen, um sich längs Muskelfilamenten zu bewegen [GOO96]. Kürzlich ist es gelungen, die Bewegung eines biologischen Motors zu steuern, indem Mikrotubulen entlang nanoskalierter Kinesin-Schienen geführt wurden [DEN99].

molekularen Motoren aus weniger als 100 Atomen ist sehr zeitaufwendig. Der 'bottom-up'-
Charakter der Methode ermöglicht es jedoch, gleichzeitig einige 10^{19} Motoren zu erzeugen
- wesentlich mehr als die industrielle Revolution bislang zu Wege gebracht hat.

Literaturverzeichnis

[ABB73] E. Abbe, Arch.Mikrosk.9(1873)413.

[AES95] M. Aeschlimann, E. Hull, J. Cao, C.A. Schmuttenmaer, L.G. Jahn, Y. Gao, H.E. Elsayed-Ali, D.A. Mantell und M.R. Scheinfein, Rev.Sci.Instrum.66(1995)1000.

[AIZ01] J. Aizenberg, A.Tkachenko, S. Weiner, L. Addadi und G. Hendler, Nature 412(2001)819.

[AIZ03] J. Aizenberg, A. Tkachenko, S. Weiner, L. Addadi und G. Hendler, Nature 424 (2003)899.

[AKI01] S. Akita, Y. Nakayama, S. Mizooka, Y. Takano, T, Okawa, Y. Miyatake, S. Yamanaka, M. Tsuji und T. Nosaka, Appl.Phys.Lett.79(2001)1691.

[ALD95] H. Aldersey-Williams, *The Most Beautiful Molecule : The Discovery of the Buckyball*, (Wiley, New York, 1995).

[ALE97] H. Alexander, *Physikalische Grundlagen der Elektronenmikroskopie*, (Teubner, Stuttgart, 1997).

[ALI96] A.P. Alivisatos, J. Phys. Chem.100(1996)13226.

[ALI96b] A. P. Alivisatos, K.P. Johnsson, X.G. Peng, T.E. Wilson, C.J. Loweth, M.P. Bruchez und P.G. Schultz, Nature 382(1996)609.

[ALL83] D.L. Allara und R.G. Nuzzo, J.El.Spectr.Rel.Phen.30(1983)11.

[AND77] T. Andersson and C.G. Granqvist, J. Appl. Phys.48(1977)1673.

[AND95] M.H. Anderson, J.R. Ensher, M.R. Matthews, C.E. Wieman und E.A. Cornell, Science 269(1995)198. R.P. Andres, J.D. Bielefeld, J.I. Henderson, D.B. Janes, V.R. Kolagunta, C.P. Kubiak, W.J. Mahoney und R.G. Osifchin, Science 273(1996)1690.

[AND98] R.P. Andres, S. Datta, D.B. Janes, C.P. Kubiak und R. Reifenberger, in H. Nalwa, Hrsg. *The Handbook of Nanostructured Materials and Nanotechnology*, (Academic Press, San Diego, 1998; 2001).

[AND99] W.R. Anderson, C.C. Bradley, J.J. McClelland und R.J. Celotta, Phys.Rev.A 59(1999)2476.

[APE83] P. Apell und D.R. Penn, Phys.Rev.Lett.50(1983)1316.

[ASH70] A. Ashkin, Phys.Rev.Lett.24(1970)156.

[ASH72] E.A. Ash und G. Nicholls, Nature 237(1972)510.

[ASH86] A. Ashkin, J.M. Dziedzic, J.E. Bjorkholm und S. Chu, Opt.Lett.11(1986)288.

[ASH87] A. Ashkin, J.M. Dziedzic und T. Yamane, Nature 330(1987)769.

[ASH87b] A. Ashkin und J.M. Dziedzic, Science 235(1987)1517.

[ASH98] D. Ashkenasi, H. Varel, A. Rosenfeld, S. Henz, J. Herrmann und E.E.B. Campbell, Appl.Phys.Lett.72(1998)1442.

[AJA99] P.M. Ajayan, Chem.Rev.99(1999)1787.

[AVI74]   A. Aviram und M.A. Ratner, Chem.Phys.Lett.29(1974)277.

[BAB98]   D. Babonneau, T. Cabioc'h, A. Naudon, J.C. Girard und M.F. Denanot, Surf.Sci.409(1998)358.

[BAE52]   A.V. Baez, J.Opt.Soc.Am.42(1952)756.

[BAE96]   D. Bäuerle, *Laser Processing and Chemistry*, (Springer, Berlin, 1996).

[BAG03]   L. A. Bagatolli, S. Sanchez, T. Hazlett und E. Gratton, in *Methods in Enzymology - Biophotonics Part A*, G. Marriot und I. Parker, Hrsg., Vol. 360, Chapter 20, pp 481-500 (2003).

[BAG04]   L. A. Bagatolli, University of Southern Denmark, private communication.

[BAG94]   J. Baggot, *Perfect Symmetry: the accidental discovery of Buckminsterfullerene*, (Oxford University Press, Oxford, 1994).

[BAI88]   M.N. Baibich, J.M. Broto, A. Fert, F.N. van Dau, F. Petroff, P. Eitenne, G. Creuzet, A. Friederich und J. Chazelas, Phys.Rev.Lett.61(1988)2472.

[BAI00]   C. Bai, *Scanning Tunneling Microscopy and Its Application*, (Springer Series in Surface Sciences, 32, Springer, Berlin, 2000).

[BAL98]   F. Balzer, S.D. Jett und H.-G. Rubahn, Chem.Phys.Lett. 297(1998)273.

[BAL98b] F. Balzer, V.G. Bordo und H.-G. Rubahn, SPIE Proc. 3272(1998)42.

[BAL98c] F. Balzer, Doktorarbeit, Georg-August Universität Göttingen, 1998.

[BAL00]   F. Balzer und H.-G. Rubahn, Opt.Comm.185(2000)493.

[BAL00b] F. Balzer, S.D. Jett und H.-G. Rubahn, Thin Solid Films 372(2000)78.

[BAL00c] V. Balzani, A. Credi, F.M. Raymo und J.F. Stoddart, Angew.Chemie 112(2000)3484.

[BAL01]   F. Balzer und H.-G. Rubahn, Appl.Phys.Lett.79(2001)3860.

[BAL01b] F. Balzer und H.-G. Rubahn, Nanotechnology 12(2001)105.

[BAL02]   F.Balzer und H.-G. Rubahn, Nanoletters 2(2002)747.

[BAL03]   F.Balzer, V.G. Bordo, A.C. Simonsen und H.-G. Rubahn, Appl.Phys.Lett.82(2003)10; Phys.Rev.B 67(2003)115408.

[BAL04]   F. Balzer, V.G. Bordo, R. Neuendorf, K. Al Shamery, A.C. Simonsen und H.-G. Rubahn, IEEE Transactions Nanotechnology (2004).

[BAR90]   P.W. Barber and S.C. Hill, *Light Scattering by Particles: Computational Methods*, (World Scientific, Singapore, 1990).

[BAR98]   L. Bartels, G. Meyer, K.-H. Rieder, D. Velic, E. Knoesel, A. Hotzel, M. Wolf und G. Ertl, Phys.Rev.Lett. 80(1998)2004.

[BAU62]   E. Bauer, *Low Energy Electron Reflection Microscopy*, in S.S. Breese, Jr., Hrsg, *Fifth Intern. Congress for Electron Microscopy*, (Academic Press, New York 1962).

[BAU94]   E. Bauer, Surface Rev.Lett. 5(1998)1275.

[BAU97]   M. Bauer, S. Pawlik und M. Aeschlimann, Phys.Rev.B 55(1997)10040.

[BAU01]   M. Bauer, C. Lei, K. Read, R. Tobey, J. Gland, M.M. Murnane und H.C. Kapteyn, Phys.Rev.Lett.87(2001)025501.

[BAV91]   R. Bavli, D. Yogev, S. Efrima und G. Berkovic, J.Phys.Chem.95(1991)7422.

[BEE04]   J. Beermann, S.I. Bozhevolnyi, V.G. Bordo und H.-G. Rubahn, zur Veröffentlichung vorbereitet (2004).

[BEN94]   G. Benedek und J.P. Toennies, Surf.Sci.299/300(1994)587.

[BER91]   S. D. Berger, J. M. Gibson, R. M. Camarda, R. C. Farrow, H. A. Huggins und

J. S. Kraus, J. Vac. Sci. Technol. B9(1991)2996.

[BER93] G. Berkovic und S. Efrima, Langmuir 9(1993)355.

[BER94] P. Berman, Hrsg., *Cabity Quantum Electrodynamics*, (Academic, Boston, 1994).

[BER95] K.K. Berggren, A. Bard, J.L. Wilbur, J.D. Gillaspy, A.G. Helg, J.J. McClelland, S.L. Rolston, W.D. Phillips, M. Prentiss und G.M. Whitesides, Science 269(1995)1255.

[BER99] A.J. Berresheim, M. Müller und K. Müllen, Chem.Rev.99(1999)1747.

[BER00] G. Bertsch, N. Van Giai und N.V. Mau, Phys.Rev.A 61(2000)033202.

[BES96] F. Besenbacher, Rep.Prog.Phys.59(1996)1737.

[BES00] F. Besenbacher und J.K. Noerskov, Science 290(2000)1520.

[BHU97] B. Bhushan, *Micro/Nanotribology and its Applications*, (NATO SCIENCE SERIES: E: Applied Sciences, Vol. 330, Kluwer Academic, Dordrecht, 1997).

[BIN82] G. Binnig, H. Rohrer, Ch. Gerber und E. Weibel, Phys. Rev. Lett.49(1982)57.

[BIN86] G. Binnig, C.F. Quate und Ch. Gerber, Phys.Rev. Lett. 56(1986)930.

[BIN01] C. Binns, Suf.Sci.Rep.44(2001)1.

[BIS01] D. Bishop, P. Gammel und C.R. Giles, Phys.Today 54(10)(2001)38.

[BLO37] K.B.Blodgett und I.Langmuir, Phys.Rev. 51(1937)964.

[BLO97] T.M. Bloomstein, M.W. Horn, M. Rothschild, R.R. Kunz, S.T. Palmacci und R.B. Goodman, J.Vac.Sci.Techn. B 15(1997)2112.

[BLO01] I. Bloch, M. Köhl, M. Greiner, T.W. Hänsch und T. Esslinger, Phys.Rev.Lett.87(2001)030401.

[BOG01] P. Boggild, T.M. Hansen, C. Tanasa und F. Grey, Nanotechnology 12(2001)331.

[BOH83] C.F Bohren and D.R. Huffman, *Absorption and Scattering of Light by Small Particles*, (John Wiley & Sons, New York,1983).

[BON97] J. Boneberg, F. Burmeister, C. Schäfle, P. Leiderer, D. Reim, A. Fery und S. Herminghaus, Langmuir 13(1997)7080.

[BON00] J. Boneß und H.-G. Rubahn, Physik in unserer Zeit 31(2000)121.

[BOU00] D. Bouwmeester, A. Ekert und A. Zeilinger (Hrsg.), *The Physics of Quantum Information*, (Springer, Berlin, 2000).

[BOU01] A. Bouhelier, T. Huser, H. Tamaru, H.-J. Güntherodt, D.W. Pohl, F.I. Baida und D. Van Labeke, Phys.Rev.B 63(2001)155404.

[BOR99] V.G. Bordo und H.-G.Rubahn, Phys.Rev.A 60(1999)1538.

[BOR01] V.G. Bordo, J. Loerke und H.-G.Rubahn, Phys.Rev.Lett. 86(2001)1490.

[BOS99] J. Bosbach, D. Martin, F. Stietz, T. Wenzel und F. Träger, Appl.Phys.Lett.74(1999)2605.

[BOY01] H.-G. Boyen, G. Kästle, F. Weigl, P. Ziemann, G. Schmid, M.G. Garnier und P. Oelhafen, Phys.Rev.Lett.87(2001)276401.

[BRA98] E. Braun, Y. Eichen, U. Sivan, G. Ben-Yoseph, Nature 391(1998)775.

[BRA00] S. Brasselet und W.E. Moerner, Single Mol.1(2000)17.

[BRO64] A. Broers, in *First International Conference on Electron and Ion Beam Science and Technology*, R. Bakish, Hrsg., (Wiley, New York, 1964).

[BRO87] S.D. Brorson, J.G. Fujimoto und E.P. Ippen, Phys.Rev.Lett. 59(1987)1962.

[BRO96] K. Bromann, C. Felix, H. Brune, W. Harbich, R. Monot, J. Buttet und K. Kern, Science 274(1996)956.

[BRU98] H. Brune, Surf.Sci.Rep.31(1998)121.

[BRU98b] H. Brune, M. Giovannini, K. Bromann und K. Kern, Nature 394(1998)451.

[BUC95] M. Buck, F. Eisert, M. Grunze und F. Träger, Appl.Phys.A 60(1995)1.

[BUR96] G.J. Burch, Nature 54(1896)111.

[BUR00] F. Burmeister, J. Boneberg und P. Leiderer, Physikal.Blätter 56/4(2000)49.

[CAM93] N.Camillone III, C.E.D.Chidsey, G.-y.Liu und G.Scoles, J.Chem.Phys.98(1993)4234.

[CAM97] N. Camillone III, T.Y.B. Leung und G. Scoles, Surf.Sci. 373(1997)333.

[CAR91] O. Carnal, M. Siegel, T. Sleator, H. Takauma und J. Mlynek, Phys.Rev.Lett.67(1991)3231.

[CHA01] Y.J. Chabal, Hrsg., *Fundamental Aspects of Si Oxidation*, (Springer, Berlin, 2001).

[CHE84] S.V. Chekalin, V.S. Letokhov, V.S. Likhachev und V.G. Movshev, Appl.Phys.B 33(1984)57.

[CHE92] M. Chevrollier, M. Fichet, M. Oria, G. Rahmat, D. Bloch und M. Ducloy, J.Phys.II France 2(1992)631.

[CHE93] C.J. Chen, *Introduction to Scanning Tunneling Microscopy*, (Oxford University Press, Oxford, 1993).

[CHE98] S.J. Chey, L. Huang und J.H. Weaver, Surf.Sci.419(1998)L100.

[CHO95] S.Y. Chou, P.R. Krauss und P.J. Renstrom, Appl.Phys. Lett. 67(1995)3114.

[CHO96] S.Y. Chou, P.R. Krauss und P.J. Renstrom, Science 272(1996)85.

[CHO96b] S.Y. Chou, P.R. Krauss und P.J. Renstrom, J.Vac.Sci.Technol.B 14(1996)4129.

[CHU91] S. Chu, Science 252(1991)861.

[CHU96] B.W. Chui, T.D. Stowe, T.W. Kennedy, H.J. Mamin, B.D. Terris und D. Rugar, Appl.Phys.Lett.69(1996)2767.

[CIR95] J.I. Cirac und P. Zoller, Phys.Rev.Lett.74(1995)4091.

[CLA98] H. Clausen-Schaumann, M. Grandbois und H.E. Gaub, Adv.Materials 10(1998)949.

[CLA00] H. Clausen-Schaumann, M. Seitz, R. Krautbauer und H.E. Gaub, Cur.Op.Chem.Bio.4(2000)524.

[CLA00b] H. Clausen-Schaumann, M. Rief, C. Tolksdorf und H.E. Gaub, Biophys.J.78(2000)1997.

[COL98] C.P. Collier, T. Vossmeyer und J.R. Heath, Annu.Rev. Phys. Chem.49(1998)371.

[COL99] J.N. Coleman, S. Curran, A.B. Dalton, A.P. Davey, B. Mc Carthy, W. Blau und R.C. Barklie, Synth.Metals 102(1999)1174.

[COW92] J.M. Cowley, Ultramicroscopy 41(1992)335.

[CROM95] M.F. Crommie, C.P. Lutz, D.M. Eigler und E.J. Heller, Surf.Rev.Lett.2 (1995)127.

[CRU89] L. Cruz, L.F. Fonseca und M. Gómez, Phys. Rev.B 40(1989)7491.

[CUB96] M.T. Cuberes, J.K. Gimzewski und R.R.Schlittler, Appl.Phys.Lett.69(1996)3016.

[DAB00] J. Dabrowski und H.-J. Müssig, Hrsg., *Silicon Surfaces and Formation of Interfaces: Basic Science in the Industrial World*, (World Scientific, River Edge, 2000).

[DAL89] J. Dalibard und C. Cohen-Tannoudji, J.Opt.Soc.Am.B 6(1989)2023.

[DAL97] L.R. Dalton, A.W. Harper und B.H. Robinson, Proc.Natl.Acad.Sci.USA 94(1997)4842.

[DAL99] F. Dalfovo, S. Giorgini, L.P. Pitaevskii und S. Stringari, Rev.Mod.Phys.71(1999)463.

[DAN97] O.Dannenberger, K.Weisse, H.-J.Himmel, B.Jäger, M.Buck and Ch.Wöll, Thin Solid Films 307(1997)183.

[DAV95] K.B. Davis, M.-O.Mewes, M.R.Andrews, N.J.van Druten, D.S. Durfee, D.M. Kurn und W. Ketterle, Phys.Rev. Lett. 75(1995)3969.

[DEC88] H.W. Deckmann, J.H.Dunsmuir, S. Garoff, J.A. McHenry und D.G. Pfeiffer, J.Vac.Sci.Technol.B 6(1988)333.

[DEL96] E. Delamarche, B. Michel, H.A. Biebuyck und C. Gerber, Adv.Mater.8(1996)719.

[DEL96b] E. Delamarche und B. Michel, Thin Solid Films 273(1996)54.

[DEM91] W.Demtröder, *Laserspektroskopie*, (Springer, Berlin, 1991).

[DEM98] W.Demtröder, *Laser spectroscopy*, (Springer, Berlin, 1998).

[DEN99] J.R. Dennis, J. Howard und V. Vogel, Nanotechnology 10(1999)232.

[DEU85] D. Deutsch, Proc.R.Soc.London A 400(1985)97.

[DIE85] J.-C.M. Diels, J.J. Fontaine, I.C. McMichael und F. Simoni, Appl.Opt.24(1985)1270.

[DIE96] J.-C. Diels und W. Rudolph, *Ultrafast Laser Pulse Phenomena*, (Academic Press, San Diego, 1996).

[DIN97] L. Ding, J. Li, E. Wang und S. Dong, Thin Solid Films 293(1997)153.

[DIT02] H. Ditlbacher, J.R. Krenn, N. Felidj, B. Lamprecht, G. Schider, M. Salerno, A. Leitner und F.R. Aussenegg, Appl.Phys.Lett.80(2002)404.

[DOA92] R.B. Doak, in: E.Hulpke, Hrsg., *He-Scattering: A Gentle and Sensitive Tool in Surface Science*, (Springer, Berlin, 1992).

[DOA99] R.B. Doak, R.E. Grisenti, S. Rehbein, G. Schmahl, J.P. Toennies und C. Wöll, Phys.Rev.Lett.83(1999)4229.

[DRA01] D. Dragoman und M. Dragoman, Prog.Quant.Electr.25(2001)229.

[DRE92] K. E. Drexler, *Nanosystems. Molecular Machinery, Manufacturing, and Computation.*, (John Wiley, New York, 1992).

[DRE96] M.S. Dresselhaus, G. Dresselhaus, P.C. Eklund, *The Science of Fullerenes and Carbon Nanotubes*, (Academic Press, San Diego, 1996).

[DRE03] M. Drewsen, private Mitteilung (2003).

[DRI97] H.M. van Driel, J.E. Sipe, A. Hache und R. Atanasov, Phys.status solidi B 204(1997)3.

[DUB92] L.H.Dubois, R.G.Nuzzo, Annu.Rev.Phys.Chem.43(1992)437.

[DUL96] W. Duley, *UV Lasers: Effects and Applications in Materials Science*, (Cambridge University Press, Cambridge, 1996).

[EHR51] F. Ehrenhaft und E. Reeger, Compt.Rend 232(1951)1922.

[EHR66] G.Ehrlich and F.-G.Hudda, J.Chem.Phys.44(1966)1039.

[EIG90] D.M. Eigler und E.K. Schweizer, Nature 344(1990)524.

[ELL93] D.J. Elliott, Laser and Optronics 6/7(1993).

[ELL95] D.J. Elliott, *Ultraviolet Laser Technology and Applications*, (Academic Press, New York, 1995).

[ELL97] C.Ellert, M.Schmidt, T.Reiners und H.Haberland, Z.Phys.D 39(1997)317.

[ELS90] H.E. Elsayed-Ali und J.W. Herman, Rev. Sci. Instrum.61(1990)1636.

[ELS93] H.E. Elsayed-Ali und T. Juhasz, Phys.Rev.B 47(1993)13599.

[ELS98]   T. Elston, H. Wang und G. Oster, Nature 391(1998)510.

[ENG98]   G.E. Engelmann, J.C. Ziegler und D.M. Kolb, Surf.Sci. 401(1998)L420.

[ERL00]   J. Erland, S.I. Bozhevolnyi, K. Pedersen, J.R. Jensen und J.M. Hvam, Appl.Phys.Lett.77(2000)806.

[ERN94]   H.-J. Ernst, F. Fabre, R. Folkerts und J. Lapujoulade, Phys.Rev.Lett.72(1994)112.

[EVA90]   S.D.Evans und A.Ulman, Chem.Phys.Lett.170(1990)462.

[EXT88]   M. Van Exter und A. Lagendijk, Phys.Rev.Lett.60(1988)49.

[FAL97]   M.R. Falvo, G.J. Clary, R.M. Taylor, V. Chi, F.P. Brooks, S. Washburn und R. Superfine, Nature 389(1997)582.

[FAN92]   W.S. Fann, R. Storz, H.W.K. Tom und J. Bokor, Phys. Rev. B 46(1992)13592.

[FAN98]   H. Fang, L.C. Giancarlo und G.W. Flynn, J.Phys. Chem. 102(1998)7311.

[FAU95]   Th. Fauster und W. Steinmann, *Two-Photon Photoemission Spectroscopy of Image States* in *Photonic Probes of Surfaces*, P. Halevi, Ed., (Elsevier, Amsterdam, 1995)347.

[FEL96]   M.J. Feldstein, P. Vöhringer, W. Wang und N.F. Scherer, J.Phys.Chem.100(1996)4739.

[FEL98]   M.J. Feldstein und N.F. Scherer, Proc.SPIE 3272(1998)58.

[FEN98]   J.H. Fendler, *Nanoparticles and Nanostructured Films*, (Wiley-VCH, Weinheim, 1998).

[FEN94]   P. Fenter, A. Eberhardt und P. Eisenberger, Science 266(1994)1216.

[FEN97]   P. Fenter, A. Eberhardt, K.S. Liang und P. Eisenberger, J.Chem.Phys.106(1997)1600.

[FENT98] P. Fenter, F. Schreiber, L. Berman, G. Scoles, P. Eisenberger und M.J. Bedzyk, Surf.Sci.412/413(1998)213.

[FEY60]   R.P. Feynman, Engineering and Science 23(1960)22.

[FEY82]   R.P. Feynman,Int.J.Theor.Phys.21(1982)467.

[FIS83]   R.A. Fisher, *Optical phase conjugation*, (Academic Press, New York, 1983).

[FIS89]   U.Ch. Fischer und D.W. Pohl, Phys.Rev.Lett.62(1989)458.

[FLO93]   M. Flörsheimer, A.J.Steinfort und P.Günter, Surf.Sci. Lett. 297(1993)L39.

[FOR01]   F. de Fornel, *Evanescent Waves. From Newtonian Optics to Atom Optics*, (Springer, Berlin, 2001).

[FRA49]   F.C. Frank and J.H. van der Merwe, Proc.R.Soc.(London) A 198(1949)205.

[FRA97b] M. Frank, S. Andersson, J. Libuda, S. Stempel, A. Sandell, B. Brena, A. Giertz, P.A. Brühwiler, M. Bäumer, N. Martensson und H.-J. Freund, Chem.Phys.Lett.279(1997)92.

[FRA97]   F.Frankel und G.Whitesides, *On the surface of things*, (Chronicle Books, San Francisco, 1997).

[FRE85]   J.W.M. Frenken und J.F. van der Veen, Phys. Rev. Lett.54(1985)134.

[FRE99]   R. A. Freitas Jr., *Nanomedicine, Vol.1: Basic Capabilities*, (Landes Bioscience, Georgetown,1999).

[FUC91]   H.Fuchs, Adv.Mater.3(1991)10.

[FUC94]   H.Fuchs, Phys. Bl.50(1994)837.

[GAL01]   P. Galajda und P. Ormos, Appl.Phys.Lett.78(2001)249.

[GE98]   N.-H. Ge, C.M. Wong, R.L. Lingle, J.D. McNeill, K.J. Gaffney und C.B. Harris,

Science 279(1998)202.

[GER97] R. Gerlach, G. Polanski und H.-G. Rubahn, Appl. Phys. A 65(1997)375.

[GER01] R. Gerlach, T. Maroutian, L. Douillard, D. Martinotti und H.-J.Ernst, Surf.Sci.480(2001)97.

[GES94] M. Gesley und M. A. McCord, J. Vac. Sci. Technol. B 12(1994)3478.

[GHO95] P.K. Ghosh, *Ion traps*, (Clarendon, Oxford, 1995).

[GIE93] M. Giersig und P. Mulvaney, Langmuir 9(1993)3408.

[GOE97] A. Goetzberger, B. Voß und J. Knobloch, *Sonnenenergie: Photovoltaik*, (Teubner, Stuttgart, 1997).

[GOL92] Y. Golan, L. Margulis und I. Rubinstein, Surf.Sci.264(1992)312.

[GOO96] D.S. Goodsell, *Our Molecular Nature: The Body's Motors, Machines, and Messages*, (Copernicus, New York, 1996).

[GOT96] W. Gotschy, K. Vonmetz, A. Leitner und F.R. Aussenegg, Opt. Lett.21(1996)1099.

[GOT96b] W. Gotschy, K. Vonmetz, A. Leitner und F.R. Aussenegg, Appl.Phys.B 63(1996)381.

[GRA99] M. Grandbois, M. Beyer, M. Rief, H. Clausen-Schaumann und H.E. Gaub, Science 283(1999)1727.

[GRI99] R.E. Grisenti, W. Schöllkopf, J.P. Toennies, G.C. Hegerfeldt und T. Köhler, Phys.Rev.Lett.83(1999)1755.

[GRI00] R.E. Grisenti, W. Schöllkopf, J.P. Toennies, J.R. Manson, T.A. Savas und H.I. Smith, Phys.Rev.A 61(2000)033608.

[GRI00b] R.E. Grisenti, W. Schöllkopf, J.P. Toennies, G.C. Hegerfeldt, T. Köhler und M. Stoll, Phys.Rev.Lett.85(2000)2284.

[GRO99] M. Gross, *Travels to the Nanoworld: Miniature Machinery in Nature and Technology*, (Perseus, Cambridge, 1999).

[GRO00] O. Gröning, O.M. Küttel, Ch. Emmeneger, P. Gröning und L. Schlapbach, J.Vac.Sci.Technol.B 18(2000)665.

[GRU93] M.Grunze, Physica Scripta T49(1993)711.

[GRU01] P. Grüenberg, Physics Today 54(5)(2001)31.

[HAB94] H. Haberland, Ed., *Cluster of Atoms and Molecules I and II*, (Springer, Berlin, 1994).

[HAG95] A. Hagfeldt und M. Graetzel, Chem.Rev.95(1995)49.

[HAG01] E.W. Hagley, L. Deng, W.D. Phillips, K. Burnett und C.W. Clark, Opt.Phot.News 12/5(2001)22.

[HAL86] W.P. Halperin, Rev.Mod.Phys.58(1986)533.

[HAR99] P.J.F. Harris, *Carbon Nanotubes and Related Structures: New Materials for the Twenty-first Century*, (Cambridge University Press, Cambridge, 1999).

[HAU97] D. Haubrich, D. Meschede, T. Pfau und J. Mlynek, Phys.Blätter 53(6)(1997)523.

[HE01] H.X. He, C.Z. Li und N.J. Tao, Appl.Phys.Lett.78(2001)811.

[HEC00] B. Hecht, B. Sick, U.P. Wild, V. Deckert, R. Zenobi, O.J.F. Martin und D.W. Pohl, J.Chem.Phys.112(2000)7761.

[HEI97] B. Heinz und H. Morgner, Surf. Sci.372(1997)100.

[HEM93] A. Hemmerich und T.W. Hänsch, Phys.Rev.Lett.70(1993)410.

[HEN91] S. Henon und J. Meunier, Rev.Sci.Instrum.62(1991)936.

[HER92]   J.W. Herman und H.E. Elsayed-Ali, Phys. Rev. Lett.68(1992)2952.

[HER92b] J.W. Herman und H.E. Elsayed-Ali, Phys.Rev. Lett. 69(1992)1228.

[HER93]   J.W. Herman, H.E. Elsayed-Ali und E.A. Murphy, Phys.Rev. Lett. 71(1993)400.

[HER96]   T. Hertel, E. Knoesel, M. Wolf und G. Ertl, Phys.Rev.Lett. 76(1996)535.

[HIC97]   T.R. Hicks und P.D. Atherton, *The NanoPositioning Book*, (Queensgate Instruments Limited, Berkshire, 1997).

[HIL99]   S.B. Hill, C.A. Haich, F.B. Dunning,G. K. Walters, J. J. McClelland, R. J. Celotta und H. G. Craighead, Appl.Phys.Lett. 74(1999)2239.

[HIL01]   A. Hilger, M. Tenfelde und U. Kreibig, Appl.Phys.B 73(2001)361.

[HOD98]   J.H. Hodak, I. Martini und G.V. Hartland, J.Phys.Chem.B 102(1998)6958.

[HOE91]   D. Hoenig und D. Moebius, J.Phys.Chem.95(1991)4590.

[HOE93]   H. Hövel, S. Fritz, A. Hilger, U. Kreibig und M. Vollmer, Phys. Rev. B 48(1993)18178.

[HOH96]   J. Hohlfeld, U. Conrad und E. Matthias, Appl.Phys.B 63(1996)541.

[HOH97]   J. Hohlfeld, J.G. Müller, S.-S. Wellershof und E. Matthias, Appl.Phys.B 64(1997)387.

[HOL97]   B. Holst und W. Allison, Nature 390(1997)244.

[HON00]   S. Hong, R. Reifenberger, W. Tian, S. Datta, J. Henderson und C.P. Kubiak, Superlattices and Microstructures 28(2000)289.

[HOO98]   M.S. Hoogeman, D. Glastra van Loon, R.W.M. Loos, H.G. Ficke, E. de Haas, J.J. van der Linden, H. Zeijlemaker, L. Kuipers, M.F. Chang, M.A.J. Klik und J.W.M. Frenken, Rev. Sci. Instrum. 69 (1998) 2072

[HOO00]   C.J. Hood, T.W. Lynn, A.C. Doherty, A.S. Parkins und H.J. Kimble, Science 287(2000)1447.

[HOV86]   M.A.Van Hove, W.H.Weinberg und C.-M.Chan, *Low-Energy Electron Diffraction*, (Springer, Berlin, 1986).

[HUA94]   W.C. Huang und J.T. Lue, Phys.Rev.B 49(1994)17279.

[HUA98]   L. Huang, S.J. Chey und J.H. Weaver, Phys.Rev. Lett. 80(1998)4095.

[HUA01]   M.H. Huang, S. Mao, H. Freick, H. Yan, Y. Wu, H. Kind, E. Weber, R. Russo und P. Yang, Science 292 (2001)1897.

[HUL92]   E.Hulpke, Ed., *Helium Atom Scattering from Surfaces*, (Springer, Berlin, 1992).

[HUL95]   J.C. Hulteen und R.P. Van Duyne, J.Vac.Sci.Technol.A 13(1995)1553.

[IBA82]   H.Ibach und D.L.Mills, *Electron Energy Loss Spectroscopy and Surface Vibrations*, (Academic, New York, 1982).

[IHE01]   H. Ihee, V.A. Lobastov, U. Gomez, B.M. Goodson, R. Srinivasan, C.-Y. Ruan und A.H. Zewail, Science 291(2001)458.

[IHL95]   J. Ihlemann, A. Scholl, H. Schmidt und B. Wolff-Rottke, Appl.Phys.A 60(1995)411.

[IIJ91]   S. Iijima, Nature 354(1991)56.

[INO98]   H. Inouye, K. Tanaka, I. Tanahashi und K. Hirao, Phys.Rev.B 57(1998)11334.

[ISR92]   J. Israelachvili, *Intermolecular and Surface Forces*, (Academic, London, 1992).

[JAC99]   J.D. Jackson, *Classical Electrodynamics*, (Wiley, New York, 3rd Ed., 1999).

[JAN00]   A. Janshoff, M. Neitzert, Y. Oberdörfer und H. Fuchs, Angew.Chem.112(2000)3346.

[JAN01]   K.D. Jandt, Surf.Sci.491(2001)303.

[JEN98] P. Jensen, H. Larralde, M. Meunier und A. Pimpinelli, Surf.Sci.412/413(1998)458.

[JEN99] J. Jensen, Rev.Mod.Phys.71(1999)1695.

[JEN02] J. Jensen, P. Morgen und S. Tougaard, private Mitteilung (2002).

[JER96] J. Jersch und K. Dickmann, Appl. Phys. Lett.68(1996)868.

[JER98] J. Jersch, F. Demming, L.J. Hildenhagen und K. Dickmann, Appl.Phys.A 66(1998)2.

[JIA96] X.-P. Jiang, M. Shapiro und P. Brumer, J.Chem.Phys. 105(1996)3479.

[JIA99] P. Jiang, J.F. Bertone, K.S. Hwang und V.L. Colvin, Chem.Mater.11(1999)2132.

[JOA95] J. Joannopoulos, R. Meade und J. Winn, *Photonic Crystals*, (Princeton Press, Princeton, N.J. 1995).

[JOA97] J.D. Joannopoulos, P.R.Villeneuve und S.Fan, Nature 386 (1997) 143.

[JOA97a] J.D. Joannopoulos, P.R.Villeneuve und S.Fan, Sol.State Comm. 102(1997)165.

[JOH00] S.G. Johnson und J.D. Joannopoulos, Appl.Phys. Lett. 77(2000)3490.

[JOH01] J.C. Johnson, H. Yan, R.D. Schaller, L.H. Haber, R.J. Saykally und P. Yang, J.Phys.Chem.B 105(2001)11387.

[JOZ01] L. Jozefowski, V.V. Petrunin und H.-G. Rubahn, unveröffentlicht (2001).

[JUN94] D.R.Jung und A.W.Czanderna, Critical Reviews in Solid State and Materials Science 19(1994)1.

[JUN98] L.S. Jung, C.T. Campbell, T.M. Chinowsky, M.N. Mar und S.S. Yee, Langmuir 14(1998)5636.

[KAH98] M. Kahl, E. Voges und W. Hill, Spectr.Europe Oct.(1998)8.

[KAW01] S. Kawata, H.-B. Sun, T. Tanaka und K. Takada, Nature 412(2001)697.

[KAY94] A. Kay, R. Humphry-baker und M. Grätzel, J. Phys. Chem.98(1994)952.

[KEL99] T.R. Kelly, H. De Silva und R.A. Silva, Nature 401(1999)150.

[KIM99] P. Kim und C.M. Lieber, Science 286(1999)2148.

[KIN99] H. Kind, J.-M. Bonard, C. Emmenegger, L.O. Nilsson, K. Hernadi, E. Maillard-Schaller, L. Schlappbach, L. Forro und K. Kern, Adv.Mater.11(1999)1285.

[KLA98] T. Klar, M. Perner, S. Grosse, G. Von Plessen, W. Spirkl und J. Feldmann, Phys.Rev.Lett.80(1998)4249.

[KLA99] T.A. Klar und S.W. Hell, Opt.Lett.24(1999)954.

[KLE97] J.-H.Kleinwiele, Diplomarbeit, Universität Göttingen, 1997.

[KLE97b] D.L. Klein, R. Roth, A.K.L. Lim, A.P. Alivisatos und P.L. McEuen, Nature 389(1997)699.

[KLE98] J.-H. Klein-Wiele, P. Simon und H.-G. Rubahn, Phys.Rev. Lett. 80(1998)45.

[KLE99] J.-H. Klein-Wiele, P. Simon und H.-G. Rubahn, Opt.Comm. 161(1999)42.

[KLI00] V.I. Klimov und M.G. Bawendi, MRS Bulletin 26 (2001)998.

[KLI01] V.I. Klimov, A.A. Mikhailovsky, S. Xu, A. Malko, J.A. Hollingsworth, C.A. Leatherdale, H.J. Eisler und M.G. Bawendi, Science 290(2000)314.

[KNI96] J.C. Knight, T.A. Birks, P.St.J. Russell und D.M. Atkin, Opt.Lett.21(1996)1547; 22(1997)484.

[KNI01] J.C. Knight, T.A. Birks, und P.St.J. Russell, *Holey Silica Fibers*, in V.A. Markel und T.F. George, Hrsg.,*Opics of Nanostructured Materials*, (Wiley New York, 2001).

[KNO98] E. Knoesel, A. Hotzel und M. Wolf, J.El.Spec.Rel.Phen.88-91(1998)577.

[KON64] J. Kondo, Prog.Theor.Phys.32(1964)37.

[KOU99] N. Koumura, R.W.J. Zijlstra, R.A. van Delen, N. Harada und B.L. Feringa, Nature 401(1999)152.

[KRA81] E. Kratschmer, J.Vac. Sci. Technol. 19 (1981)1264.

[KRA00] R. Krautbauer, H. Clausen-Schaumann und H.E. Gaub, Angew.Chem.112(2000)4056.

[KRE68] E. Kretschmann und H. Raether, Z.Naturforsch.23a(1968)2135.

[KRE91] W.Kress und F.W.deWette, Ed.s, *Surface Phonons*, (Springer, Berlin, 1991).

[KRE95] U. Kreibig and M. Vollmer, *Optical Properties of Metal Clusters*, (Springer, Berlin, 1995).

[KRE97] J.R. Krenn, R. Wolf, A. Leitner und F.R. Aussenegg, Opt.Comm.137(1997)46.

[KRE97a] U. Kreibig, M. Gartz und A. Hilger, Ber.Bunsenges.Phys.Chem. 101(1997)1.

[KRE97b] U. Kreibig, *Optics of Nanosized Metals*, in *Handbook of Optical Properties, Vol.II, Optics of Small Particles, Interfaces, and Surfaces*, R.E. Hummel und P. Wißmann, Ed.s, (CRC Press, Boca Raton, 1997, 145).

[KRE99] J.R. Krenn, A. Dereux, J.C. Weeber, E. Bourillot, Y. Lacroute, J.P. Goudonnet, G. Schider, W. Gotschy, A. Leitner, F.R. Aussenegg und C. Girard, Phys.Rev.Lett.82(1999)2590.

[KRI96] W. Krieger, A. Hornsteiner, E. Soergel, C. Sammet, M. Volcker und H. Walther, Laser Physics 6(1996)334.

[KRO88] N. Kroo und Z. Szentirmay, Hung.Acad.Sci.KFKI 1988-18/E(1988)1.

[KRO95] N. Kroo, W. Krieger, Z. Lenkefi, Z. Szentirmay, J.P. Thost und H. Walther, Surf.Sci.331-333(1995)1305.

[KUE02] A. Küehnle, T.R. Linderoth, B. Hammer und F. Besenbacher, Nature 415(2002)891.

[KUL00] K.M. Kulinowski, P. Jiang, H. Vaswani und V.L. Colvin, Adv.Mater.12(2000)833.

[KUN00] M. Kuno, D. P. Fromm, H. F. Hamann, A. Gallagher und D. J. Nesbitt, J.Chem.Phys.112(2000)3117.

[LAE01] E. Laegsgaard, L. Österlund, P. Thostrup, P. B. Rasmussen, I. Stensgaard und F. Besenbacher, Rev.Sci.Instr. 72(2001)3537.

[LAI97] P. Laitenberger, C.G. Claessens, L. Kuipers, M. Raymo, R.E. Palmer und J.F. Stoddart, Chem.Phys.Lett.279(1997)209.

[LAM97] B. Lamprecht, A. Leitner und F.R. Aussenegg, Appl. Phys. B 64(1997)269.

[LAM99] B. Lamprecht, A. Leitner und F.R. Aussenegg, Appl.Phys.B 68(1999)419.

[LAM99b] B. Lamprecht, J.R. Krenn, A. Leitner und F.R. Aussenegg, Appl.Phys.B 69(1999)223.

[LAN70] N.D. Lang and W. Kohn, Phys. Rev. B 1(1970)4555.

[LEB01] H. Le Bozec, T. Le Bouder, O. Maury, A. Bondon, I. Ledoux, S. Deveau und J. Zyss, Advanced Materials 13(2001)1677.

[LEH91] O. Lehmann und M. Stuke, Appl.Phys.A 53(1991)343.

[LEH00] J. Lehmann, M. Merschdorf, W. Pfeiffer, A. Thon, S. Voll und G.Gerber, Phys.Rev.Lett.85(2000)2921.

[LET75] V.S. Letokhov, Phys.Lett.51A(1975)231.

[LET77] V.S. Letokhov, V.G. Minogin und B.D. Pavlik, Z.Eksp.Teor. Fiz.72(1977)1328.

[LEV82] M.D. Levenson, N.S. Viswanathan und R.A. Simpson, IEEE Trans.Electr.Dev.ED-29(1982)1828.

[LEV97] M. Levlin, A. Laakso, H.E.-M. Niemi und P. Hautojärvi, Appl. Surf. Sci.115(1997)31.

[LEW97] F.D. Lewis, T. Wu, Y. Zhang, R.L. Letsinger, S.R. Grecnfield und M.R. Wasielewski, Science 277(1997)673.

[LI98] A.P. Li, F. Müller, A. Birner, K. Nielsch und U. Gösele, J.Appl.Phys.84(1998)6023.

[LIE93] A. Liebsch, Phys.Rev.B 48(1993)11317.

[LIE97] A. Liebsch, *Electronic Excitations at Metal Surfaces*, (Plenum, New York, 1997).

[LIN94] R.L. Lingle, Jr., D. F. Padowitz, R.E. Jordan, J.D. McNeill und C.B. Harris, Phys.Rev.Lett.72(1994)2243.

[LIN96] R.L. Lingle, Jr., N.-H. Ge, R.E. Jordan, J.D. McNeill und C.B. Harris, Chem. Phys. 205(1996)191.

[LIN97] D. Von der Linde, K. Sokolowski-Tinten und J. Bialkowski, Appl.Surf.Sci.109/110(1997)1.

[LIS97] F. Lison, H.-J. Adams, D. Haubrich, M. Kreis, S. Nowak und D. Meschede, Appl.Phys.B 65(1997)419.

[LUC97] T.A. Luce, W. Hübner und K.H. Bennemann, Z.Phys.B 102(1997)223.

[LUG00] E. Lugovoi, J.P. Toennies und A.F. Vilesov, J.Chem. Phys. 112(2000)8217.

[LUK02] S. Lukas, G. Witte und Ch. Wöll, Phys.Rev.Lett. 88(2002)028301.

[MA98] Z.H. Ma, W.D. Sun, I.K. Sou und G.K.L. Wong, Appl.Phys.Lett.73(1998)1340.

[MAC00] D.A. MacLaren, W. Allison und B. Holst, Rev.Sci.Instr.71(2000)2625.

[MAG96] S.N. Magonov und M.-H. Whangbo, *Surface Analysis with STM and AFM*, (VCH, Weinheim, 1996).

[MAN00] H.C. Manoharan, C.P. Lutz und D. Eigler, Nature 403(2000)512.

[MAO96] R. Maoz, S. Matlis, E. DiMasi, B.M. Ocko und J. Sagiv, Nature 384(1996)150.

[MAR88] G.Marowsky, L.F.Chi, D.Moebius, R.Steinhoff, Y.R.Shen, D.Dorsch und B.Rieger, Chem.Phys.Lett.147(1988)420.

[MAR90] T.P. Martin, T. Bergmann, H. Göhlich und T. Lange, Phys.Rev.Lett.65(1990)748.

[MAR95] I.Markov, *Crystal Growth for Beginners, Fundamentals of Nucleation, Crystal Growth and Epitaxy*, (World Scientific, Singapore, 1995).

[MAR00] S. Martellucci, A.N. Chester, A. Aspect und M. Inguscio, Hrsg., *Bose-Einstein Condensates and Atom Lasers*, (Kluwer Academic, Plenum, New York, 2000).

[MAR01] V.A. Markel und T.F. George, Hrsg., *Optics of Nanostructured Materials*, (Wiley, New York, 2001).

[MAT75] J.W. Matthews, Ed., *Epitaxial Growth, Parts A and B*, (Academic Press, New York, 1975).

[MAU97] S. Mauro, O. Nakamura und S. Kawata, Opt.Lett.22(1997)132.

[MER99] M. Mertig, R. Kirsch, W. Pompe und H. Engelhardt, Eur.Phys.J.D 9(1999)45.

[MIC00] J. Michaelis, C. Hettich, J. Mlynek und V. Sandoghdar, Nature 405(2000)325.

[MIE08] G. Mie, Ann. Phys. (Leipzig) 25(1908)377.

[MIZ88] V. Mizrahi und J.E. Sipe, J.Opt.Soc.Am.B 5(1988)660.

[MOE72] D.Möbius und H.Bücher, „Spectroscopy of Monolayer Assemblies, part II"in *Physical methods of chemistry*, A.Weissberger und B.W.Rossiter, Eds., Pt.3b, (Wiley-Interscience, New York, 1972).

[MON95] C. Monroe, D.M. Meekhof, B.E. King, S.R. Jeffers, W.M. Itano, D.J. Wineland und P. Gould, Phys.Rev.Lett.74(1995)4011.

[MOO65] G.E.Moore, Electronics 38/8(1965).

[MOO97] G.E.Moore, Intel Developer Update Magazin 2(1997).

[MOR99] G. Morigi, J. Eschner, J.I. Cirac und P. Zoller, Phys.Rev.A 59(1999)3797.

[MOR99b] V. J. Morris, A. P. Gunning und A. R. Kirby, *Atomic Force Microscopy for Biologists*, (Imperial College Press, London, 1999).

[MOR01] P. Morgen, T. Jensen, C. Gundlach, L.-B. Taekker, S.V. Hoffman und K. Pedersen, Comp.Mat.Science 21(2001)481.

[MOR02] P. Morgen, T. Jensen, C. Gundlach, L.-B. Taekker, S.V. Hoffman, Z.S. Li und K. Pedersen, Phys.Scripta 00(2002)000.

[MOR02b] P. Morgen, F.K. Dam, C. Gundlach, T. Jensen, L.-B. Taekker, S. Tougaard und K. Pedersen, in: Recent Research Developments in Applied Physics, TransWorld Research Publishers (2002).

[MOU82] G. Mourou und S. Williamson, Appl. Phys. Lett.41(1982)44.

[MUE51] E.W. Müller, Z.Phys.131(1951)136.

[MUE95] W. Müller, D. Klein, T. Lee, J. Clarke, P. McEuen und P. Schultz, Science 268(1995)272.

[MUE97] T. Müller, P.H. Vaccaro, F. Balzer und H.-G. Rubahn, Opt.Comm.135(1997)103.

[MUL98] M.N.G. de Mul und J.A Mann, Jr., Langmuir 14(1998)2466.

[MUR96] C.B. Murray, C.R. Kagan und M.G. Bawendi, Science 270(1996)1335.

[NAC47] C.S. Nachet, Compte Rendu de l'Academie des Sciences XXIV(1847)976.

[NAC99] W. Nachtigall, *Bionik. Grundlagen und Beispiele für Ingenieure und Naturwissenschaftler*, (Spinger, 1999).

[NAE98] H.C. Nägerl, W. Bechter, J. Eschner, F. Schmidt-Kaler und R. Blatt, Appl.Phys.B 66(1998)603.

[NAL02] H.S. Nalwa, Hrsg., *Magnetic Nanostructures*, (American Scientific Publishers, 2002).

[NAN99] Firma *Nanosensors*, (Wetzlar, 1999).

[NEU78] W. Neuhauser, M. Hohenstatt, P.E. Toschek und H. Dehmelt, Phys.Rev.Lett.41(1978)233.

[NEU94] D.Neuschäfer, Hp.Preiswerk, H.Spahni, E.Konz und G.Marowsky, J.Opt.Soc.Am.B 11(1994)649.

[NEU99] R. Neuendorf, private Mitteilung (2003).

[NEU00] R. G. Neuhauser, K. T. Shimizu, W. K. Woo, S. A. Empedocles und M. G. Bawendi, Phys.Rev.Lett.85(2000)3301.

[NEU01] R. Neuendorf, R.E. Palmer und R. Smith, Chem.Phys. Lett. 333(2001)304.

[NEW99] G.R. Newkome, E. He und C.N. Moorefield, Chem.Rev.99(1999)1689.

[NIL00] L. Nilsson, O. Gröning, C. Emmenegger, O. Kuettel, E. Schaller, L. Schlapbach, H. Kind, J.-M. Bonard und K. Kern, Appl.Phys.Lett.76(2000)2071.

[NIL00b] N. Nilius, N. Ernst und H.-J. Freund, Phys.Rev. Lett. 84(2000)3994.

[NIL01] N. Nilius, N. Ernst und H.-J. Freund, Surf.Sci.478(2001)L327.

[NIU95] Q. Niu, M.C. Chang und C.K. Shih, Phys.Rev.B 51(1995)5502.

[NOW96] S. Nowak, T. Pfau und J. Mlynek, Appl.Phys.B 63(1996)203.

[NYF97] R.M. Nyffenegger und R.M. Penner, Chem.Rev.97(1997)1195.

[OGA97] S. Ogawa, H. Nagano, H. Petek und A.P. Heberle, Phys.Rev. Lett. 78(1997)1339.

[OLE01] Optics and Lasers Europe, April 2001, 21.

[ORC95] A. Orchowski, W.D. Rau und H. Lichte, Phys.Rev. Lett. 74(1995)399.

[OWE83] G. Owen und P. Rissman, J. Appl. Phys. 54 (1983) 3573.

[PAE96] M. A. Paesler und P.J. Mojer, *Near-Field Optics*, (John Wiley, New York, 1996).

[PAP97] N.A. Papadogiannis, S.D. Moustaizis, P.A. Loukakos und C. Kalpouzos, Appl.Phys.B 65(1997)339.

[PAR89] J.H. Parks und S.A. McDonald, Phys. Rev. Lett.62(1989)2301.

[PAR99] A.J. Parker, P.A. Childs, R.E. Palmer und M. Brust, Appl.Phys.Lett.74(1999)2833.

[PAS97] R. Pascal, Ch. Zarnitz, M. Bode und R. Wiesendanger, Appl.Phys.A 65(1997)81.

[PEC97] M.C. Peckerar, F.K. Perkins, E.A. Dobisz und O.J. Glembocki, *Issues in Nanolithography for Quantum Effect Device Manufacture*, in *Handbook of Microlithography, Micromachining and Microfabrication*, P. Rai-Choudhury, Ed., (IEEE Materials and Devices Series, London, 1997, 681).

[PEN00] X. Peng, L. Manna, W. Yang, J. Wickham, E. Scher, A. Kadavanich und A.P. Alivisatos, Nature 404(2000)59.

[PET97] H. Petek und S. Ogawa, Progr.Surf.Sci. 56(1997)239.

[PET97a] H. Petek, A.P. Heberle, W. Nessler, H. Nagano, S. Kubota, S. Matsunami, N. Moriya und S. Ogawa, Phys.Rev.Lett. 79(1997)4649.

[PET01] L. Petersen, M. Schunack, B. Schaefer, T. R. Linderoth, P. B. Rasmussen, P. T. Sprunger, E. Laegsgaard, I. Stensgaard und F. Besenbacher, Rev.Sci.Instr. 72(2001)1438.

[PET01b] P.M. Petroff, A. Lorke und A. Imamoglu, Phys.Today 54(5)(2001)46.

[PIN66] D. Pines und P. Nozieres, *The Theory of Quantum Liquids*, (Benjamin, New York, 1966).

[POC91] A.Pockels, Nature 43(1891)437; 46(1892)418; 48(1893)152; 50(1894)223.

[POE89] B. Poelsema und G. Comsa, *Scattering of Thermal Energy Atoms*, (Springer, Berlin, 1989).

[POH82] *Optical near-field microscope*, European Patent Application No. 0112401, 27/12/1982.

[POH84] D.W. Pohl, W. Denk und M. Lanz, Appl.Phys.Lett.44(1984)651.

[POH93] D.W. Pohl und D. Courjon, *Near Field Optics*, (Kluwer, Dordrecht, 1993).

[POH99] K. Pohl, M.C. Bartelt, J.de la Figuera, N.C. Bartelt, J. Hrbek und R.Q. Hwang, Nature 397(1999)238.

[POR87] M.D. Porter, T.B. Bright, D.L.Allara und C.E.D. Chidsey, J.Am.Chem.Soc.109(1987)3559.

[PRE93] M.G. Prentiss, Science 260(1993)1078.

[PRE95] S. Preuss und M. Stuke, Appl. Phys. Lett.67(1995)338.

[PUS99] P. Puschnig und C. Ambrosch-Draxl, Phys.Rev.B 60(1999)7891.

[QUA00] S.R. Quake und A. Scherer, Science 290(2000)1536.

[RAE88] H. Raether, *Surface Plasmons on Smooth and Rough Surfacesand on Gratings*, (Springer,Berlin,1988).

[RAM98] M.A. Rampi, O.J.A. Schueller und G.M. Whitesides, Appl.Phys.Lett.72(1998)1781.

[RAN00] J.K. Ranka, R.S. Windeler und A.J. Stentz, Opt.Lett.25(2000)25.

[RAS73] M. Rasigni und G. Rasigni, J. Opt. Soc. Am.63(1973)775.

[RAS76] M. Rasigni, G. Rasigni, J.P. Gasparini und R. Fraisse, J. Appl. Phys. 47(1976)1757.

[RAI97] P. Rai-Choudhury, *Handbook of Microlithography, Micromachining and Microfabrication*, (IEEE Materials and Devices Series, London, 1997).

[RAI00] P. Rai-Choudhury, Hrsg., *MEMS and MOEMS Technology and Applications*, (SPIE Press, Bellingham, 2000).

[RAY79] Lord Rayleigh, Philos.Mag.8(1879)261.

[RED89] R.C. Reddick, R.J. Warmack und T.L. Ferrell, Phys.Rev.B 39(1989)767.

[REH00] S. Rehbein, R.B. Doak, R.E. Grisenti, G. Schmahl, J.P. Toennies und C. Wöll, Microelectronic Engineering 53(2000)685.

[REI88] K. Reichelt, Vacuum 38(1988)1083.

[REI95] Th. Reiners, C. Ellert, M. Schmidt und H. Haberland, Phys.Rev.Lett.74(1995)1558.

[RIN01] R. Rinaldi, E. Branca, R. Cingolani, S. Masiero, G.P. Spada und G. Gottarelli, Appl.Phys.Lett.78(2001)3541.

[ROE97] H. Roeder, K. Bromann, H. Brune und K. Kern, Surf. Sci. 376(1997)13.

[RON94] K. Ronse, R. Pforr, R. Jonckheere und L. Van Den Hove, Microel. Eng. 23(1994)133.

[RON94b] K. Ronse, M. Op de Beeck und L. Van Den Hove, J.Vac.Sci.Tech.B 12(1994)589.

[ROS92] M.J. Rosker, H.O. Marcy, T.Y. Chang, J.T. Khoury, K. Hansen und R.L. Whetten, Chem. Phys. Lett.196(1992)427.

[ROY89] P. Royer, J.L. Bijeon, J.P. Goudonnet, T. Inagaki und E.T. Arakawa, Surface Science 217(1989)384.

[RUB96] H.-G.Rubahn, *Laseranwendungen in der Oberflächenphysik und Materialbearbeitung*, (Teubner, Stuttgart, 1996).

[RUB97] H.G. Rubahn, Appl.Surf.Sci.109/110(1997)575.

[RUB98] K. Rubahn und J. Ihlemann, Appl.Surf.Sci.127(1998)881.

[RUB98b] K. Rubahn und J. Ihlemann, private Mitteilung, 1998.

[RUB99] H.-G.Rubahn, *Laser Applications in Surface Science and Technology*, (John Wiley and Sons, Chichester, 1999).

[RUB01] G. Rubio-Bollinger, S.R. Bahn, N. Agrait, K.W. Jacobsen und S. Vieira, Phys.Rev.Lett.87(2001)026101.

[RUD77] H.W. Rudolf und W. Steinmann, Phys.Lett.61A(1977)4711.

[RUL98] C. Rulliere, Hrsg. *Femtosecond Laser Pulses*, (Springer, Berlin 1998).

[SAC00] C. A. Sackett, D. Kielpinski, B. E. King, C. Langer, V. Meyer, C. J. Myatt, M. Rowe, Q. A. Turchette, W. M. Itano, D. J. Wineland und C. Monroe, Nature 404(2000)256.

[SAR97] D. Sarid, *Scanning Force Microscopy : With Applications to Electric, Magnetic and Atomic Forces*, (Oxford Series in Optical and Imaging Sciences, No 5, Oxford University Press, Oxford, 1994).

[SAR99] K.V. Sarathy, P.J. Thomas, G.U. Kulkarni und C.N.R. Rao, J.Phys.Chem.B 103(1999)399.

[SAU99] J.-P. Sauvage und C.O. Dietrich-Buchecker, Hrsg., *Molecular Catenanes, Rotaxanes and Knots*, (Wiley-VCH, Weinheim, 1999).

[SCH36]   O. Scherzer, Z.Phys.101(1936)593.

[SCH69]   R.-L.Schwoebel, J.Appl.Phys.40(1969)614.

[SCH69b] G. Schmahl und D. Rudolph, Optik 29(1969)577.

[SCH70]   H. Schmeisser und M. Harsdorff, Z. Naturforsch. A 25(1970)1896.

[SCH71]   G. Schill, *Catenanes, Rotaxanes and Knots*, (Academic, New York, 1971).

[SCH74]   H. Schmeisser, Thin Solid Films 22(1974)83;99.

[SCH81]   G. Schmid, R. Pfeil, R. Boese, F. Bandermann, S. Meyer, G.H.M. Calis und J.W.A. van der Velden, Chem.Ber.114(1981)3634.

[SCH88]   R.W. Schoenlein, J.G. Fujimoto, G.L. Eesley und T.W.Capehart, Phys.Rev.Lett.61(1988)2596.

[SCH93]   R.Schinke, *Photodissociation Dynamics*, (Cambridge University Press, Cambridge, 1993).

[SCH94]   C.A. Schmuttenmaer, M. Aeschlimann, H.E. Elsayed-Ali, R.J.D. Miller, D.A. Mantell, J. Cao und Y. Gao, Phys.Rev.B 50(1994)8957.

[SCH94b] G. Schmid, Hrsg., *Clusters and Colloids - From Theory to Applications*, (Wiley-VCH, Weinheim, 1994).

[SCH97]   T. Schröder, R. Schinke, R. Krohne und U. Buck, J.Chem.Phys. 106(1997)9067.

[SCH98]   E. Scheer, N. Agrait, J.C. Cuevas, A.L. Yeyati, B. Ludoph, A. Martin-Rodero, G.R. Bollinger, J.M. van Ruitenbeek und C. Urbina, Nature 394(1998)154.

[SCH98b] H.-C. Scheer, H. Schulz, T. Hoffmann und C.M. Sotomayor-Torres, J.Vac.Sci.Technol.B 16(1998)3917.

[SCH98c] C. Schoessler und H.W.P. Koops, J.Vac.Sci.Technol.B 16(1998)862.

[SCH98d] R. Schlipper, R. Kusche, B. von Issendorff und H. Haberland, Phys.Rev.Lett.80(1998)1194.

[SCH98b] M. Schrader, S.W. Hell und H.T.M. van der Voort, J.Appl.Phys.84(1998)4033.

[SCH99]   G. Schmahl, *X-ray optics*, in: *Optics of waves and particles*, H. Niedrig, Hrsg. (Walter de Gruyter, Berlin, 1999) 933.

[SCH99b] P.F.H. Schwab, M.D. Levin und J. Michl, Chem.Rev.99(1999)1863.

[SCH00]   A. K. Schmid, N. C. Bartelt und R. Q. Hwang, Science 290(2000)1561.

[SCH00b] H. Schift, C. David, M. Gabriel, J. Gobrecht, L.J. Heyderman, W. Kaiser, S. Köppel und L. Scandella, Microelectronic Engineering 53(2000)171.

[SCH00c] F. Schreiber, Progr.Surf.Sci.65(2001)151.

[SCH01]   R. R. Schlittler, J. W. Seo, J. K. Gimzewski, C. Durkan, M. S. M. Saifullah und M. E. Welland, Science 292(2001)1136.

[SCH01b] M. Scharte, R. Porath, T. Ohms, M. Aeschlimann, J.R. Krenn, H. Ditlbacher, F.R. Aussenegg und A. Liebsch, Appl.Phys.B 73(2001)305.

[SEL89]   K. Selbym M. Vollmer, J. Masui, V. Kresin, W.A. deHeer und W.D. Knight, Phys.Rev.B 40(1989)5417.

[SHA96]   J. Shah, *Ultrafast Spectroscopy of Semiconductors and Semiconductor Nanostructures*, (Springer, Berlin, 1996).

[SHA97]   M. Shapiro und P. Brumer, J.Chem.Soc.Faraday Trans.93(1997)1263.

[SHA01]   S.E. Shaheen, C.J. Brabec, N.S. Sariciftci, F. Padinger, T. Fromherz und J.C. Hummelen, Appl.Phys.Lett.78(2001)841.

[SHE96]   C.J.R. Sheppard, Bioimaging 4(1996)124.

[SHI92]   H. Shinojima, J. Yumoto und N. Uesugi, Appl. Phys. Lett.60(1992)298.

[SHI01] A.J. Shields, M.P. O'Sullivan, I. Farrer, D.A. Ritchie, M.L. Leadbeater, N.K. Patel, R.A. Hogg, C.E. Norman, N.J. Curson und M. Pepper, Jap.J.Appl.Phys. 40(2001)2058.

[SHU99] G.T. Shubeita, S.K. Sekatskii, M. Chergui, G. Dietler und V.S. Letokhov, Appl.Phys.Lett.74(1999)3453.

[SIA00] International Technology Roadmap for Semiconductors, 2000 Update (2000).

[SIG01] M.M. Sigalas, K.-M. Ho, R. Biswas und C.M. Soukoulis, *Photonic Crystals*, in V.A. Markel und T.F. George, Hrsg.,*Opics of Nanostructured Materials*, (Wiley New York, 2001).

[SIM75] H.J. Simon, D.E. Mitchell und J.G. Watson,Opt. Comm. 13(1975)294.

[SIN95] R.R. Singer, A. Leitner und F.R. Aussenegg, J. Opt. Soc. Am. B 12(1995)220.

[SIP87] J.E. Sipe, J.Opt.Soc.Am.B 4(1987)481.

[SOE00] C. Sönnichsen, S. Geier, N.E.Hecker, G. von Plessen, J. Feldmann, H. Ditlbacher, B. Lamprecht, J.R. Krenn, F.R. Aussenegg, V.Z-H. Chan, J.P. Spatz und M. Möller, Appl.Phys.Lett.77(2000)2949.

[SRI99] M. Srinivasaro, Chem.Rev.99(1999)1935.

[SRI01] M.Srinivasarao, D.Collings, A.Philips and S.Patel, Science 292(2001)79.

[STA98] R.Staub, M.Toerker, T.Fritz, T.Schmitz-Hübsch, F.Sellam and K.Leo, Langmuir 14(1998)6693.

[STE71] R.Steiger, Helv.Chim.Acta 54(1971)2645.

[STE83] E. Stelzer, H. Ruf und E. Grell in E.O. DuBois (Hrsg.) *Photon Correlation Techniques*, (Springer, Berlin, 1983).

[STE92] D. Steinmueller-Nethl, R.A. Höpfel, E. Gornik, A. Leitner und F.R. Aussenegg, Phys.Rev.Lett.68(1992)389.

[STI87] A.B. Stiles, Hrsg., *Catalyst Supports and Supported Catalysts*, (Butterworth, Boston, 1987).

[STI98] B. Stipe, M. Rezaei und W. Ho, Science 279(1998)1907.

[STO99] J.J. Storhoff und C.A. Mirkin, Chem.Rev.99(1999)1849.

[STR38] I.N. Stranski and L. Krastanov, Sitzungsber.Akad.Wiss.Wien 146(1938)797.

[STR88] L. Strong und G. Whitesides, Langmuir 4(1988)546.

[STR95] J.A. Stroscio, D. T. Pierce, M. D. Stiles, A. Zangwill und L. M. Sander, Phys.Rev.Lett.75(1995)4246

[STR01] T. Strick, J.-F. Allemand, V. Croquette und D. Bensimon, Phys.Today 54(10)(2001)46.

[STU95] B. Stuart, M. Feit, A. Rubenchik, B. Shore und M. Perry, Phys.Rev.Lett.74(1995)2248.

[STU03] H. Sturm, F. Balzer und H.-G. Rubahn, unveröffentlicht (Bundesanstalt für Materialwissenschaften, Berlin, 2003).

[SUA95] C. Suarez, W.E. Bron und T. Juhasz, Phys.Rev. Lett. 75(1995)4536.

[SUG97] H. Sugimura und N. Nakagiri, J.Polym.Sci.Technol.10(1997)661.

[SUN94] C.-K. Sun, F. Vallee, L.H. Acioli, E.P. Ippen und J.G.Fujimoto, Phys.Rev.B 50(1994)15337.

[SVO94] K. Svoboda und S.M. Block, Annu.Rev.Biophys. Biomol. Struc. 23(1994)247.

[SYN28] E. Synge, Phil.Mag.6(1928)357.

[TAG00] K. Taguchi, K. Atsuta, T. Nakata und M. Ikeda, Opt.Comm.176(2000)43.

[TAN97] S.J. Tans et al., Nature 386(1997)474.

[TAN98] S.J. Tans, A.R.M. Verschueren und C. Dekker, Nature 393(1998)49.

[TEM81] P.A. Temple, Appl.Opt.20(1981)2656.

[TER99] TeraStor Company, 930 Wrigley Way, Milpitas, CA 95035, USA (1999).

[THA99] V.R. Thalladi, R. Boese, S. Brasselet, I. Ledoux, J. Zyss, R.K.R. Jetti und G.R. Desiraju, Chem.Comm.17(1999)1639.

[THE96] A. Thess et al., Science 273(1996)483.

[TIL89] N. Tillman, A. Ulman und T.L. Penner, Langmuir 5(1989)101.

[TIM92] G. Timp, R.E. Behringer, D.M. Tennant, J.E. Cunningham, M. Prentiss und K.K. Berggren, Phys.Rev.Lett.69(1992)1636.

[TOD01] B.A. Todd und S.J. Eppell, Surf.Sci.491(2001)473.

[TOE77] J.P.Toennies und K.Winkelmann, J.Chem.Phys.66(1977)3965.

[TOE98] J.P. Toennies und A.F. Vilesov, Annu.Rev.Phys.Chem.49(1998)1.

[TOE99] H.K. Tönshoff et al., LaserOpto 31(3)(1999)68.

[TOE00] M.Toerker, R.Staub, T.Fritz, T.Schmitz-Hübsch, F.Sellam and K.Leo, Surf.Sci.445(2000)100.

[TOE01] J.P. Toennies, A.F. Vilesov und K.B. Whaley, Physics Today 54(2001)31.

[TOJ98] T. Tojima, D. Hatakeyama, Y. Yamane, K. Kawabata, T. Ushiki, S. Ogura, K. Abe und E. Ito, Jpn.J.Appl.Phys.37(1998)3855.

[TOM93] H. G. Tompkins, *A User's Guide to Ellipsometry*, (Academic Press, Boston, 1993).

[TOM01] J. Tominaga, C. Mihalcea, D. Büchel, H. Fukuda, T. Nakano, N. Atoda, H. Fuji und T. Kikukawa, Appl.Phys.Lett.78(2001)2417.

[TON94] W.M.Tong und R.S.Williams, Annu.Rev.Phys. Chem. 45(1994)401.

[TOU99] J. M. Tour, Chem.Rev.96(1996)537.

[TRE94] R.H. Tredgold, *Order in Thin Organic Films*,(Cambridge University Press, Cambridge, 1994).

[TUR87] A.P.F. Turner, I. Karube und G.S. Wilson, Hrsg., *Biosensors*, (Oxford University Press, Oxford, 1987).

[ULL98] C. Ullrich und G. Vignale, Phys.Rev.B 58(1998)7141.

[ULM89] A. Ulman und N. Tillman, Langmuir 5(1989)1420.

[ULM91] A.Ulman, *Ultrathin organic films*, (Academic, San Diego, 1991).

[ULM98] A. Ulman, *Thin Films: Self-Assembled Monolayers of Thiols*, (Academic, San Diego, 1998).

[VAN01] L.M.K. Vandersypen, M. Steffen, G. Breyta, C.S.Yannoni, M.H.Sherwood, I.L.Chuang, Nature 414(2001)883.

[VAR97] H. Varel, D. Ashkenasi, A. Rosenfeld, M. Wähmer und E.E.B. Campbell, Appl.Phys.A 65(1997)367.

[VEN94] J.A. Venables, Surface Science 299/300(1994)798.

[VOE92] F. Vögtle, *Supramolekulare Chemie*, (Teubner, Stuttgart, 1992).

[VOH01] B. Vohnsen, S.I. Bozhevolnyi, K. Pedersen, J. Erland, J.R. Jensen und J.M. Hvam, Opt.Comm.189(2001)305.

[VOI01] C. Voisin, N.D.Fatti, D. Christofilos und F. Vallee, J.Phys.Chem.B 105(2001)2264.

[VOL26] M. Volmer and A. Weber, Z.Phys.Chem. (Leipzig) 119(1926)277.

[VOL04] V. Volkov, S.I. Bozhevolnyi, V.G. Bordo und H.-G. Rubahn, vorbereitet zur Veröffentlichung (2004).

[WAD00] W.J. Wadsworth, J.C. Knight, A. Ortigosa-Blanch, J. Arriaga, E. Silvestre und P.St.J. Russel, Electron.Lett.36(2000)53.

[WAL94] J.Walls and R.Smith, *Surface Science Techniques*, (Pergamon, Oxford, 1994).

[WAL99] G.M. Wallraff und W.D. Hinsberg, Chem.Rev.99(1999)1801.

[WAN90] C.R.C.Wang, S.Pollack, D.Cameron and M.M.Kappes, J.Chem.Phys.93(1990)3787.

[WAN91] Y. Wang und N. Herron, J. Phys. Chem.95(1991)525.

[WAN93] Y. Wang, C. Lewenkopf, D. Tomanek und G. Bertsch, Chem. Phys. Lett.205(1993)521.

[WAN96] W. Wang, M.J. Feldstein und N.F. Scherer, Chem.Phys.Lett.262(1996)573.

[WAS98] E.F. Wassermann, M. Thielen, S. Kirsch, A. Pollmann, H. Weinforth und A. Carl, J. Appl. Phys. 83(1998)1753.

[WAT99] A. Watson, Science 286(1999)1831.

[WEA91] J. H. Weaver und G.D. Waddill, Science 251(1991)1444.

[WEI95] M. Weidemüller, A. Hemmerich, A. Görlitz, T. Esslinger und T.W. Hänsch, Phys.Rev.Lett.75(1995)4583.

[WEN94] M. Wendel, S. Kühn, H. Lorenz, J.P. Kotthaus und M.P. Holland, Appl.Phys. Lett. 65(1994)1775.

[WEN95] M. Wendel, H. Lorenz und J.P. Kotthaus, Appl.Phys.Lett.67(1995)3732.

[WIE94] R. Wiesendanger, *Scanning Probe Microscopy and Spectroscopy: Methods and Applications*, (Cambridge University Press, Cambridge, 1994).

[WIE98] R. Wiesendanger, Hrsg. *Scanning Probe Microscopy: Analytical Methods (Nanoscience and Technology)*, (Springer, Berlin, 1998).

[WIL90] T. Wilson, *Confocal Microscopy*, (Academic, London, 1990).

[WIL97] J.C. Williamson, J. Cao, H. Ihee, H. Frey und A.H. Zewail, Nature 386(1997)159.

[WIL99] R.J. Wilson, B. Holst und W. Allison, Rev.Sci. Instrum. 70(1999)2960.

[WIN78] D.J. Wineland, R.E. Drullinger, und F.L. Walls, Phys.Rev.Lett.40(1978)1639.

[WOL52] H. Wolter, Ann.Phys.10(1952)94.

[WOL97] M. Wolf, Surf.Sci.377 - 379(1997)343.

[WON97] E.W. Wong, P.E. Sheeghan und C.M. Lieber, Science 277(1997)1971.

[WU00] Q. Wu, R.D. Grober, D. Gammon und D. S. Katzer, Phys.Rev.B 62(2000)13022.

[XIA98] Y.N. Xia und G.M. Whitesides, Angew.Chem. Int. Ed. Engl. 37(1998)550.

[YAB01] E. Yablonovitch, Scientific American Dec.(2001)35.

[YAM93] Y. Yamamoto und R.E. Slusher, Phys.Today 46(6)(1993)66.

[YAN93] C. Yannouleas, E. Vigezzi und R.A. Broglia, Phys. Rev. B 47(1993)9849.

[YAN98] C. Yannouleas, Phys.Rev.B 58(1998)6748.

[YAR84] A. Yariv und P.Yeh, *Optical Waves in Crystals*, (John Wiley & Sons, New York, 1984).

[YAR85] A.Yariv, *Optical Electronics*, (Holt-Saunders, New York, 1985).

[YAT98] J.Yates, Jr., *Experimental Innovations in Surface Science: A Guide to Practical Laboratory Methods and Instruments*, (Springer, New York, 1998).

[ZEN94] F. Zenhausern, M.P. O'Boyle und H.K. Wickramasinghe, Appl.Phys.Lett.65(1994)1623.

[ZEN99]   X. Zeng, B. Lin, I. El-Kholy, und H. E. Elsayed-Ali, Phys. Rev. B.59(1999)14907.
[ZEN99b] X. Zeng, B. Lin, I. El-Kholy, und H. E. Elsayed-Ali, Surf. Sci. 439(1999)95.
[ZEN99c] X. Zeng und H. E. Elsayed-Ali, Surf. Sci. Lett. 442/1(1999)L977.
[ZEN01]   C. Zeng, B. Wang, B. Li, H. Wang und J.G. Hou, Appl.Phys.Lett.79(2001)1685.
[ZER53]   F. Zernicke, Nobel Price lecture 1953, The Nobel Foundation.
[ZHO97]   C. Zhou, M.R. Deshpande, M.A. Reed, L. Jones II und J.M. Tour, Appl. Phys.
          Lett.71(1997)611.
[ZIJ00]   T. Zijlstra, J.A. Heimberg, E. van der Drift, D. Glastra van Loon, M. Dienwiebel,
          L.E.M. de Groot und J.W.M. Frenken, Sensors and Actuators A 84(2000)18.
[ZIN92]   M. Zinke-Allmang, L.C. Feldman und M.H. Grabow, Surface Science Reports
          16(1992)377.
[ZUO97]   J.-K. Zuo und J.F. Wendelken, Phys.Rev.Lett.78(1997)2791.

Sachverzeichnis